ソフトウェアアーキテクトのための意思決定術

リーダーシップ/技術/
プロダクトマネジメントの活用

Srinath Perera［著］
島田 浩二［訳］

Software Architecture and Decision-Making:
Leveraging Leadership, Technology,
and Product Management to Build Great Products

インプレス

■正誤表について

正誤表を掲載した場合は、下記URLのページに表示されます。
https://book.impress.co.jp/books/1123101159

※本書は、2023年12月に出版された原著の内容をもとに翻訳しています。本書で紹介した製品／サービスなどの名前や内容は変更される可能性があります。

※本書の内容に基づく実施・運用において発生したいかなる損害も、著者、訳者、株式会社インプレスは一切の責任を負いません。

※本文中に登場する会社名、製品名、サービス名は、各社の登録商標または商標です。

※本文中では®、TM、©マークは明記しておりません。

Authorized translation from the English language edition, entitled "Software Architecture and Decision-Making: Leveraging Leadership, Technology, and Product Management to Build Great Products, 1st Edition, by Srinath Perera, published by Pearson Education, Inc, Copyright © 2024 Pearson Education, Inc.

All rights reserved. No part of this book may be reproduced or transmitted in any form or by any means, electronic or mechanical, including photocopying, recording or by any information storage retrieval system, without permission from Pearson Education, Inc.

Japanese language edition published by Impress Corporation, Copyright © 2024.

JAPANESE translation rights arranged with PEARSON EDUCATION, INC. through JAPAN UNI AGENCY, INC., Tokyo, Japan.

本書は、Pearson Education, Inc.が出版した書籍『Software Architecture and Decision-Making: Leveraging Leadership, Technology, and Product Management to Build Great Products』（著者: Srinath Perera）の初版英語版に基づく正規の翻訳書です。Copyright © 2024 Pearson Education, Inc.

本書のいかなる部分もPearson Education, Inc.の許可なく、いかなる形式、いかなる手段によっても複製または伝送することはできません。この場合の手段とは、写真による複製、録音、情報記憶検索システムによるものなど、電子的または機械的なものを含みます。

日本語版発行:株式会社インプレス Copyright © 2024

日本語の翻訳権は、株式会社日本ユニ・エージェンシー（東京）を通じてPearson Education, Inc.と取り決められたものです。

本書を家族に捧げる。ミユル、バジル、ニチカへ。君たちは、私の人生に彩りと生きがいをもたらしてくれる存在だ。そして、揺るぎない愛と信頼で私を驚かせ、元気づけてくれる両親に。

本書が実現するまでの道のりを支えてくれたフランクにも心から感謝する。君の洞察力は、本書の核となるアイデアを形作る上で非常に貴重なものだった。

This book is dedicated to my family: Miyuru, Basilu, and Nithika. Your presence brings color and purpose to my life. And to my parents, whose unwavering love and trust continue to astonish and uplift me.

I also extend my heartfelt gratitude to Frank for your steadfast support throughout this journey to its realization. Your insights were invaluable in shaping the core idea of this book.

はじめに —— 著者と本書について

　Apacheのオープンソース開発者としてアーキテクトの道を歩み始めてから20年間、私はアーキテクトを続けてきた。オープンソースプロジェクトは、アーキテクト志願者がその道を始めるのに格好の場所だ。私はそこで、開発者たちのアーキテクチャについての議論を見たり、後に自らも参加したりする中で、多くのことを学んできた。

　私は、Apache Axis2、Apache Airavata、WSO2 CEP（Siddhi）、WSO2 Choreoのアーキテクチャに対して主要な役割を果たしてきた。2つのSOAPエンジンを設計し、4つのエンジンと密接に仕事をしてきた。私は、Apache Axis、Axis2、Apache Geronimo、Apache Airavataのコミッター[※1]だった（そして、本書執筆の今でもコミッターを続けている）。

　私がWSO2に加わったのは2009年のことだ。WSO2のプロダクトは、航空会社、銀行、政府機関など、フォーチュン500に入る多くの企業で使用されている。WSO2で私は、10以上のプロジェクトと100以上のリリースでアーキテクチャレビューを担当し、何百もの顧客ソリューションのアーキテクチャやデプロイメントをレビューし、また何千ものアーキテクチャレビューに同席した。

　WSO2には、担当のチームでは解決できない問題が生じた際に、選りすぐりのチームが休むことなくその問題に取り組む「作戦室」を設置する文化があった。多くの作戦室に参加し、そのいくつかを率いてきた中で、私はソフトウェアアーキテクチャのミスを痛感してきた。世界トップクラスの技術的なリーダーシップを最前列で見てきただけでなく、多くのシステムを構築してきたし、失敗からも多くを学んできた。

　その後、アナリティクスとAI関連の分野へと転向し、WSO2 Siddhiを共同設計し、WSO2 ChoreoのAI周りのフィーチャーを構想して形にした。この間、私は何千もの他の研究出版物から参照されることになる40以上の査読付き研究論文も発表してきた。

※1　コードベースにコミットする権利を持つ開発者。

本書を楽しんでいただければと願っている。今日の世界でソフトウェアが果たしている中心的な役割を考えると、あなたがより良いソフトウェアアーキテクトになることを本書が手助けできたら、多くの年月にわたって世界の生命線となるより良いソフトウェアへの貢献となるはずだ。それが叶ったのなら、本望だ。

目次
contents

●献辞──iii

●はじめに──iv

第1章　ソフトウェアリーダーシップ入門──1

- 1.1 判断力が果たす役割──2
- 1.2 本書の目的──4
- 1.3 パート1:はじめに──10
- 1.4 パート2:最も重要な背景──11
- 1.5 パート3:システム設計──11
- 1.6 パート4:すべてをまとめる──12

第2章　システム、設計、アーキテクチャを理解する──13

- 2.1 ソフトウェアアーキテクチャとは──14
- 2.2 システムを設計する方法──16
- 2.3 5つの質問──19
  - 2.3.1 質問1:市場投入に最適なタイミングはいつか?──19
  - 2.3.2 質問2:チームのスキルレベルはどの程度か?──20

- 2.3.3 | 質問3:システムパフォーマンスの感度はどれくらいか？──21
- 2.3.4 | 質問4:システムを書き直せるのはいつか？──23
- 2.3.5 | 質問5:難しい問題はどこにあるか？──23

▶ **2.4 7つの原則:包括的なコンセプト──24**
- 2.4.1 | 原則1:ユーザージャーニーからすべてを導く──25
- 2.4.2 | 原則2:イテレーティブなスライス戦略を用いる──26
- 2.4.3 | 原則3:各イテレーションでは、最小の労力で最大の価値を加え、より多くのユーザーをサポートする──28
- 2.4.4 | 原則4:決定を下し、リスクを負う──32
- 2.4.5 | 原則5:変更が難しいものは、深く設計し、ゆっくりと実装する──32
- 2.4.6 | 原則6:困難な問題に早期に並行して取り組むことで、エビデンスに学びながら未知の要素を排除する──34
- 2.4.7 | 原則7:ソフトウェアアーキテクチャの凝集性と柔軟性のトレードオフを理解する──36

▶ **2.5 オンライン書店の設計──37**

▶ **2.6 クラウド向けの設計──42**

▶ **2.7 まとめ──45**

第3章　システムパフォーマンスを理解するためのモデル……47

▶ **3.1 計算機システム──50**

▶ **3.2 パフォーマンスのためのモデル──51**
- 3.2.1 | モデル1:ユーザーモードからカーネルモードへの切り替えコスト──52
- 3.2.2 | モデル2:命令階層──52
- 3.2.3 | モデル3:コンテキストスイッチのオーバーヘッド──53

- 3.2.4 モデル4:アムダールの法則── 54
- 3.2.5 モデル5:ユニバーサルスケーラビリティ法則── 55
- 3.2.6 モデル6:レイテンシーと使用率のトレードオフ── 56
- 3.2.7 モデル7:最大有用利用(MUU)モデルを使用したスループット設計─57
- 3.2.8 モデル8:レイテンシー制限の追加─59

▶ 3.3 最適化のテクニック──62
- 3.3.1 CPU最適化テクニック── 63
- 3.3.2 I/O最適化テクニック── 65
- 3.3.3 メモリ最適化テクニック── 67
- 3.3.4 レイテンシー最適化テクニック── 68

▶ 3.4 パフォーマンスへの直感的な理解──70

▶ 3.5 意思決定における考慮事項──71

▶ 3.6 まとめ──72

第4章 ユーザーエクスペリエンス(UX)を理解する ……… 75

▶ 4.1 アーキテクト向けの一般的なUXの考え方──76
- 4.1.1 UXの原則1:ユーザーを理解する── 77
- 4.1.2 UXの原則2:必要最小限のことをする── 78
- 4.1.3 UXの原則3:良いプロダクトにはマニュアルが要らない。良いプロダクトは使い方が自明── 78
- 4.1.4 UXの原則4:情報交換の観点から考える── 79
- 4.1.5 UXの原則5:シンプルなものをシンプルにする── 80
- 4.1.6 UXの原則6:実装より前にUXをデザインする── 81

- 4.2 設定のためのUXデザイン──81
- 4.3 APIのためのUXデザイン──84
- 4.4 拡張機能のためのUXデザイン──86
- 4.5 意思決定における考慮事項──88
- 4.6 まとめ──89

第5章　マクロアーキテクチャ：はじめに ……………91

- 5.1 マクロアーキテクチャの歴史──93
- 5.2 現代のアーキテクチャ──97
- 5.3 マクロアーキテクチャのビルディングブロック──98
  - 5.3.1 ｜ データマネジメント──99
  - 5.3.2 ｜ ルーターとメッセージング──100
  - 5.3.3 ｜ エグゼキューター──101
  - 5.3.4 ｜ セキュリティ──101
  - 5.3.5 ｜ 通信──102
  - 5.3.6 ｜ その他──102
- 5.4 意思決定における考慮事項──103
- 5.5 まとめ──106

第6章　マクロアーキテクチャ：コーディネーション ……………107

- 6.1 アプローチ1：クライアントからフローを駆動する──108
- 6.2 アプローチ2：別のサービスを利用する──109
- 6.3 アプローチ3：集中型ミドルウェアを使用する──110
- 6.4 アプローチ4：コレオグラフィを導入する──112
- 6.5 意思決定における考慮事項──113
- 6.6 まとめ──114

第7章 マクロアーキテクチャ: 状態の一貫性の保持 ……………………… 115

- 7.1 なぜトランザクションなのか──116
- 7.2 なぜトランザクションを超える必要があるのか──117
- 7.3 トランザクションを超えていく──120
  - 7.3.1 アプローチ1:問題を再定義して必要な保証を減らす──120
  - 7.3.2 アプローチ2:補償を使う──121
- 7.4 ベストプラクティス──124
- 7.5 意思決定における考慮事項──126
- 7.6 まとめ──128

第8章 マクロアーキテクチャ: セキュリティへの対応 ……………………… 129

- 8.1 ユーザー管理──131
- 8.2 相互作用のセキュリティ──134
  - 8.2.1 認証の手法──136
  - 8.2.2 認可の手法──138
  - 8.2.3 相互作用のセキュリティを確保するための一般的なシナリオ──142
- 8.3 ストレージ、GDPR、その他の規制──147
- 8.4 セキュリティ戦略とアドバイス──150
  - 8.4.1 パフォーマンスとレイテンシー──151
  - 8.4.2 ゼロトラストアプローチ──151
  - 8.4.3 ユーザー提供コードを実行する際の注意──152
  - 8.4.4 ブロックチェーンの話題──153
  - 8.4.5 その他の話題──154
- 8.5 意思決定における考慮事項──154

- 8.6 まとめ —— 156

第9章　マクロアーキテクチャ：高可用性とスケーラビリティへの対応 …… 159

- 9.1 高可用性を加える —— 160
  - 9.1.1 ｜ レプリケーション —— 160
  - 9.1.2 ｜ 高速リカバリー —— 164
- 9.2 スケーラビリティを理解する —— 166
- 9.3 現代のアーキテクチャのためのスケーリング：基本的なソリューション —— 168
- 9.4 スケーリング：取引のツール —— 169
  - 9.4.1 ｜ スケール戦術1：何も共有しない —— 171
  - 9.4.2 ｜ スケール戦術2：分散させる —— 172
  - 9.4.3 ｜ スケール戦術3：キャッシュする —— 172
  - 9.4.4 ｜ スケール戦術4：非同期に処理する —— 172
- 9.5 スケーラブルなシステムの構築 —— 173
  - 9.5.1 ｜ アプローチ1：逐次的にボトルネックを解消していく —— 174
  - 9.5.2 ｜ アプローチ2：シェアードナッシングな設計をする —— 176
- 9.6 意思決定における考慮事項 —— 178
- 9.7 まとめ —— 180

第10章　マクロアーキテクチャ：マイクロサービスアーキテクチャでの考慮事項 …… 181

- 10.1 決めること1：共有データベースの扱い —— 184
  - 10.1.1 ｜ 解決策1：特定のサービスだけがデータベースを更新する —— 185
  - 10.1.2 ｜ 解決策2：2つのサービスがデータベースを更新する —— 185
- 10.2 決めること2：各サービスのセキュリティ —— 186

▶ 10.3 決めること3:サービス間のコーディネーション
　　　──186
▶ 10.4 決めること4:依存性地獄の避け方──186
　　　10.4.1 ｜ 後方互換性──187
　　　10.4.2 ｜ 前方互換性──188
　　　10.4.3 ｜ 依存関係グラフ──189
▶ 10.5 マイクロサービスの代替としての緩く結合された
　　　リポジトリベースのチーム──190
▶ 10.6 意思決定における考慮事項──192
▶ 10.7 まとめ──193

第11章　サーバーアーキテクチャ　195

▶ 11.1 サービスの作成──196
▶ 11.2 サービスの作成におけるベストプラクティスを
　　　理解する──197
▶ 11.3 高度なテクニックを理解する──200
　　　11.3.1 ｜ 代替I/Oとスレッドモデルの使用──200
　　　11.3.2 ｜ コーディネーションのオーバーヘッドを
　　　　　　　理解する──209
　　　11.3.3 ｜ ローカルの状態を効率的に保存する──210
　　　11.3.4 ｜ トランスポートシステムの選択──212
　　　11.3.5 ｜ レイテンシーへの対応──213
　　　11.3.6 ｜ 読み取りと書き込みの分離──213
　　　11.3.7 ｜ アプリケーションでロック(とシグナリング)を
　　　　　　　使う──214
　　　11.3.8 ｜ キューとプールの使用──216
　　　11.3.9 ｜ サービス呼び出しの取り扱い──217
▶ 11.4 テクニックの実践──217
　　　11.4.1 ｜ CPU性能律速型アプリケーション
　　　　　　　(CPU ≫ メモリ、I/Oなし)──218

11.4.2 | メモリ性能律速型アプリケーション
　　　　（メモリ >> CPU、I/Oなし）──218
11.4.3 | バランス型アプリケーション
　　　　CPU＋メモリ＋I/O──219
11.4.4 | I/O性能律速型アプリケーション
　　　　（I/O＋メモリ > CPU）──220
11.4.5 | その他のアプリケーション分類──220

▶ 11.5　意思決定における考慮事項──222

▶ 11.6　まとめ──223

第12章　安定したシステムの構築 ……………… 225

▶ 12.1　システムはなぜ障害を起こすのか。
　　　　私たちはそれにどう対処できるのか──226

▶ 12.2　既知のエラーに対処する方法──228
12.2.1 | 予期しない負荷への対処──228
12.2.2 | リソース障害への対処──234
12.2.3 | 依存関係への対処──238
12.2.4 | 人が行う変更への対処──240

▶ 12.3　一般的なバグ──241
12.3.1 | リソースリーク──241
12.3.2 | デッドロックと遅い操作──242

▶ 12.4　未知のエラーに対処する方法──244
12.4.1 | 可観測性──244
12.4.2 | バグとテスト──245

▶ 12.5　グレースフルデグラデーション──247

▶ 12.6　意思決定における考慮事項──248

▶ 12.7　まとめ──249

第13章　システムの構築と進化 ……………… 251

▶ 13.1　実際にやってみる──252

- 13.1.1｜基本に忠実に──252
- 13.1.2｜設計プロセスを理解する──255
- 13.1.3｜決定を下し、リスクを負う──259
- 13.1.4｜卓越性を求める──260

▶ 13.2　設計を伝える──262

▶ 13.3　システムを進化させる：ユーザーから学んで
　　　　システムを改善していく方法──263

▶ 13.4　意思決定における考慮事項──268

▶ 13.5　まとめ──269

● 参考文献──271
● 索引──273
● 訳者あとがき──286
● 日本語版 謝辞──288
● 訳者紹介／STAFF LIST──289

第 1 章 | Introduction to Software Leadership

ソフトウェアリーダーシップ入門

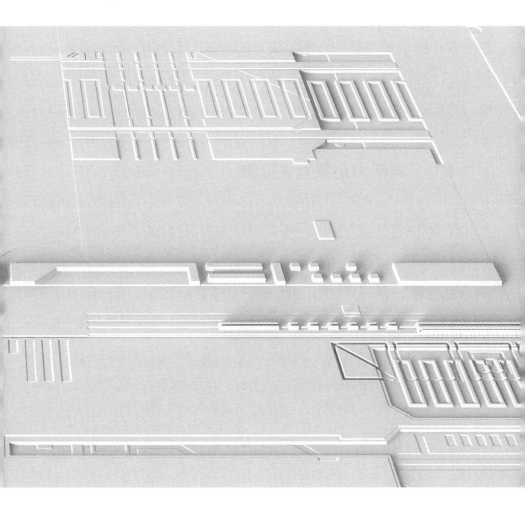

ソフトウェアシステム開発における私たちのゴールは、品質基準を満たし、長期間または定められた期間、最高の投資収益率（ROI）をもたらすシステムを構築することだ。つまるところ、これがソフトウェアシステムを構築する際の青写真であるソフトウェアアーキテクチャの目的といえる。

ここでいうROIは、単に経済的な面だけに言及しているわけではない。プロダクトに費用をかけただけ、より多くの収益が得られるのなら、ROIは高いと評価される。一方、設計が粗雑だと、後で何度も変更を余儀なくされて最終的には多くのコストがかかることになるため、ROIは低いと評価される。優れたソフトウェアアーキテクチャは、この両端の状態についてバランスを取り、ROIを最大化する。

アーキテクチャ設計には、多くの要素が含まれる。たとえば、適切な抽象化、どのフィーチャー（機能や特性）を含めるかの決定、各フィーチャーの詳細の決定、サービス品質（QoS）パラメータの設定、柔軟性の程度やタイミング、ユーザーエクスペリエンス（UX）を確かなものにすることなどである。

▶1.1　判断力が果たす役割

ソフトウェアアーキテクトとして、私たちは抽象化、アーキテクチャスタイル、パターンについて学ぶ。それらの長所と短所、与えられた状況でどれを使うべきか、落とし穴や良くない例、ユースケースを意識して、それらをどう組み合わせるかを学習する。だが、多くの失敗は、これらを理解していないために起きるわけではない。ほとんどの設計ミスは、知識不足ではなく、判断力不足が原因で起こる。

ここでいう**判断力**とは、最も重要な成果を得るために、熟慮を重ねた決定を下したり、賢明な結論を導き出したりする能力のことを指す。

私は20年にわたるシステムアーキテクトの経験の中で、判断力不足による失敗を何度も目にしてきた。次に挙げるのは、私が発見してきたよくある失敗である。

- ユーザージャーニーで求められるフィーチャーを盛り込もうとしすぎる。
- 設計を過度に柔軟にしたり、一貫性を持たせすぎたりしたせいで、将来の変更に影響を及ぼす。
- 深く検討できていないことで、UXに大きな影響を与える。
- エンドユーザーにとって価値のない問題を解決する。
- ユーザーのジャーニーと体験（UX）に十分に焦点を当てていない。
- 時機を逃す。

このような間違いを犯すのは、将来起こりうることについて、システムを使うユーザーについて、そして能力の限界が来たシステムがどのように動くのかについての理解がないからだ。これが、判断力が必要だと感じる理由である。ここで私に見えているのは技術的な課題ではなく、リーダーシップの課題だ。

どういうことか探っていこう。

私にとってリーダーシップとは、不確実性を管理し、混沌に秩序をもたらし、より良い未来への希望を与え、その未来に向かって前進することだ。ナポレオンの言葉を引用しよう。

> リーダーとは希望を売る商人である
>
> ナポレオン・ボナパルト

この言葉は、リーダーとは全知全能で、将来の展望を常に把握していなければならない存在だとは言っていない。将来の**ビジョン**を持つべき存在だと言っている。リーダーとは、リスクを最小限に抑えるやり方で不確実性を管理する存在だ。そして、リーダーは自分のビジョンとその実現方法を人々に伝え、そのビジョンに向けて人々を導いていかなくてはならない。

ソフトウェアアーキテクトの立場も同様だ。アーキテクトは全知全能で、システムの使用方法や必要な機能を常に把握している存在ではない。ソフトウェアアーキテクトとは、ソリューション全体に対するビジョンを持ち、リスクを最小限に抑えるやり方で不確実性を管理する存在だ。そして、アーキテクトは自らのビジョンとその実現方法をチームに伝え、システムの構築と運用に

向けてチームを導かなくてはならない。

　アーキテクトにとって知識が重要でないと言っているわけではない。知識は重要だ。しかし、判断力も重要な役割を果たす。悲しいことに、知識の重要性は当たり前とされているが、判断力に関してはそうではない。

　ソフトウェアアーキテクチャの考え方に関する良い書籍や記事をたくさん見てきた。ロバート・C・マーティンやグレガー・ホープの書籍、マーティン・ファウラーのブログなどだ。しかしながら、彼らが主に焦点を当てているのは知識だ。判断力にはそれほど重点が置かれていない。

　リーダーシップに関する良書もたくさん目にしてきた。ベン・ホロウィッツ『HARD THINGS』(日経BP)[1]、エリック・シュミット他『1兆ドルコーチ：シリコンバレーのレジェンド ビル・キャンベルの成功の教え』(ダイアモンド社)[2]、スタンリー・マクリスタル『TEAM OF TEAMS』(日経BP)[3]、リチャード・ルメルト『良い戦略、悪い戦略』(日本経済新聞出版)[4]、ジョコ・ウィリンクの書籍などもそうだ。これらの書籍は判断力について論じているものの、語られているのは、あくまでも一般的な判断力についてだ。技術的な判断力については語られていない。優れたリーダーシップと、ソフトウェアアーキテクチャに対する優れた判断力の間にはギャップが存在している。

▶1.2　本書の目的

　本書では、ソフトウェアアーキテクチャ上の意思決定と、リーダーシップとの間にあるギャップについて論じる。そして、技術的なリーダーシップと、システムを構築する際にそれを最大限に活用する方法について解説する。先にも書いたが、経験上、アーキテクチャにおける失敗の多くは、知識と判断力のギャップに起因している。

　本書はチームの管理方法についての本ではない。エンジニアリングマネージャーについての本でもなければ、人事やチームの作り方についての本でもない。戦略についての本でもない。ビジョンの作り方についても触れていない。ビジョンを持つ必要はある。自分自身のビジョン、あるいは創業者や役

員たちが共有するビジョンだ。ビジョンについては本書の中でたくさん触れてはいるが、説明が十分かどうかの確証はない。

本書は技術書であり、技術的な判断に関する本だ。シニアアーキテクトが深く理解しなければならないと考える原則と概念を説明し、それらの原則を用いて不確実性をどう管理するかを説明する。本書は、技術リーダーやアーキテクトがどのように考えるべきか、不確実性を管理することでプロダクトをどう統率していくかについての本だ。

たとえば、本書の命題の1つには、**深く考え、ゆっくりと実装する**ことがある。他には、**リーダーは同僚に押し付けることなく、不確実性を念頭に置きながらスコープを定義しなければならない**という命題もある。本書で取り上げる質問と原則は、不確実性を管理し、決定を下すための枠組みを提供するのに役立つ。

もしも現在、あなたが責任ある立場にいなくても、本書は役に立つはずだ。不確実性に対処して前進しようとする人に、人々は従うからだ。優れたアーキテクトは、その肩書きを与えられる何年も前から、その役割を果たし始めるものだ。知識が豊富であればあるほど、自分がリーダーを務めることになった場合により良いチャンスを得られる。率先して行動し、リーダーを助け、成果を出そう。そうすれば、あなたの領域はどんどん広がる。肩書きは後からついてくるはずだ。

もし他の誰かが自分よりもその役割をうまく果たしていると思うなら、ぜひその人に従い、質問し、学んでほしい。その場合にも、本書の内容を活かし、リーダーを助けるためにできることはたくさんある。あなたの出番も後からやってくるはずだ。

本書では、技術的なリーダーシップの模範となるロールモデルの例を多く取り上げている。特に名前を挙げるならば、U-2やブラックバードSR-71などの航空機を設計したケリー・ジョンソンと、誰もが知っているライト兄弟、オーヴィルとウィルバーだ。こうしたリーダーたちは、限られたリソースを活用しながら、不可能と思われたシステムを可能にする、一種の深い技術的コントロールを示した。もちろん、Googleのジェフ・ディーンのような、尊敬に値するソフトウェア業界のリーダーも多く存在する。しかし、同時代に生きる彼らのやり

方は、まだ書籍にまとめられていない。そのため本書では、ケリー・ジョンソンやライト兄弟をモデルとして採用せざるをえなかった。

　周知のように、ライト兄弟は持続的な制御飛行が可能な初の動力飛行機を作った。彼らは大学教育を受けておらず、自転車店を経営していた。そして、資金力のあるプロと競争し、それでも勝利を収めた。もちろん、ライト兄弟以前にも多くの滑空機が設計されていた。しかし、最初にすべての設計パラメータを適切に把握したのはライト兄弟だ。ライト兄弟は、グライダーを作り、それを制御する方法を学び、微調整し、その後でプロペラとエンジンを追加するという見事な判断力を示した。これにより、彼らのグライダーは徐々に飛行機へと進化した。正しいパラメータの見極めは、私たち全員が使用できる教訓だ。ライト兄弟が持っていたのは、長年にわたって獲得した設計に対する直感的な理解だ。その後、彼らは名声と富を手に入れた。

　ケリー・ジョンソンは、ロッキードのU-2、SR-71ブラックバードをはじめとする40種の航空機の設計者だ。ブラックバードはレーダーに映らず、ミサイルを凌駕する速さで、20年以上の運用期間中、一度も撃墜されなかった。マッハ3（音速の3倍）を超えた最初の量産機でもある。ケリーはその前に、マッハ2が可能な最初の戦闘機と、時速400マイルを超えた最初の戦闘機も設計した。彼のU-2機は70,000フィートの高度に達し、それを維持した[※1]。ケリーは、達成不可能に思える目標を設定し、それを実行可能なタスクに分割し、卓越性を求め、そしてすべてを成功させた。ケリーはプロジェクトを予算内で早期に完了させ、政府に資金を還元することでも知られていた。彼の上司は、ケリーの設計に対する直感的な理解を指して「あの生意気なスウェーデン人は実際に空気が見えるのだ」と言ったと伝えられている[※2]。

　アーキテクチャと**設計**という用語はしばしば同じ意味で使われるが、設計とは緻密な計画（クラス図やシーケンス図など）であり、アーキテクチャとは高レベルの概念を示すビュー（コンポーネント図やコンポーネントレベルのシーケンス図など）である。本書で焦点を当てるのは高レベルのビューであるため、本書では全体を通して**アーキテクチャ**という用語を使用する。

※1　https://en.wikipedia.org/wiki/Lockheed_U-2
※2　https://en.wikipedia.org/wiki/Kelly_Johnson_(engineer)

本書で焦点を当てている高レベルのビューは、TOGAF(The Open Group Architecture Framework)[※3]で定義されている3つのレイヤーを使うと、次のように説明できる。

- 「ビジネスアーキテクチャ」レイヤーは、ビジネス業務の概略を描き、さまざまなコンポーネントがどのように連携してビジネスを推進するかを示す。
- 「情報システムアーキテクチャ」レイヤーは、データアーキテクチャとアプリケーションアーキテクチャの2つに分かれる。データアーキテクチャは、さまざまなデータタイプを分類し、それらのつながりを明確にすることを中心に据える。一方、アプリケーションアーキテクチャは、サービスのような固有のシステム部分を特定し、システム内での相互作用を明確にする。
- 「テクノロジーアーキテクチャ」レイヤーは、具体的に選定された技術を記述する。ソフトウェア標準、使用するソフトウェアパッケージ、ハードウェア、ネットワーク、セキュリティといった詳細な要素が含まれる。

本書の中心は情報システムアーキテクチャだが、技術の選択が議論に大きく影響する場合には、テクノロジーアーキテクチャについて触れることもある。

ビジネスアーキテクチャと情報システムアーキテクチャの関係は、より複雑だ。情報システムアーキテクチャの設計は、ビジネスアーキテクチャだけでなく、プロジェクトのスケジュールやチームのスキル、競合他社の脅威のような、さまざまなビジネス上の関心事に大きく依存する。TOGAFのようなフレームワークでは、こういった関心事は通常ビジネスアーキテクチャには含まれないが、アーキテクチャの実装や組織の戦略的な方向性に影響を与える。そうした関心事を、本書ではまとめて**ビジネスコンテキスト**と呼ぶ。情報システムアーキテクチャの難しいところは、技術的な意思決定を行う際に、このビジネスコンテキストを考慮しなければならないところだ。ビジネスコンテキストの考慮を確実に行うのは、リーダーシップに課せられた責任だ。本書の各所で取り上げる5つの質問の重要な目的は、このビジネスコンテキストを確実に維

[※3] 訳注:The Open Groupにより策定されている、エンタープライズアーキテクチャ(EA)を設計・計画・実装・管理するための包括的な方法がまとめられたフレームワーク。https://ja.wikipedia.org/wiki/The_Open_Group_Architecture_Framework

持することである。

　システムおよびそのアーキテクチャを作り上げていくプロセスには、次の2つの有名なアプローチがある。

- ウォーターフォール
- アジャイル

　ウォーターフォールは、システムの要求事項を事前に詳細に特定することが可能であるという前提に基づいている。したがって、このアプローチでは、実行の前に綿密な計画を立てることが要請される。このアプローチの例には、TOGAFのアーキテクチャ開発手法（Architecture Design Model：ADM）がある。ADMは、要件を正確に把握し、それを発展させていく方法を示している。また、OMG（Object Management Group）やISO（International Organization for Standardization）なども、同様の概念モデルをサポートする標準を提供している。

　一方、**アジャイル**をはじめとするイテレーティブ（反復的）なアプローチは、素早くリリースを行い、ユーザーと協働して要件を洗練させ、真にユーザーのためになるシステムを構築することに重点を置いている。

　この2つのアプローチのうち、私が推すのはアジャイル側のアプローチだ。ウォーターフォールでも、モデルとイテレーションの特徴を組み合わせるADMのような努力はなされてきた。しかし、実際のところ、イテレーティブなモデルが必要とする迅速なペース（通常1～2週間のイテレーション）を維持するには、複雑になりすぎることが多かった。そのため、大規模な組織や複雑なプロジェクトでは、より中央集権的な計画が正当化されることになる。しかし、フォーチュン500を含む何百もの大企業と仕事をしてきた中で、そのようなプロジェクトが卓越した結果を出すのを私は見たことがない。

　TOGAF ADM、標準、参照アーキテクチャなど、多くのソフトウェアプロセスは、ウォーターフォールモデルに基づいており、要件の正確な把握を目的としている。TOGAF、OMG、ISOから貴重な教訓は確かに学べる。その一方で、これらのプロセスは、要件が事前にほぼ定義され、わずかな変更し

か受けないという前提の下で遂行される。しかし、私たちの経験はそれが事実でないことを証明している。だからこそ、要件をシンプルかつ形式ばらないものに保ち、ユーザーから学びながら短いイテレーションで継続的に改善する、よりインタラクティブまたはアジャイルなアプローチを私は支持している。

　より広範な設計レベルで、システムを緩やかにつながったサブシステム（それぞれがユーザーと相互作用して価値を提供する）に分割し、それらの間のAPIを定義し、点と点をつなぐために全体的な監視を行いながら、それらを独立して運用するのが私の好みだ。

　TOGAFやそれに類するモデルを有用だと考えるアーキテクトもいるだろう。しかし、私は本書でそれらを推奨することには躊躇している。これは私の経験に基づく意見だ。

　本書では、アジャイルなアプローチに焦点を当てる。本書に飛び込む前に、ソフトウェアプロジェクトにおける典型的な役割を理解しておこう。プロダクトマネージャーは、ビジネスのステークホルダー、UXデザイナー、アーキテクトの助けを借りて、何を作るかを決定する。プロジェクトマネージャーは、エンジニアリングマネージャーやチームと協力してプロダクトを構築する。そして、アーキテクトは皆と協力して、卓越性が求められる必要品質を確保する。

　アーキテクトの役割の範囲は、仕事が行われる場所によって変わるだろう。たとえば、スタートアップでは、アーキテクトがプロダクトマネジメントを担い、構築するフィーチャーを決定する場合がある。一方で、大企業では、アーキテクトが要件仕様から切り離されている場合もある。しかし、ウォーターフォールから、イテレーティブでアジャイルなソフトウェア開発へと開発のアプローチが移行してきている現代では、責任は共有され、これらの役割が融合されつつある。たとえば、アーキテクトは、プロダクトマネージャーと密に協力してどのフィーチャーをいつ提供するかやUXについて定めるべきで、チームにも卓越性を要求すべきであると私は考えている。

　本書は4つのパートに分かれている。本書の焦点は意思決定にあるが、知識も同様に重要だ。パート2とパート3では、知識について掘り下げると同時に、その使い方を決める方法を探っていく。

1.3　パート1：はじめに

　第2章から構成されるパート1では、ソフトウェアアーキテクチャ、不確実性、判断について解説する。第2章では、不確実性に対処するための5つの質問と7つの原則を紹介する。

5つの質問：
- 市場投入に最適なタイミングはいつか？
- チームのスキルレベルはどの程度か？
- システムパフォーマンスの感度はどれくらいか？
- システムを書き直せるのはいつか？
- 難しい問題はどこにあるか？

7つの原則：
- ユーザージャーニーからすべてを導く
- イテレーティブなスライス戦略を用いる
- 各イテレーションでは、最小の労力で最大の価値を加え、より多くのユーザーをサポートする
- 決定を下し、リスクを負う
- 変更が難しいものは、深く設計し、ゆっくりと実装する
- 困難な問題に早期に並行して取り組むことで、エビデンスに学びながら未知の要素を排除する
- ソフトウェアアーキテクチャの凝集性と柔軟性のトレードオフを理解する

　第2章で詳しく説明するが、この5つの質問と7つの原則は、私たちがよく犯しがちなアーキテクチャ上の過ちにそれぞれ対応している。

1.4 パート2:最も重要な背景

パート2では、多くのアーキテクトによって十分に理解されていないであろう2つの領域、パフォーマンスとUXについて掘り下げる。最初に扱うのはシステムのパフォーマンスだ。パフォーマンスは、そのアーキテクチャ上で何が可能で、何が不可能であるかを決定付ける。次に扱うのはUXだ。UXはしばしばユーザーが採用を決める根拠となり、システムの運命を決定付ける。

第3章は、他の章に比べてより詳細で専門的な内容となっている。この章で扱う具体的な内容は、他の書籍ではあまり取り上げられていない、極めて重要なものだ。もしあなたが最初に幅広い理解を求めているのであれば、この章はまずざっと読み、細かい点を把握するために改めて再読することをお勧めする。

第4章では、UXの原則と、早い段階からUXエキスパートをチームに加え、そのアドバイスに耳を傾けることの重要性を解説する。さらに、API、設定、拡張におけるUXの重要性についても説明する。

1.5 パート3:システム設計

パート3では、システムやアプリケーションの構築方法に焦点を当てる。マクロレベルでは、一貫性のあるアーキテクチャに基づいてサービスを構成する方法について解説し、ミクロレベルでは優れたサービスを構築する方法について学ぶ。

このパートでは、ほとんどの場合にうまくいく標準的なアーキテクチャ上の選択肢と、より複雑なアーキテクチャ上の選択肢について説明し、自分たちに適した選択肢を選ぶ方法について説明する。アンチパターンやよくある間違いも扱う。また、私が重要だと考えている技術的な考え方についても触れる。

マクロアーキテクチャの考え方については、次の各章で解説する。

- 第5章 マクロアーキテクチャ：はじめに
- 第6章 マクロアーキテクチャ：コーディネーション
- 第7章 マクロアーキテクチャ：状態の一貫性の保持
- 第8章 マクロアーキテクチャ：セキュリティへの対応
- 第9章 マクロアーキテクチャ：高可用性とスケーラビリティへの対応
- 第10章 マクロアーキテクチャ：マイクロサービスアーキテクチャでの考慮事項

使い勝手の良いサービスの書き方については、第11章で解説する。

安定したシステムを構築する方法については、第12章で解説する。

マイクロサービスに関する考察は第6章、第7章、第8章に分散して書く代わりに、独立した章を割いて説明している。この構成により、各部分を個別に理解するよりも、コンセプト全体をまとめて把握しやすくなっているはずだ。

それぞれの技術的な決定は、適用可能な5つの質問と7つの原則に基づいて解説している。

▶1.6 パート4：すべてをまとめる

すべてがどのように結びつくかを解説するパート4は、第13章だけで構成される。この章は、開発者がイテレーションを完了し、フィードバックを受け取り、学習を妨げるあらゆるものを取り除き、迅速なフィードバックサイクルを確立することに焦点を当てている。第13章は、開発者が効率的に仕事をできるようにし、開発者を妨げる問題を解決するために直接関与することを、リーダーに促す内容となっている。

第 2 章 Understanding Systems, Design, and Architecture

システム、設計、アーキテクチャを理解する

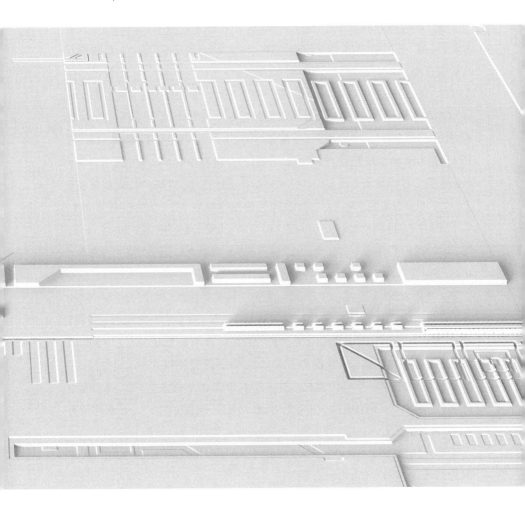

▶2.1 ソフトウェアアーキテクチャとは

ソフトウェアアーキテクチャとは、ソフトウェアシステムを構築するための計画だ。この計画には通常、システムを構成するコンポーネントの定義と、そのコンポーネント群がどのように連携して動作するかの仕様が含まれる。複雑なシステムでは、この計画は再帰的に行われる。すなわち、アーキテクトは各コンポーネントをより小さなコンポーネントに分解し、それらの振る舞いを定義していく。

計画には、良い計画と悪い計画がある。それはソフトウェアアーキテクチャも変わらない。では、良いソフトウェアアーキテクチャによって私たちが達成したいゴールとは何なのだろうか。

ソフトウェアシステム（ソフトウェアアーキテクチャ）を構築する私たちのゴールは、品質基準を満たし、長期間または定められた期間で最高の投資収益率（ROI）をもたらすシステムを構築することだ。この中の**長期間**という箇所が、最も重要な理想だ。たとえば、長期的な投資をせずに粗悪なプロダクトを構築すると、満たされないユーザーを抱えた結果、最終的に収益を失うか、ユーザーを満足させるために多額の費用を費やすことになる。短期的に安く済ますと、長期的には高くつくことが多い。今払うか、後で払うかだ。一方で、より多くの費用をかけて重要なフィーチャーを新たに追加すると、より多くの収益が得られて、ROIが改善する可能性がある。

アーキテクチャを複雑にするのは、3つの不確実性だ。1つ目は、ユーザーとユーザーの期待を部分的にしか理解していないという不確実性。2つ目は、システムがどのように動作するかについての理解が限定的だという不確実性。特に複雑で新しい状況の下では、この不確実性は大きい。3つ目は、ユースケースやユーザーの変化に伴う要求の変化を認識できないという不確実性。これらの不確実性があるため、私たちは、理解しやすく、柔軟性があり、不測の事態にも対応できるアーキテクチャを望むことになる。

そうした最高のアーキテクチャを目指すときに取りうるベストプラクティスや戦術には、次のようなものがある。

- 決定はできるだけ先送りする。たとえば、設計を開始した時点は、システムや解決すべき問題について私たちが最もよくわかっていないタイミングだ。いくつかの問題の解決を先延ばしにできれば、より多くのことを学ぶ機会を得られる。このアプローチによって、より良い設計上の決定を下せる。
- 理解しやすく、変更しやすい設計を考える。時間とともに問題は変化する。そのうちに、いくつかの驚きに直面するかもしれない。システムはその寿命の間に頻繁に変更されるため、それらの変更を容易にするのが優れたアーキテクチャと言える。
- 可能な限りフィーチャーに対して「ノー」と言う。フィーチャーの多くは、設計時には重要とされていても、実際にはあまり使用されない。対象ユーザーを知り、必要なフィーチャーのみを実装し、なぜ実装しないのかを説明することで、長期的にはコストを節約できる可能性がある。

多くの人が、これらの戦術は常に良いものであり、アーキテクチャの目的だとさえ考えているが、私はそうは思わない。これらの戦術にもコストはかかるからだ。つまり、すべては相対的であり、これらの戦術が有効なのは、最終的な目的の達成に役立つ場合に限られる。例をいくつか見てみよう。

もし、あるユースケースが将来大きく変わり、システムをゼロから書き直さなければならなくなることがわかっているなら、現在の設計を拡張可能にするために投資すべきではない。

また、クラウドアプリケーションを構築する際には、2つの選択肢がある。特定のクラウド事業者を選び、その事業者独自の強みを活かしてアプリケーションを作る選択肢と、複数のクラウド上で動作できるような可搬性を備えたアプリケーションを作る選択肢だ。クラウド事業者を1社に絞れば開発は容易になるが、別のクラウドに移植する必要が生じた場合に、システムやシステムの一部を書き直さなければならないリスクがある。一方で、可搬性を備えたクラウドアプリケーションを作るコストは、必要となった場合に書き換えるよりもはるかに高くなる可能性がある。

たとえば、システムを簡単に変更できる素晴らしいアーキテクチャを持って

いたとしても、複雑な概念が含まれているせいで、現在のチームでは扱いが難しいかもしれない（このアーキテクチャを選ばざるを得ないという苦渋の判断だったのかもしれない）。少なくとも、思いどおりの軍隊を集められるだけのリソースが手に入るまでは、今ある軍隊で戦わざるを得ない。

もし、MVP（Minimal Viable Product、実用最小限の製品）を作ろうとしているスタートアップなら、成功した後でシステム全体を書き換えられる機会がある。まだMVPを作っている段階なら、システム要件としてスケールや変更のしやすさを気にする必要はないだろう。

不確実性はリスクを生むが、救済手段にもコストがあり、それもまたリスクを生む。アーキテクトの仕事は、これらのリスクのバランスを取ることにある。それには、状況に応じた判断が求められる。普遍的なルールだけで適切なアーキテクチャを実現するのは難しい。『スタートレック：ディスカバリー』から、次の言葉を引用しよう。

> 常識が必要なのは下々のもの。王者に必要なのは臨機応変さだ。

あらゆる種類のリスクを理解し、不確実性を考慮した計画を立て、その計画を伝え、人々を巻き込み、その過程でリスクを管理することを、本書では**リーダーシップ**と定義する。そして、ソフトウェアアーキテクチャにおけるリーダーシッププロセスについて説明していく。

▶2.2 システムを設計する方法

ここまで説明してきたように、設計には、全体像と最終目標を見据えた総合的な判断力が求められる。変更しやすい設計のような良い戦術はたくさんあるが、それによって問題そのものよりも物事を悪化させないかを確認しなくてはならない。グレガー・ホープは、アーキテクチャとはオプション取引のようなものだと説明している。オプションを持つには、コストを支払う必要があるからだ。オプションを持つのが有効な場合もあれば、そうでない場合もある。

アーキテクトは、オプションを持つことに加え、それを行使しないタイミングを見極める知恵を持つ必要がある。

システム設計は戦争にも例えられる。敵（問題や変化の頻度など）を知り、チームと自分自身の強みと弱みを知り、オッズに賭ける必要がある。たとえば、どのクラウド事業者でも動作できるように設計すると、コストが50%増しになるとする。その場合、可搬性を満たす設計にする予想コストは（100% + 50%）= 150%となる。一方で、可搬性を満たす設計にしない場合、後で別のクラウド事業者に移植する必要が生じる確率は10%あり、移植する必要が生じた際は対応に250%のコストがかかるとすると、可搬性を満たす設計にしない場合の予想コストは（100% + 250 × 10%）= 125%となる。そうすると、この場合は可搬性を満たす設計にすべきではないという結論になる。

第1章では、ビジネスコンテキストの概念について説明した。ビジネスコンテキストには、TOGAFのビジネスアーキテクチャだけでなく、プロジェクトの時間軸やチームのスキル、競合の脅威など、その他の要素が含まれる。ビジネスコンテキストとUXが、ソフトウェアアーキテクチャを複雑にする。その状況をもたらすものとして、時間、複雑さ、必要スキルのようなコストと、パフォーマンス、安定性、市場投入までの時間のようなメリットとの間の、さまざまなトレードオフがある。コストとメリットの相対的な重要性は、ビジネスコンテキストとUXによって異なってくる。こうしたトレードオフを考慮し、正しい技術的判断に至るには、確かな判断力が必要となる。

本書では、コンテキストの理解を助け、適切な意思決定を行うための道標として機能する5つの質問と7つの原則を提示する。パート2とパート3では、知識を扱い、それが意思決定とどのように関係するかを説明する。

5つの質問は次のとおりだ（2.3節で詳しく解説）。

- 市場投入に最適なタイミングはいつか？
- チームのスキルレベルはどの程度か？
- システムパフォーマンスの感度はどれくらいか？
- システムを書き直せるのはいつか？
- 難しい問題はどこにあるか？

7つの原則は次のとおりだ(2.4節で詳しく解説)。

- ユーザージャーニーからすべてを導く
- イテレーティブなスライス戦略を用いる
- 各イテレーションでは、最小の労力で最大の価値を加え、より多くのユーザーをサポートする
- 決定を下し、リスクを負う
- 変更が難しいものは、深く設計し、ゆっくりと実装する
- 困難な問題に早期に並行して取り組むことで、エビデンスに学びながら未知の要素を排除する
- ソフトウェアアーキテクチャの凝集性と柔軟性のトレードオフを理解する

　5つの質問は、ビジネスコンテキストを理解するのに役立つように設計されている。質問は、時間、チーム、パフォーマンスの要件から始まる。最初の2つの質問(「市場投入に最適なタイミングはいつか?」「チームのスキルレベルはどの程度か?」)の効果はよく理解できるはずだ。その次にパフォーマンスの要件に関する質問(「システムパフォーマンスの感度はどれくらいか?」)が来るのは、設計にどれだけの精度が必要かがそれによって定まるからだ。多くの人は4つ目の質問(「システムを書き直せるのはいつか?」)を奇妙に感じるだろう。しかし私は、すべてのプロジェクトには、第2フェーズ(システムの書き換えが必要な段階)があると考えている。なので4つ目の質問は、とても重要だ。なぜなら、プロジェクトの第1フェーズを定義できるからだ。さらに、5つ目の質問(「難しい問題はどこにあるか?」)によって明らかになった難しいが緊急でない問題を、第2フェーズに先送りすることも可能になる。この質問によって、システムのスコープがだいぶはっきりするはずだ。

　ビジネスコンテキストがはっきりしたら、7つの原則の番だ。7つの原則は、何を、いつ、どのように実装するかを示している。1つ目の原則(「ユーザージャーニーからすべてを導く」)は、すべてをユーザーの視点から見て、ユーザージャーニーに役立つものだけを選ぶべきだということを教えてくれる。2つ目と3つ目の原則(「イテレーティブなスライス戦略を用いる」「各イテレーショ

ンでは、最小の労力で最大の価値を加え、より多くのユーザーをサポートする」）は、イテレーティブなスライス戦略を用い、設計空間を探索し、ユーザーフィードバックを得ていくべきだと言っている。次に来るのが決定を下してリスクを負うという最も重要な原則（「決定を下し、リスクを負う」）だ。5つ目と6つ目の原則（「変更が難しいものは、深く設計し、ゆっくりと実装する」「困難な問題に早期に並行して取り組むことで、エビデンスに学びながら未知の要素を排除する」）は、より深く掘り下げていくことについての原則だ。7つ目の原則（「ソフトウェアアーキテクチャの凝集性と柔軟性のトレードオフを理解する」）は、優れたアーキテクチャを作るにはコストがかかるものであり、利点とコストのバランスを取ってアーキテクチャを決定していくことを思い出させるための原則だ。

▶ 2.3　5つの質問

　優れた質問に向き合うことは、考え、詳細を明らかにし、理解を変えるための手助けとなる。前述の5つの質問は、私が設計をする際の優れたツールだ。この5つを自問することは、私がシステムの範囲を定め、掘り下げていくのに役立っている。これらの質問は、私たちが具体的な状況に基づいた決定を行えるよう、そして、しばしばプロジェクトを失敗させる原因となる、理想を追い求めることを避けるように設計されている。

▶ 2.3.1　質問1：市場投入に最適なタイミングはいつか？

　プロジェクトのタイミングを決めるのは、アーキテクトではなくビジネスだ。とはいえ、この質問が私たちアーキテクトが最初に問うべきことだ。時間は私たちの敵になる可能性がある。いくら技術や資金があっても、多くの場合プロダクトの予定は動かせないからだ。

　市場投入までの時間がすべてだ。私たちは、その現実を設計に織り込まなければならない。期日が厳しいのなら、市場投入後にシステムを書き換え

ることも可能であるという前提に立って設計することもできる。

経験上、市場投入までの時間に基づいて定められた期限には交渉の余地がないことが多い。一方で、そのリリースに組み込むべきフィーチャーは柔軟であることが多い。私のお勧めは、UXデザイナーやプロダクトマネージャーと協力して、設計に組み込むべき最小限のフィーチャーを理解し、最も簡単なアプローチを使って、できるだけ早くそれを実現することだ。

▶2.3.2　質問2：チームのスキルレベルはどの程度か？

リーダーシップとは、チームと協力することだ。あなたの助けをまったく借りずにシステムを構築できるくらい優秀なチームも存在する。しかし、完璧でないチームと仕事をするときには、リーダーシップが必要となる。

> 今ある軍隊で戦うしかない。思いどおりの軍隊で戦争に臨むことはできない。
>
> ドナルド・ラムズフェルド

自分のチームを厳しく、現実的に見よう。あなたのチームは、ベテランが集まったスーパースターの集団だろうか。それとも、何年もかけて厳選して採用した集団だろうか。あるいは、新しく採用した集団かもしれないし、それらの混成かもしれない。あなたは、チーム自身が管理できるアーキテクチャを選ばなければならない。たとえば、イベント駆動アーキテクチャや、コマンドクエリ責務分離（Command and Query Responsibility Segregation：CQRS）ベースのサーバーは、複数人の経験者がチームにいない限り、選んではならない。これらのアーキテクチャは、理解しにくくデバッグも難しいため、コストが高くつく。チームがその詳細を理解していない限り、長期的にはより多くのコストがかかる可能性が高い。

CQRSが正しいソリューションだという直感はあるものの、CQRSベースのアーキテクチャを実現するための専門家がいない場合はどうすればよいのだろうか。その場合には、現行のバージョンをシンプルなアーキテクチャで

設計しながら、PoC（Proof of Concept、概念実証）を始めるとよい。そうすれば、CQRSを一番扱えそうな人に裏でCQRSを試してもらい、次のバージョンで採用するという望みを持てる。

「チームを教育すればよいのでは？」と思うかもしれない。確かにやりようはある。たとえば、チームと肩を並べて働く専門家をしばらく雇えるかもしれない。とはいえ、大抵の複雑なシステムは深く理解するのに時間を要する。開発メンバーにパフォーマンスに対する感覚を教えてきた経験では、並行処理やLMAX Disruptorなどの詳細を扱う能力の習得には少なくとも1年、場合によっては2年かかることを念頭に置くようにしている[※1]。

同様に、プログラミング言語もチームに合わせて選ぶべきだ。プログラマーは、ある特定のプログラミング言語を中心に身につけた多くのスキルを持っており、それを変更するのは難しい場合が多い。

セキュリティやUXなど、特定の能力はチームに不可欠だ。そのため、リーダーはこれらの分野をカバーする方法を見つけなければならない。そのためには、コンサルタントを雇うか、リーダー自らがチームをサポートし、指導を行う必要がある。

未熟なチームによるソフトウェアの構築を拒否し、代わりに限定的なバージョンを構築するのが正しい選択となることもある。たとえば、投資家から追加投資を引き出すため、スタートアップがほとんどスケールしないバージョンのソフトウェアを構築する場合などだ。そうした場合においても、投資家には状況を極めて明確に説明し、リスクを確実に理解してもらう必要がある。

▶2.3.3 質問3：システムパフォーマンスの感度はどれくらいか？

アーキテクチャの性能限界に近いところでシステムが動作する場合、そのシステムはパフォーマンスに**敏感である**と言う。パフォーマンスに敏感なシステムと鈍感なシステムでは、アーキテクチャに関する考慮事項は大きく異なる。

システムパフォーマンスの感度は、どれだけの余裕があるかと、どれだけの

※1　https://lmax-exchange.github.io/disruptor/

精度が必要かを表している。高い精度の実現は、綱渡りのようなものだ。指数関数的な難しさがあるし、経験豊富な開発者が必要となる。したがって、パフォーマンスに敏感なシステムには、特殊なテクニック、慎重な設計、より大きな創造性、継続的なパフォーマンス測定、そしてフィードバックサイクルが必要だ。実験を通じて可能な限り早く未知の要素をテストし、特定しなくてはならない。そのためには、エンドツーエンドで動作するシステムの薄いスライスを早期から動かして、詳細なメトリクスを収集していく必要がある。このような設計スタイルについては第3章で述べる。これらすべてが、複雑さとコストを増大させる。

　第3章で詳しく説明するように、パフォーマンスへの直感的な理解を持った上でシンプルなアーキテクチャを選択していくことで、パフォーマンスに鈍感なシステムを設計できる。したがって、この質問に対する答えは、アーキテクチャ上の選択に大きく影響する。

　多くのシステムはパフォーマンスに鈍感だ。たとえば、Spring Bootのようなオープンソースのサービスフレームワークとデータベースを組み合わせれば、毎秒数百リクエストを処理するサービスを簡単に実装できる。1秒間に50リクエストでも、1日当たり432万リクエストを処理できる計算になる。これだけのリクエストがあるのであれば、大抵はビジネスとしてもすでに成功している可能性があり、システムの第2、第3バージョンを書く余裕が生まれているはずだ。したがって、ほとんどのシステムはこの制限を超える必要はない。

　ここで、追加の質問だ。シンプルな実装（たとえば、毎秒50リクエストを処理できる性能）が限界を迎えたとき、あなたにはシステムを書き直すだけの資金があるだろうか？　常にこの質問を考えよう。リクエストがそれくらい増えたとき、システムを書き直せるだけの十分な資金があるだろうか？　もし答えが「イエス」なら、より単純な設計から始めて、そのときを待とう。

　もっと厄介なシナリオは、ユースケースがレイテンシー制限内での動作を要求する場合だ。この話題については第3章で述べる。とはいえ、素朴なアーキテクチャであっても、大抵は数秒未満（1～10秒）のレイテンシーの期待には応えられるだろう。

2.3.4　質問4:システムを書き直せるのはいつか?

4つ目の質問は、システムを将来的に書き直すことを受け入れる助けとなる。たとえば、スタートアップ企業の段階で、数十億のユーザーと数億ドルの収益を得たときに必要となるアーキテクチャを構築しようとしてはいけない。数十億のユーザーと数億ドルの収益を得られるようになったときには、システムを何度も書き換えるくらいの資金ができているはずだ。成功したシステムのほとんどは、何度も書き換えられている。

よくある反論は、システムを作り直すのは予算の無駄遣いであるというものだ。確かにコストはかかる。しかし、3年先、5年先のシステムのすべての詳細を考え抜けると思うのは傲慢だ。その道のりの途中には、とても多くの不確実性がある。最初の数回の検査でシステムは機能しない可能性が高いし、おそらく提供までにはより長い時間がかかるだろう。

傲慢にならず、謙虚であろう。最初の数万人のユーザー向けにシステムを機能させるようにし、ユーザーから学び、そして適切な時期が来たら書き直そう。多くの場合、その時期は割とすぐにやってくる。このアプローチは、無駄がなくシンプルで、少数の重要な問題に集中し、かつそれらを適切に解決するのに役立つ。スケールしないことをしよう[※2]。

新しいIDEを使えば、ロジックのリファクタリングや新しい構造への再設計は比較的容易に行える。重要なマイルストーン(たとえば、スタートアップのPoCから最初の本格的な資金調達ラウンドあるいは100万ユーザーを超えるまで)を超えた時点で、書き換えを計画するとよいというのが私の考えだ。書き換えを受け入れると、多くのフィーチャーや保証を次の書き換えに先送りできると気づくことが多い。

2.3.5　質問5:難しい問題はどこにあるか?

私の推奨する考え方に従うと、難しい問題を忘れてしまったり、将来に先

※2　訳注:詳しくはポール・グレアムのエッセイ「Do Things That Don't Scale(スケールしないことをしよう)」(https://paulgraham.com/ds.html)を参照。

送りしてしまったりしがちだ。この質問は、そうした先延ばしを防ぐものだ。しかし、難しい問題は時にはソフトウェアそのものと関係のない問題であることもある。

ほとんどのシステムは競合との争いに晒されている。したがって、私たちはこう問いかけなければならない。私たちの競争優位性は何だろうか？ もし競争優位性がソフトウェアにあるのなら、私たちはそれを達成するために努力しなければならない。優れた競争優位性を定義するのは難しい。それが簡単な問いなら、競合他社がすでにそれを成し遂げているか、あるいは、理解した時点でそれを行ってしまうことだろう。何もせずに持続可能な競争優位性は達成できないだろう。

競争上の優位性をもたらさない難題については、他者から学ぶ機会がある可能性が高い。おそらく、それを解決した誰かがすでに存在している。その経験から学ぶことで、あなたは多くの時間とお金を節約できるだろう。もし難題が競争上の優位性をもたらすものである場合は、その問題を解くために時間とエネルギーを投資しなければならない。システムの設計とは別にPoCを行い、それらに投資する必要がある。

このプロセスはできるだけ早い時期に始める必要がある。そのためにはまず、こう問わなくてはならない。アイデアを検証する最小限の実装は何か？ そして、それを検証するPoCを実施する。可能な限りシンプルな方法で不確定要素を排除した後で、PoCをシステムに取り込もう。

まとめよう。私たちは難しい問題を特定し、それらを異なる方法で対処する必要がある。先送りは得策ではない。長期的な取り組みが必要な問題を特定し、早い段階から修正に着手し、時間をかけなくてはならない。

▶2.4 7つの原則：包括的なコンセプト

7つの原則（戦術）は、優れたソフトウェアアーキテクチャを実現するのに役立つ。しかし、常に役立つとは限らない。そのため、システムの最終目標に照らし合わせて評価し、役立つものを使う必要がある。

2.4.1 原則1：ユーザージャーニーからすべてを導く

ユーザージャーニーとは、ユーザーがシステムを使って何ができ、何をするかを定義するものだ。ユーザージャーニーは要求仕様書に書かれたものだけではない。実際に起こりうるすべてのことではあるが、それが完全に定義されることはない。ユーザージャーニーはユーザーの進化とともに変化していくもので、ほぼ無限の可能性が含まれる。オンライン書店を例に考えてみよう。書店のユーザージャーニーは、書店を訪れたユーザーが何をするかを表す。それは決して完全には定義できない。書籍のページ数で検索したいユーザーもいるかもしれないし、特定の著者、あるいは特定のトピックを検索したいユーザーもいるかもしれない。ひょっとすると、雑誌記事だけを見にくるユーザーもいるかもしれない。

アーキテクトは、ユーザージャーニーをできるだけ詳細に理解し、最も重要なシナリオを網羅するよう努めなければならない。それによって優れたUXを構築する土台ができ、不必要なフィーチャーの開発を予防できる。

UXはシステムを左右する。たとえば、ロビンソン・マイヤーの記事「The Secret Startup That Saved the Worst Website in America（アメリカで最悪のWebサイトを救った秘密のスタートアップ）」[※3]では、Healthcare.govのUXが、医療保険制度改革法（Affordable Care Act：ACA）[※4]を壊すくらい、いかにひどいものであったかが語られている。多くのユーザーは、そのUXが理由で登録を断念した結果、必要なときに病院に行けなくなるという代償を負うことになった。そのひどいUXは、必死なユーザーの登録すら阻んだのだ。UXだけでシステムが成功するわけではない。しかし、良いUXがなければ、ユーザーは機会を得られないのだ。

アーキテクチャの失敗を引き起こす最大の要因は、まったくあるいは滅多に使われないフィーチャーだ。そうしたフィーチャーに費やされる時間やコストは無駄になる。使われないフィーチャーを減らす最初のステップは、ユーザージャーニーを理解し、そのフィーチャーを作ることで得られるユーザーメ

[※3] https://www.theatlantic.com/technology/archive/2015/07/the-secret-startup-saved-healthcare-gov-the-worst-website-in-america/397784/
[※4] 訳注：米国のオバマ政権が推進した医療保険改革（通称オバマケア）について定めた連邦法。

リットと、見送ることで生じる損失の両方の観点から、すべてを評価することだ。私たちは価値を高めるものを作らなくてはならない。簡単だからといって、価値に関係ないものは作るべきではないのだ。

　ほとんどのシステムには、ユーザージャーニーの異なる部分に関心を持ついくつかのユーザーグループが存在する。そうしたユーザーグループすべてはサポートできない。どのユーザーグループをサポートするかを取捨選択しなければならないし、その選択は、意図的かつ継続的に行わなければならない。このトピックについては、原則2「イテレーティブなスライス戦略を用いる」で説明する。さらに、アーキテクチャを決定する際には、次に挙げる追加の質問も考慮する必要がある。

- これはユーザージャーニーにどのような影響を与えるか？
- どれくらいの付加価値があるか？
- もっと価値を高めるために、他にできることはないか？

▶2.4.2　原則2:イテレーティブなスライス戦略を用いる

> 早すぎる最適化は諸悪の根源だ
>
> 　　　　　　　　　　　　　　　　　　　　ドナルド・クヌース

　システムを構築する方法は2つある。1つ目は、すべてのパーツを作ってから、それらを統合する方法だ。私の経験では、この方法を取ると、ほとんどの問題は統合の段階で表面化する。そして、多くの場合、数年とは言わないまでも、数か月はプロジェクトを延期させる。2つ目は、最もシンプルなアーキテクチャを選択しながら、各段階でエンドツーエンドで動作するシステムの薄いスライスを作って機能させていく方法だ。その後、ボトルネックを特定してそれらを改善し、新しいフィーチャーを追加し、必要に応じて後から複雑なアーキテクチャの選択を実装して、それに置き換えていく。

　この方法で一般的なアプリケーションを作る際は、最初はパフォーマンスを気にせずに主な経路をできる限り早く動作するようにし、その後システムを

プロファイルし、ボトルネックに対処して改善していく。JIT（Just In Time）のような高度なコンパイラを使う場合はコンパイラが多くの最適化を行うため、どの部分に特別な処理が必要かを推測するのは難しい。そのため、シンプルなコードを書き、必要な場合にのみ最適化するほうがよい。

分散アプリケーションでこのアプローチを取るのは少しばかり難しい。とはいえ、同じ考え方が通用する。最も単純なアーキテクチャから始め、それを継続的に改善していく。これは、新しいコードをできるだけ早くマージすることも意味する。言い換えれば、小さくコミットしていくということだ。

ライト兄弟の逸話は、このアプローチの威力を示す好例だ。彼らは限られた資金で飛行機を製作し、資金力のある専門家たちと競争した。競争相手たちは、最高の設計図を作り、飛行機を組み立て、それを飛ばすことに集中した。そして、（おそらくは傲慢にも）自分たちはあらゆる事態を想定し、1回目から飛べる飛行機を作れると考えていた。しかし、飛行は毎回失敗し、そのたびにプロトタイプが**破壊**されて、競争相手たちは数か月も遅れることとなった。

対照的に、ライト兄弟はイテレーティブなスライス戦略を取った。彼らはまず、うまく着陸できるグライダーを作り、プロトタイプのその状態を保持することに集中した。この戦略により、彼らはさらに何度もテスト飛行を行うことができた。彼らはグライダーを完成させ、その制御方法を解明した。そしてプロペラとエンジンを追加し、グライダーを徐々に飛行機へと変えていった。このアプローチによって、彼らは失敗のたびに何か月も挫折することなく、学び、いじり、実験することができた。

イテレーティブなスライス戦略は、強力なフィードバックサイクルを生み出す。ライト兄弟は、このイテレーティブなスライス戦略を取ったからこそ、少しずつ改良を重ねられ、はるかに優れた頭脳と資金を持つ競争相手に勝てたのだ。

ライト兄弟に倣い、特別な理由がない限りは常にシンプルなアーキテクチャ上の選択から始めよう。システムを測定し、ボトルネックを見つけ、後でシステムを改善しよう（パート2とパート3では、標準的な選択と、多くの状況に対応したより複雑な選択について説明する）。

スライス戦略を実践してきて、私はシンプルなアーキテクチャでも十分な期間システムをサポートできることを学んだ。リクエストごとにスレッドを使う(スレッドプールを使う)方法は非効率的だし、ノンブロッキングアーキテクチャのほうがずっと良いパフォーマンスを発揮する。しかし一方で、ノンブロッキングモデルで作られたコードは読みにくいし、加えてこの種のコードを書くことに熟練した人を見つけるのは容易ではない。多くのユースケースでは、どんなに要求が変化しても、大抵はシンプルなリクエストごとのスレッドモデルで十分だ。システムをできるだけシンプルに保ち、曖昧さのないところから始めて、徐々に複雑さを加えていこう。

スライス戦略のもう1つの利点は、コードの統合を早期から強制することで、設計に関する誤解が取り返しのつかない状態になってしまう前に修正が行われる点だ。この戦略がうまくいくのは、迅速に機能するシステムを作り出し、フィードバックを受けられるようにし、統合の問題を早期に発見できるからである。このアプローチにより、遭遇するかもしれない問題を改善し、修正する時間と機会が得られる。

▶2.4.3 原則3：各イテレーションでは、最小の労力で最大の価値を加え、より多くのユーザーをサポートする

先に説明したように、ソフトウェアアーキテクチャの設計では、限られたフィーチャーからスタートし、ユーザーからのフィードバックを得てシステムを改善していくというイテレーティブなアプローチを採用したい。加えて、各イテレーションでは、最小の労力で最大の価値を追加していきたい。つまり、価値が少ないフィーチャーは、追加するにしてもできるだけ後のイテレーションに遅らせるようにしたい。気をつけたいのは、大抵のシステムには多様なユーザーグループが存在し、フィーチャーの中には、特定のユーザーグループに固有の価値をもたらすものが存在するという点だ。

ユーザージャーニーは、フィーチャーに関する意思決定を行うための強力なレンズとなる。ほとんどのプロダクトで、多くのユーザーは本当に重要な

わずかなことしかしない。そうしたフィーチャーを見つけ、ユーザーのために最適化する。これが、Appleの伝説的なUXの秘密だ。a16zの動画「Inside the Apple Factory：Software Design in the Age of Steve Jobs（アップル工場の内側：スティーブ・ジョブズ時代のソフトウェア設計）」[※5]では、Appleのアプローチを次のように解説している。Appleでは、ほとんどのチームはメンバーの約3分の1がUXエキスパートで構成されている。したがって、AppleのUXの質は偶然ではない。AppleはUXに投資しているのだ。また、Appleでは、どんなフィーチャーであっても、まずプロダクトリード（またはプロダクトマネージャー）とUXエキスパートが、ステークホルダーのために、設計が完璧になるまでモックアップとイテレーションを行う。コードは後からついてくるのだ。

早い段階からこのようなプロセスに投資することで、将来の変更の多くを事前に取り除き、またフィーチャーについての要望を受け入れるかを見極めるための強力な根拠を手に入れられる。その結果、取り組むのは、実装しやすいフィーチャーではなく、エンドユーザーが必要とする機能になる。

この原則の実践では、まず、どこに価値を置くかを定義する。それは、最も多くのユーザーをサポートすること、最も多くの収益をもたらすユーザーをサポートすること、あるいはプロダクトの知名度を最も高めてくれるユーザーをサポートすることを意味する可能性がある。異なるプロダクトフェーズで異なる価値基準を使用する可能性もある。最大の価値を加えるフィーチャーを特定するために、最も価値をもたらすユーザーグループのユーザージャーニーを観察しよう。この原則に沿って、私が従おうとしている概念は次のとおりだ。

原則3-1

ユーザーがプロダクトをどのように使うかを完璧に考え抜くのは不可能だ。そのため、MVPの考え方を受け入れる。いくつかのユースケースを特定し、それらのケースをサポートするフィーチャーのみを提供し、それに対するユーザーの体験やフィードバックに基づいてプロダクトを形作る。

※5　https://www.youtube.com/watch?v=kI2FIp4oK-g

原則3-2

フィーチャーはできるだけ少なくする。疑問がある場合（チームの意見が合わない場合など）は、そのフィーチャーを省く。多くのフィーチャーは使われないものだ。代わりに、任意の拡張を可能にする機構を開発することを検討してもよい。

原則3-3

誰かがそのフィーチャーを求めてくるのを待つ。そのフィーチャーがないと直ちにユーザーとの関係にひびが入るものでないのなら、3人から要望が出るまで待ってからそのフィーチャーを実装する。

原則3-4

顧客が要求するフィーチャーがプロダクトに悪影響を及ぼす場合は、勇気を持って立ち向かう。大局的な視点に立ち、問題を解決する別の方法を探そう。

ヘンリー・フォードの言葉としてよく引用される「もし私が人々に何が欲しいかと尋ねたら、彼らはもっと速い馬と答えただろう」という言葉を思い出そう。また、**専門家はあなたである**ことも忘れてはいけない。導くのはあなただ。人気のあることではなく、適切なことをするのがリーダーの仕事だ。後になってユーザーはあなたに感謝するはずだ。

原則3-5

Googleに嫉妬しない。過剰なエンジニアリングは禁物だ。私たちは皆、派手な設計が大好きだ。必要のないフィーチャーやソリューションをアーキテクチャに持ち込むのは簡単だ。サービス品質（QoS）の向上、スケール、パフォーマンスなどのフィーチャーについては、それらの要件が差し迫ってくるまで作り込まずに待とう。また、プロダクトを書き直すことを念頭に置いてアプローチしよう。今欲しいものを実装しよう[※6]。

※6　詳しくは「You Are Not Google（あなたはGoogleではない）」(https://blog.bradfielddcs.com/you-are-not-google-84912cf44afb)を参照。

原則3-6

できる限り、ミドルウェアやクラウドサービスを利用する。認証と認可を例に考えてみよう。これらを実装することにした場合は、ユーザー登録フロー、パスワード回復、攻撃検知など、将来にわたって多くの要件が生じることになる。IAM（アイデンティティおよびアクセス管理）製品を使用することで、これらのフィーチャーをすべてサポートできる。IAMは要件の変化に応じてプロダクトを進化させ続ける。同じ考え方が、メッセージブローカー、ワークフローシステム、決済システムなどにも当てはまる。

原則3-7

インターフェイスをはじめとする抽象化は、選択肢を作り出すためのテクニックだが、決定を遅らせるテクニックでもある。慎重に使おう。金融オプションと同様、ソフトウェアオプションもコストがかかる。コストに留意しよう。抽象化には、リーダーの責任を伴う判断が必要とされるトレードオフがある。たとえば、よくある間違い（アンチパターン）には、抽象化レイヤーが多すぎることがある。抽象化のコストを無視すると、パフォーマンスにひどい影響を与える。

UXに対するこのアプローチは、UIだけに当てはまるものではない。外部メッセージや内部メッセージ、APIに対しても、同じアプローチを取らなければならない。これらはいずれも、後で変更するのが難しいからだ。APIやメッセージのフォーマットを定めたら、イテレーションを回して、フィードバックを得ながら実装していく。変更が難しいものは、深く設計した上で、できるだけ少しずつ実装していかなくてはならない。

ただし、実装をできるだけ遅らせるアプローチには例外があり、競争優位性やセキュリティのためのフィーチャーには使えない。そうしたフィーチャーには、設計プロセスがどうであろうと投資しなければならないからだ。原則6「困難な問題に早期に並行して取り組むことで、エビデンスに学びながら未知の要素を排除する」により、これらの未知の要素に対処する。

▶2.4.4　原則4：決定を下し、リスクを負う

　プロジェクトで最も上級の技術者（私はチーフアーキテクトと呼んでいる）は、決定を下してリスクを負わなければならない。どのようなプロジェクトも多くの不確実性に直面する。たとえば、最初のリリースでは負荷とレイテンシーにどの程度の制限を設けるべきだろうか。現実には、誰にも正解がわからないことが多い。私たちはよく顧客に尋ねる。しかし、顧客でさえ、大抵は正解を知らない。しかし、チームが目標を達成できるように、誰かが数字を示さなければならない。目標がなければ、チームは道をさまよって多くの時間を失うことになる。

　リチャード・ルメルトの著書『良い戦略、悪い戦略』（日本経済新聞出版）[4]には、この原則の好例が記述されている。月面探査機の設計を始めたとき、誰も月面についてわかっていなかった。そのため、探査機を最初に設計したチームは行き詰まった。NASAのジェット推進研究所（JPL）で研究主任をしていたフィリス・ブワルダは、地球上で最も過酷な砂漠をベースにして月面模型を作成した。彼女は、リスクを冒してでもターゲットを特定しなければ、多くの時間が無駄になると理解していた。模型を作ることで、彼女は不確実性を肩代わりし、チームの真の進歩を可能にしたのだ。

　チーフアーキテクトも同じことをする必要がある。必要なデータを収集し、必要な実験を行い、それでも最後には解決不可能な不確定要素（システムにどれだけの負荷がかかるかなど）を理解し、具体的な目標を定める決定を下さなければならない。リーダーは曖昧さを取り除き、解決可能な目標を作らなければならないのだ。

▶2.4.5　原則5：変更が難しいものは、深く設計し、ゆっくりと実装する

　私の考えでは、この5つ目の原則がソフトウェアシステムを設計する際の肝となる。設計は深く、実装はゆっくりと。この意味を探っていこう。

　私は普段、シンプルな設計を提唱し、必要なときだけ複雑さを加えることを

提唱している。しかし、設計の中には、次に挙げるような変更が難しい部分もある。

- 顧客に直接公開されるAPI
- 共有範囲の広いサービスAPI
- データベーススキーマ（顧客環境内のデータベースを使用するプロダクトをデプロイする場合）
- 共有データ、オブジェクト、メッセージ形式
- 技術フレームワーク

　設計では、APIやデータベーススキーマのような箇所の設計に多大なエネルギーを費やす必要がある。こうした箇所の設計は、顧客に提供する前に、多くのレビューやイテレーションを経なければならない。APIを例に考えるなら、顧客向けにAPIをバージョン付きで公開している場合には、古いバージョンも長期間動かし続けることになる。それらは書き直し以上に変更が難しい。共有サービスのAPIも、協調したリリースが必要になるため、同様に変更が難しい。

　変更が困難なものが何かを理解するには、システムを深く設計する必要がある。設計の段階で、問題全体を解決できるかもしれない策を徹底的に掘り下げ、必要に応じてPoCを作成する。潜在的な解決策を持つことで、起こりうる予期しない状況に備えられ、得られたエビデンスからより多くを学べる。早い段階から深く設計することで、最初のうちから議論を始め、合意形成していける。多くの場合、これにはたくさんの時間を要する。

　時間とリソースには限りがある。そのため、深く設計するといっても、ソフトウェアのあらゆる側面を深く掘り下げるのは不可能だ。システムの他の部分に影響を与えることなく変更や発展させるのが可能な部分や、重大な未知の要素を含まない部分については、深く掘り下げるのは後回しにできる。これを適切に行うには判断力が求められる。しかし、適切に行わないと、私たちは細部に溺れてしまうことになる。

　たとえば、サービスの開発では、そのサービスが複雑な処理（大量のス

ループットや巨大なメッセージなどの処理）をする必要がない限り、実装の詳細を設計する作業はAPIの定義の後に回せる。一般に、APIやインターフェイスが実装の詳細を隠し、そのことが理解されている場合は、実装の設計を遅らせられる。したがって、深く設計するには、API、インターフェイス、そしてそれらの相互作用に焦点を当てなくてはならない。しかし、現在の設計は問題の不完全な理解に基づいていて、その理解は時間の経過とともに変わっていくものであることを認識しておく必要がある。

深く設計したからといって、急いで実装しなければならないということはない。ゆっくりと実装を進めることで、より理解した上で実装を進められ、将来の変更を回避するのに役立つ。ユーザージャーニーを分析して、必要で大きな価値を加えるとわかったフィーチャーだけを進行しよう。深く設計し、ゆっくりと実装しよう。これを効率的かつきっぱりと行うために必要な決定を下すのが、優れたアーキテクトの証だ。

▶2.4.6　原則6：困難な問題に早期に並行して取り組むことで、エビデンスに学びながら未知の要素を排除する

運に頼るのではなく、未知を早期に発見し、システム的に排除する。多くの場合、この取り組みには、解決のための実験が必要で、それはチーフアーキテクトの重要な責務の1つだ。未知の問題を解決するには試行錯誤が必要で、その試行錯誤には通常時間がかかる。積極的に探索することで、未知の問題を検証し、適切な解決策を見出すのに十分な時間が得られる。この先見性こそが、優れたアーキテクトとまあまあなアーキテクトの違いを生む。

この原則の好例が、航空機設計者のケリー・ジョンソンだ。国防高等研究計画局（DARPA）のために航空機を設計した彼のチームは、音速の3倍の速度（マッハ3）を出す最初の航空機を作った。当時の風洞[※7]では、この速度での翼のデザインをシミュレーションできなかったが、ケリーはシンプルな解決策を見つけた。400発のミサイルを借りてデータを収集し、さまざまなデ

※7　訳注：航空機や鉄道車両、自動車など高速で移動する輸送機械や、高層ビルなど風の影響を受けやすい建築物の設計にて、流体力学的な特性を調べるために使われる装置。

ザインの翼を装着して実験を行ったのだ。

　実験は、設計者にとって非常に重要なツールだ。ソフトウェアを使った実験は、航空機の実験よりもはるかに容易に行えるため、実験をやらない理由はない。私のアドバイザーの1人は、15分程度のコーディングでチェックできるようなことを議論したり分析したりするなと言っていた。

　この原則は、一見しただけではわからない未知の部分を積極的に特定する深い設計にもつながる。もしある設計箇所が未知でリスクが高いと考えられるなら、その箇所を早期に掘り下げ、未知の部分を解決する時間を確保する必要がある。

　これに関連する2つ目のポイントがある。ソフトウェアでは、何かを再実行するのは簡単だ。しかし、私たちはシステムに監視を組み込みたがらず、実際に何が起きているかを理解するために十分なだけのデータを収集するのが苦手だ。皮肉なことに、データを収集するのが簡単だからこそ、私たちはそれをしない。しかし、複雑な問題や状況は頻繁に起こるものではないし、再現するのも難しい。データを収集しない限り、状況から学ぶことは難しく、バグを修正し、システムを深く理解する機会も奪われてしまう。

　これとは対照的に、車両設計や航空学、医学など他の多くの専門分野の設計者は、特定のトピックについて自由に使える実験を数回しか行わない。それでも彼らは多くのデータを収集し、通常、ソフトウェアの専門家よりもシステムについてはるかに多くのことをわかっている。

　すなわち、私たちは、早い段階で監視の仕組みをシステムに加え、時間をかけて測定しなければならない。たとえば、オペレーティングシステムのメトリクス、キューのサイズ、選択されたトレース、障害タイミング、システム内のさまざまな箇所におけるスループットなどが測定できるだろう。また、データを日々調べ上げるのは現実的ではないので、分析プロセスはできるだけ自動化すべきだ。注意深く監視することで、あらゆる状況から多くのことを学べる。

　監視を行うと、若干のパフォーマンス低下は生じる。しかし、長い目で見れば、より良いシステムを構築することでコストを削減できる。厳しいパフォーマンス制約の中で運用するのであれば、この種の監視はフィードバックループに不可欠だ。

▶2.4.7 原則7:ソフトウェアアーキテクチャの凝集性と柔軟性のトレードオフを理解する

　駆け出しのアーキテクトは皆、アーキテクチャにおける柔軟性と凝集の原則について学ぶものだ。ヴェンカット・サブラマニアムの講演「Core Design Principles for Software Developers(ソフトウェア設計の核となる原則)」[※8]は、柔軟性と凝集性の原則を理解するための素晴らしい情報源だ。しかしながら、そうした原則を満たすのにもコストがかかる。したがって、ソフトウェアアーキテクチャは、5つの質問で探求したコンテキストの中で評価されなければならないし、時には最良のアーキテクチャを作るために、ソフトウェア設計の核となる原則を破らなければならないこともある。

　柔軟性とは、システムが持つ変化のための能力だ。前述したように、柔軟性にもコストがかかり、割高になることがある。たとえば、この章の前半で述べたように、複数のクラウドで動くようにシステムを構築するのは、1つのクラウド用に構築して必要なときに別のクラウド向けに再設計するよりも平均して高くつく可能性がある。

　凝集性とは、広い意味でアーキテクチャの概念がシステム全体に適用されていることを意味する。そのコンポーネントやサービスがシステムのあらゆる場所で再利用されているかどうかは、よく確認すべきことの1つだ。理想的なシステムは、1つの関心事(ロギング、セキュリティ、メッセージング、レジストリ、メディエーション、アナリティクスなど)を扱うサービスやコンポーネントから構成され、システムの他の部分は、必要なときにそれらの関心事を再実装することなく再利用するようになっている。設定解析が必要なら、設定解析コンポーネントを使う。ログが必要なら、ロギングコンポーネントを使う。これは、DRY(Don't Repeat Yourself)原則をコードからアーキテクチャに拡張するものだ。

　最近では、こういった再利用はライブラリレベル(同じプロセス)でもサービスレベルでも可能になってきている。しかし、残念ながら、この原則を厳格に適用しようとすると、問題が発生する可能性がある。たとえば、設定サービス

※8　https://alex-ii.github.io/notes/2017/12/09/core_design_principles.html

やクエリビルダーサービスを呼び出すことをすべてのサービスに強制することは、やりすぎな場合がある。また、コンポーネントを1つ取り込むだけで、そのコンポーネントが依存する他のコンポーネント（およびそれらのコンポーネントが依存する他のコンポーネント）が順番に取り込まれることになり、複雑になりすぎる場合もある。シンプルなフィーチャーが連鎖的に大きな変更になることもある。私が見たことがあるのは、他のコンポーネントを呼び出すメディエーター（仲介者）の役割をIDサーバーに持たせせいで、何百もの新しい依存関係が追加されたケースだ。

最も不幸な凝集への取り組み方は次のようなものだ。あるサービスから、別のサービスで再利用できる部分があることを発見し、リファクタリングして新しいサービスやコンポーネントを作るように最初のチームに依頼する。2番目のチームは、このサービスを自分たちのシステムに組み込む。このようなリファクタリングは、複数のチーム間の緊密なコミュニケーションを強いるため、絶対に必要なときだけしか行うべきではない。

重複を少し減らすだけなら、通常はこうしたことをする価値はない。私はこれをやってしまって高い代償を払った経験がある。今では、重複や矛盾を修正することで複雑さが増すのであれば、ある程度の重複や矛盾があっても構わないと考えている。時に治療法は病気よりもたちが悪いこともあるのだ。

最終的に安価で済むシステムを構築する方法としてアーキテクチャを考えること、また道具箱の中の道具として戦術を考えることは有益だ。道具は意味があるときだけ使おう。次の節では、サンプルのシステムを見ながら、これらの質問と原則の使い方を探っていく。

▶2.5　オンライン書店の設計

オンライン書店の例を考えてみよう。そのオンライン書店では、ユーザーは希少な本を検索し、注文し、決済し、配達されるまで注文を追跡できる。オンライン書店は、返品やアフターサービスにも対応する。ここでは、これまでに説明してきたコンセプトを実際のユースケースでどのように使うかを紹介する。

前述したように、設計プロセスの最初のステップは、ビジネスコンテキストの理解だ。一口に書店のオンライン化といっても、WhatsAppで新着情報を知らせる近所の本屋のような極めてシンプルなものから、Amazonのような非常に複雑なものまでさまざまだ。こうした違いは、独自のビジネスコンテキストによって形成される。

　情報システムや技術レベルで厳しい選択やトレードオフに直面したときに、ビジネスコンテキストが失われないようにするのはリーダーシップの役割だ。ビジネスと技術それぞれのコンテキストを理解するのに役立つ5つの質問と、ソフトウェアアーキテクチャの領域でシステムの設計を反復的に改善するための7つの原則についてはすでに説明した。

　さらに、すでに述べたように、私たちの会話は主に情報システムの設計に偏っている。

　まず、ビジネスコンテキストを考えよう。平均的なチームで6か月以内にプロダクトを市場に投入するという目標があるとする。最初の目標は、プロダクトを市場に定着させることだ。どの程度の負荷があるかは予測できない。しかし、ざっとした計算では、50〜100TPS（Transaction Per Second、1秒当たりに処理できるトランザクション数）のスループットがビジネスにとって良い状態であることが示されている。したがって、その時点まで来たらシステムを書き直せると考えるのが妥当だ。

　開発者ではこの決定は下せない。リーダーの誰かが決定する必要がある。これは原則4「決定を下し、リスクを負う」の例だ。2つの未知の要素は、スケールした後のトランザクション処理と書籍のレコメンデーションだ。最初の問題は、50〜100TPSで済むので区別できる。レコメンデーションのほうは、チームにとって未知の問題であるため、すぐに検討を始める必要がある。

　原則1「ユーザージャーニーからすべてを導く」に従って、ユーザージャーニーを理解するところから始めよう。それにはUXデザインから始めるのがよい。経験上、UXデザインをせずに要求仕様を定めると、大抵はうまくいかない。デザイナーも開発者もユーザーも、システムを体験しなければ設計の細かい点を理解できないからだ。システムを体験できるようにするには、イテレーティブなアプローチが必要となる。モックアップされたUXを作ることで、全

員がシステムを体験しながらイテレーションを回すことが可能になる。

先に少しだけ触れたが、設計は何段階もの再帰的な抽象によって構成されている。典型的なシステムには、異なるサービス、データストア、その他のミドルウェアがどのように関連し合うかを示すマクロレベルのアーキテクチャがある。そして、各サービスには、異なるコンポーネントがどのように関連し合うかを示すアーキテクチャがあり、各コンポーネントには、異なるコード要素がどう関連し合うかを示すアーキテクチャがある。本書では、主に最初の2つのレベルに焦点を当てる。第5章から第10章ではマクロアーキテクチャ(システム全体のアーキテクチャ)をどう設計するか、第11章では個々のサービスのアーキテクチャをどう設計するかについて説明する。

UXを絞り込んだら、次はマクロアーキテクチャに焦点を当てる。図2.1は、書店の典型的なマクロアーキテクチャを示している。2020年代の典型的なソフトウェアアーキテクチャでは、状態を保存するのにデータベースが使用され、ビジネスロジックは一連の(ステートレスな)サービスによって処理される。これらのサービスは、ブラウザ上で動作するシングルページアプリケーション(SPA)、モバイルアプリ、直接のAPI呼び出しの3つの方法のいずれかで使用される(第5章から第10章では、これらについて詳しく説明する)。

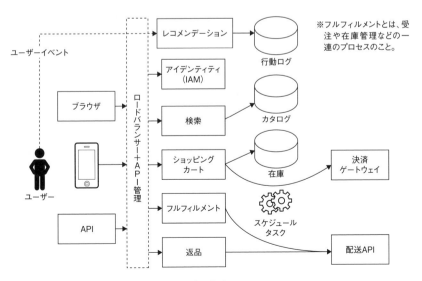

図2.1: オンライン書店の典型的なマクロアーキテクチャ

サービス同士は疎結合になっている。マイクロサービスのコンセプトを用いた場合には、このマクロアーキテクチャの各サービスは独立して開発、リリース、デプロイが可能だ。問題の分析からサービスを特定することは、**サービス分解**と呼ばれる。これはアーキテクトの重要なスキルだ。第5章では、サービス指向アーキテクチャ（SOA）の下でのサービス分解について詳しく説明する。

サービスを特定したら、次のステップは、サービス間の相互作用を特定し、そのためのメッセージフォーマット（API）を定義することだ。この時点で、私たちの「できる限り何もしない」アプローチには、多少の摩擦が生じる。

広く使われてしまったサービスのメッセージフォーマットやAPIを後から変更するのは困難だ。そのため、サービス間のやり取りをじっくり考え、成熟したAPIセットを開発するために時間をかける必要がある。この段階では、UXデザインで特定されたユーザーインタラクションを利用できる。原則5「変更が難しいものは、深く設計し、ゆっくりと実装する」に従って、この時点で深く設計し、メッセージフォーマットを定義しながら、直近のユースケースと長期的なユースケースを考え抜くべきだ。深く考える中では、データベーススキーマも定義する必要がある。スキーマとAPIの両方を深く設計すると、設計の大部分が明確になる。APIとデータベースについて多くのフィードバックと議論を行い、それらを正しく取り扱うことが重要だ。

前述のとおり、私たちはゆっくりと実装し、学びながら設計を修正していく。広範囲に及ぶAPI設計は、システムを幅広くバランスよく理解させてくれる。しかし、公開APIには特に注意が必要だ。明確に定義されたメッセージ標準が存在するのであれば、可能な限りそれを採用しよう。たとえば、認証にJWT（JSON Web Tokens）トークンを使えば、トークンのフォーマットを定義する必要がなくなるし、IDサーバーを後で変更する柔軟性も得られる。

設計が決まったら、実装を計画しなければならない。原則2「イテレーティブなスライス戦略を用いる」と原則3「各イテレーションでは、最小の労力で最大の価値を加え、より多くのユーザーをサポートする」に従って、最初にシステムの薄いスライスを特定し、それを機能させよう。これは、書籍を閲覧したり、選んだり、注文したりするフィーチャーかもしれない。その後の各イテレーションでは、付加価値を最大化するためのフィーチャーを開発する。これ

にはたとえば、オンライン書店上で検索やショッピングカートや返品、レコメンデーションを行えるようにすることが含まれる。

並行して、原則6「困難な問題に早期に並行して取り組むことで、エビデンスに学びながら未知の要素を排除する」にあるように、レコメンデーションやスケーラブルなトランザクション処理といった難しい問題の探求を始める必要がある。なぜなら、それらを正しく理解するには時間がかかるからだ。

抽象的なアーキテクチャを決定したら、イテレーションを回しながら、サービスを設計していく。サービスの設計では、どの部分を開発し、どの部分を再利用し、どのように実装するかを決めていく。次に例を挙げる。

- **Spring BootやMySQLなどを使って各サービスを実装できる。IAMや支払いAPIなどのサービスについては、既製のミドルウェアかSaaS（Software as a Service）ソリューションのいずれかを使用できる。**
- **注文サービスや返品サービスは、非同期で長時間実行されるため、メッセージキューやワークフローシステムを使って実装できる。**

最終的には、市場投入までの時間、要求されるパフォーマンス、チームの経験などを考慮してアーキテクチャを決定する必要がある。私のお勧めは、同様のシステム構築の経験がない限り、シンプルなものから始めて、必要に応じて複雑さを加えるアプローチだ。

開発の途中のある時点で、私たちはプロダクトを顧客に届ける必要がある。この時点でのプロダクトは、MVPあるいはMLP（Minimum Lovable Product、愛されるための最小限の製品）と呼ばれる。いったんプロダクトを顧客に届けられれば、友好的なユーザーから始めて、多くのユーザーにどんどん広げていける。

各ステップで、私たちは学びを追求すべきだ。設計後であっても、学んだことから変更の必要性が示唆される場合は、それを変更できる。このプロセスは、システムが稼働している限り続く。

TOGAFの3つのレイヤーの観点から見ると、私たちが話してきたアーキテ

クチャの大部分は情報システムアーキテクチャのカテゴリーに分類される。しかし、ほとんどの決定はビジネスコンテキストの影響を受けるため、このアーキテクチャはTOGAFにおけるビジネスアーキテクチャを拡張させたものとなる。Spring BootやMySQLなどの特定の技術について議論するときのみテクノロジーアーキテクチャに踏み込むが、それは主に例示や複雑さを説明するために行われる。

▶2.6　クラウド向けの設計

　クラウド向けにシステムを設計しているなら、いくつかのワクワクする可能性が開ける。選択肢は次の2つだ。

- 浅いクラウド統合：サービスを実装し、コンテナ化し、データベースとストレージのみにクラウドサービスを使用して、クラウド上で実行する。こうした設計は、アーキテクチャ的にはオンプレミスのシステムと同じように動作する。
- 深いクラウド統合：可能な限りクラウドを利用してシステムを構築し、すべてのサービスをサーバーレス機能で置き換え、クラウドやSaaSサービスで可能な限りの機能を提供する。

　図2.2は、可能な限りクラウドを利用した場合のオンライン書店のアーキテクチャ例を示している。

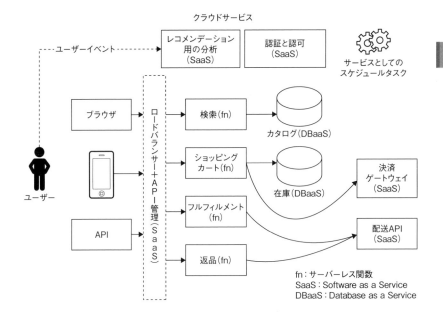

図 2.2: クラウドを利用したオンライン書店のソフトウェアアーキテクチャ

　可能な限りクラウドを利用したアーキテクチャの選択は、いくつかの利点を生む。第一に、次の理由から市場投入までの時間が短縮される。

- コーディングや設定が少なくて済む。
- セキュリティの処理を設定で行えるなど、定型的なコードを避けられる。
- 機能をAPI呼び出しに置き換えられる。
- つなぎ込みの代わりにビジネスロジックに焦点を当てられる。
- 高可用性、スケーラビリティ、DevOpsをすぐに実現できる。

　第二に、従量課金モデルによってアイドルタイムにかかるコストがなくなることで、プラットフォームコストを削減できる。ほとんどのアプリケーションにかかる負荷は変動する。しかし、中心極限定理に従うなら、実際にかかった負荷を十分な数集めれば、個々の負荷は予測できなくても、結果として生じる負荷の予測可能な分散曲線が描ける。これにより、クラウドプラットフォームは、

オーバーヘッドが増えるにもかかわらず、より少ないリソースで運用できる。その結果、クラウドプロバイダーは規模の経済による大幅なコスト削減を享受し、それをユーザーに還元できる。

第三に、クラウドプラットフォームはDevOpsと監視のコストを引き受けることで、開発コストを削減する。クラウドプラットフォームは、規模の経済、ツール、運用の最適化によって、わずかなコストでDevOpsや監視を実現できる。また、その節約の一部をエンドユーザーに還元することもでき、双方にとってwin-winの状況を生み出す。

第四に、クラウドアーキテクチャは予測可能なコストを提供し、コストをシステムの作業量に連動させることで、設備投資とシステム運用のリスクを軽減する。通常、より多くの仕事をこなすことで、組織はより多くの資金を得られる。したがって、コストを将来の収益に連動できるのは歓迎すべきことだ。クラウドプラットフォームはきめ細かく測定されるため、コスト管理についてより深い学びが得られる。

ただし、クラウドベースのアーキテクチャにも、次のような欠点がある。

- 深いクラウド統合は必然的にロックイン制約を生み出す。本番環境として稼働し始めてしまうと、そのクラウドプロバイダーから離れることが難しくなり、費用も高くついてしまう。
- クラウドを使用するには、チームが新しいプログラミングモデルを学ぶ必要がある。さらに、クラウドプラットフォームには独自の考え方があり、プログラマーに既定のパターンに従うことを強制する。クラウドの機能が要件にうまく適合しない場合、ユーザーにはそれらを修正するための手段がほとんどないか、まったくない。
- システムが日常的に大きな負荷を受ける場合には、クラウドは他の選択肢よりも割高になる可能性がある。

アーキテクトは、これらのメリットとデメリットのバランスを取り、この章で説明した重要な質問に基づいて、どのアプローチを使うかを決定しなければならない。クラウドベンダーのロックインを受け入れ、そのクラウドベンダーから

移行しなければならなくなった場合は書き換えを行う、と決定したほうが経済的な場合もある。

この次はパート2(第3章、第4章)に進み、優れた設計を実現するための重要なツールであるパフォーマンスとUXのコンセプトについて説明していく。技術的な詳細を掘り下げたくない場合は、マクロレベルとミクロレベルの設計について説明するパート3(第5章〜第12章)に進むとよいだろう。

▶2.7 まとめ

この章では、次のことを学んだ。

- ソフトウェアアーキテクチャとは、ソフトウェアシステムを構築するための計画である。
- ソフトウェアシステムを作る(つまりソフトウェアアーキテクチャを作る)包括的な目標は、品質基準を満たし、長期的に見てより経済的なものを作ることだ。
- 本質的な戦術(コードを変更しやすくする、ロックインを避けるなど)はあるものの、それらの戦術は個別にではなく、全体の一部として評価すべきだ。たとえば、長期的に見れば、システムを書き直すよりも新しいクラウドプロバイダーに乗り換えたほうが安上がりであれば、ロックインを受け入れてクラウドに移行することが理にかなっている場合もある。
- 設計が最適かどうかはコンテキストに従う。したがって、それは判断の問題だ。
- ソフトウェアシステムを設計・実装する際に適切な判断を下すのに役立つ5つの質問と7つの原則について紹介した。また、これらの質問と原則を、実際に例を挙げて説明した。

· MEMO ·

第3章 | Mental Models for Understanding and Explaining System Performance

システムパフォーマンスを理解するためのモデル

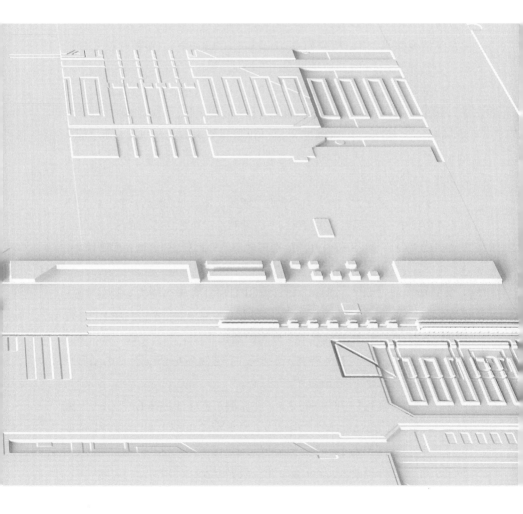

パフォーマンスは、ソフトウェアアーキテクチャにおいて切っても切り離せない要素だ。パフォーマンスは、システムを作る際の可能性の限界を定める。私たちは理解しやすく、学習しやすく、変更しやすいシステムを設計しなければならないのと同時に、性能目標も満たさなくてはならない。それには、より複雑で奇抜なテクニックが必要となる。その結果、設計の複雑さが増すことになる。アーキテクトは、この2つのバランスを取る能力を習得しなくてはならない。

　ビジネスパフォーマンスを、時間経過に伴う単位コスト当たりの平均出力と定義するのは有益だ。あなたが経営者であれば、プログラマー、プロジェクト管理、ソフトウェアライセンスなどのコストも含めた、計算機システムに費やした単位金額当たりの利益として、ビジネスパフォーマンスを表せる。この定義により、私たちはパフォーマンスに総合的にアプローチできるようになる。

　アーキテクトは、長期的なビジネスパフォーマンスを最大化するようにシステムを設計しなくてはならない。これが、すべてをアセンブリでコーディングしない理由だ。私たちは、市場投入までの時間、チームのスキルレベル、潜在的なリターンとユーザーの期待を考慮してソフトウェアアーキテクチャを考える必要がある。

　システムパフォーマンスへの直感的な理解があれば、優れたアーキテクトになるのはずっと容易だ。この章は、その理解を深めることを目的としている。システムパフォーマンスへの直感的な理解を持つには、計算機が動作するときのモデルを脳内に持つ必要がある。

　計算機性能に関する通説の1つに、CPUが計算機の能力を制限するというものがある。これが本当なら、プログラムの各部分をできるだけCPUに最適化して書くことで、計算機性能を最大限活かせるはずだ。それには、CPUプロファイラーを使って最も時間がかかっている箇所を見つけ、この制限を最小化するようにコードを改良すればよい。

　プログラムを実行している間、ホスト計算機がそれほどCPUやメモリを使用していないにもかかわらず、プログラムの実行速度が上がらないという現象に遭遇したことがあるだろう。チューニングし、プロファイリングし、祈っても効果がない。この現象は、計算機の性能限界を表している。

アプリケーションが予測される負荷を処理できていれば、すべては順調だ。そうでない場合には、システムをチューニングする。CPUプロファイリングから始め、データベース呼び出し（スロークエリログを調査するなど）やメモリを検査し、スレッドプールをチューニングする。

システムの実行時間のほとんどは、大抵は一部のコードの実行で占められる。この、プログラムにおけるパレートの法則[※1]は、チューニングを容易にする。実行時間やリソースを多く消費する箇所を見つけて修正することで、パフォーマンスを向上できるからだ。こうした改善は、時に数倍に及ぶほど、システムを大幅に高速化する。私たちは、大幅な改善が不可能になるまで、ボトルネックを見つけて修正を繰り返す。

ところが、チューニングしているのにもかかわらず、負荷が軽い状態（CPU使用率60％など）ですら、期待する性能限界までパフォーマンスが出ないことがある。なぜそうなるのかを理解するのが、計算機性能を理解する鍵だ。

この章では、パフォーマンスについて理解するのに役立つ8つのモデルについて説明する。そして、ほとんどのパフォーマンス制限がアーキテクチャに起因することを説明し、アーキテクチャを考える際にこれらのモデルが役立つことを示す。

最初に、計算機システムに関する背景を説明する。その次の節では、6つのモデルを紹介する。私たちはこれを6つのマイクロモデルと呼んでいる。スループットとパフォーマンスを最適化するための2つの追加モデルも、この章で紹介する。この最後の2つのモデルについては、後の章でさらに詳しく説明する。この章の残りでは、具体的な最適化のテクニックを取り上げる。

この章は、他の章に比べてより詳細で技術的な内容となっている。これらの具体的な内容は極めて重要であり、他の本ではあまり取り上げられていない。もし、あなたが最初に幅広い理解を求めているのであれば、最初はこの章をざっと読み、全体を把握した後で細かい点を把握するために再読することをお勧めする。

※1 訳注:構成要素を大きい順に並べると上位20％の要素で全体の80％程度を占めることが多いという経験則。

▶3.1 　計算機システム

　計算機はさまざまなリソースから構成されている。そうしたリソースは、私たちが目的を達成するのに使うアプリケーションの実行に使われる。オペレーティングシステム（OS）が管理する主なリソースを次に挙げる。

- **CPU**：私たちのコードは、タイムシェアリングをサポートするOSプロセス（またはスレッド）を通じてCPUを使用する。現在の計算機はCPUを多く積んでおり、プロセスを特定のCPUに固定して排他的にアクセスさせることも可能になっている。
- **メモリ**：私たちのコードは、一般にメモリを割り当てて使用するが、一部のプログラミング言語はガベージコレクション（GC）をサポートすることでメモリ管理を引き受けている。しかし、GCを使用すると、その分のオーバーヘッドが追加になる。また、メモリの手前にはメモリアクセスのレイテンシーを減らすキャッシュ階層（マルチレベルキャッシュ）が置かれる。
- **ネットワークとディスク**：私たちのコードは、OSのI/Oインターフェイスを介してネットワークとディスクリソースにアクセスする。どちらのリソースにも、IOPS（Input/Output Per Second、1秒当たりの処理できるI/Oアクセスの数）と帯域幅という制限が存在する。
- **その他のリソース（ソフトリソースと呼ばれることが多い）**：たとえば、データベース接続プール、オブジェクトプール、ロック、キューなど。

　私たちのコードは、最初の3つのリソースを独占的に使用する。OSは、タイムシェアリングかリソースの分割によってリソースを共有できる。

　私は、**アプリケーション**（または**アプリ**）という用語を、計算機システム上で実行されるプログラムを表すのに使用する。アプリケーションは、リソースのサブセットを使うタスクの集合だ。

　ここからは、サーバーのパフォーマンスに焦点を当てる。なぜなら、ほとんどのソフトウェアアーキテクチャは、もっぱらサーバー上に構築されているから

だ。しかし、デスクトップアプリケーション、デーモン、バッチタスクなど、他のシステムでも同じテクニックやコンセプトを使用できるだろう。

3.2 パフォーマンスのためのモデル

　この節では、パフォーマンスについて考えるためのいくつかのモデルを紹介する。モデルとは、何がどのように動いているかを単純に表現したものだ。まず主なコンセプトを説明し、そのコンセプトをアナロジー（類推）を使って説明した後、それぞれのモデルについて詳しく説明していく。

　ホテルのビュッフェを考えてみてほしい。ビュッフェではスープ、メインコース、デザートが提供されている。出力を、1時間当たりに料理を提供する人数と仮定しよう。このとき、出力を最大にしても、一部の料理には手がつけられずアイドル状態になる事象が観察される（たとえば、客は最初スープに集中してデザートに手がつけられず、その後にはスープに手がつけられないなど）。これは、提供の一部にボトルネックがあることを示している。すなわち、最も制約があるリソースがパフォーマンスを決定する。「Big List of 20 Common Bottlenecks（よくあるボトルネックの巨大なリスト）」[※2]では、システムでよく見られるボトルネックのリストを確認できる。

　一定時間当たりの処理量（上記の例なら料理の提供数）を最大化したければ、ボトルネックを取り除いて「計算機」をできるだけ完全かつ効果的に使用することで、最高のパフォーマンスが得られる。これは、ブレンダン・グレッグが第16回の南カリフォルニアLinux Expoで行った講演「CPU Utilization Is Wrong（CPU使用率は間違っている）」[※3]のベースにある主要な考え方だ。この後に紹介するパフォーマンスに関する行動的ミクロモデルのうちのモデル7（MUUモデルを使用したスループット設計）では、スループットを最大化するこの考えを説明する。

　レイテンシー（たとえばレストランで料理を提供するのにかかる、客の待ち

※2　https://highscalability.com/blog/2012/5/16/big-list-of-20-common-bottlenecks.html
※3　https://opensource.com/article/18/4/cpu-utilization-wrong

時間)もよく問題になる。食事できるまでに3時間も待たなければならないとしたら、再訪してもらえる可能性は低いだろう。私たちのソフトウェアもまた、レイテンシーの制限内で動作する必要がある。モデル8(レイテンシー制限の追加)では、このシナリオについて説明する。

ここから説明するモデルは、いずれも計算機がどのように機能するかの示唆を与えてくれる。最初に、パフォーマンスに関する行動的ミクロモデルを6つ紹介する。

▶3.2.1　モデル1:ユーザーモードからカーネルモードへの切り替えコスト

計算機のOSには、ユーザーモードとカーネルモードという2種類のモードが存在する。私たちが書くコードはユーザーモードで実行されるが、入出力の実行やメモリへのアクセス、カーネルデータ構造の変更などの特権操作はカーネルモードで実行される。アプリケーションがカーネルモードに入るたびにコンテキストスイッチが発生し、スタックを保存する時間やキャッシュをクリアする時間など、不必要なコストがシステムに追加される。パフォーマンスを向上させるには、システムコールの数を減らす必要がある。

▶3.2.2　モデル2:命令階層

計算機の実行では、キャッシュやメモリへのアクセス、ディスクやネットワークの操作まで、幅広い操作が行われる。これを**命令階層**と呼ぶことにする。図3.1は、これらの操作にかかるコストを示している(このコストはジェフ・ディーンの講演「Designs, Lessons and Advice from Building Large Distributed Systems(大規模分散システムの構築から学んだデザイン、教訓、アドバイス)」[※4]に基づいている)。

※4　http://www.cs.cornell.edu/projects/ladis2009/talks/dean-keynote-ladis2009.pdf

```
レイテンシー比較の目安（~2012）
-------------------------
L1 キャッシュ参照                       0.5 ns
分岐予測ミス                            5 ns
L2 キャッシュ参照                       7 ns                           L1 キャッシュの 14 倍
ミューテックスのロック・アンロック       25 ns
メインメモリ参照                        100 ns                         L2 キャッシュの 20 倍，
                                                                      L1 キャッシュの 200 倍
Zippy を使って 1K バイトを圧縮          3,000 ns          3 us
1Gbps ネットワーク越しに 1K バイトを送信 10,000 ns         10 us
SSD からランダムに 4K を読み取り        150,000 ns        150 us       ~1GB/ 秒 SSD
メモリから 1MB を順次読み取り           250,000 ns        250 us
同じデータセンター内の往復             500,000 ns        500 us
SSD から 1MB を順次読み取り            1,000,000 ns      1,000 us  1 ms  ~1GB/ 秒 SSD, メモリの 4 倍
ディスクシーク                         10,000,000 ns     10,000 us 10 ms データセンター内の往復の 20 倍
ディスクから 1MB を順次読み取り        20,000,000 ns     20,000 us 20 ms メモリの 80 倍, SSD の 20 倍
パケットをカリフォルニア→オランダ→
カリフォルニアに送信                   150,000,000 ns    150,000 us 150 ms
```

図 3.1: 命令階層と関連コスト

図3.1が示すように、高速の演算は、低速の演算の数千倍から百万倍もの速度で進む。つまり、より遅い命令を避けるために、より多くの作業を行うのが正当化される場合があるということだ。たとえば、1つのI/O命令を回避できれば、その代わりに5,000のメモリ命令を実行する余裕ができる。

▶3.2.3　モデル3:コンテキストスイッチのオーバーヘッド

同時並行で複数の処理が行われていると思わせるために、OSは現在のプロセスをしばらく実行したら別のプロセスに処理を渡すという動作を繰り返す。これにより、**コンテキストスイッチ**が発生し、次の3つの不利な結果を生み出す。

- プロセスの切り替えには約5～7マイクロ秒のオーバーヘッドコストがかかる[※5]。
- プロセスが再開すると、キャッシュ内のデータが失われる。
- 他のプロセスとの交互実行により、タスクの終了までの時間が長くなる。

※5　https://stackoverflow.com/questions/21887797/what-is-the-overhead-of-a-context-switch

スレッドの数が増えると、これらのオーバーヘッドコストも増加する[※6]。そのため、数千のスレッドがある場合、システムはコンテキストスイッチにかなりの時間を浪費する。この、コストが過度になる状況は**スラッシング**と呼ばれる。

▶3.2.4　モデル4:アムダールの法則

アムダールの法則[※7]とは、同期によって並行処理に課される限界を示す法則だ。私たちは、高速化を実現する際に複数のスレッドやプロセスを使用する。このとき、高速化は次のように定義される。

$$高速化 = \frac{N個のスレッドまたはプロセスでプログラムが終了するまでの時間}{1個のスレッドまたはプロセスでプログラムが終了するまでの時間}$$

しかしながら、並行処理による高速化は実際はこのようにはいかない。アムダールの法則は、並行処理がもたらす高速化は逐次処理部分によって制限されることを示している。アムダールの法則をグラフで表すと図3.2のようになる。このグラフは、n個の並列実行でタスクを実行した場合の高速化の上限を示している。

※6　https://en.wikipedia.org/wiki/Completely_Fair_Scheduler
※7　https://ja.wikipedia.org/wiki/アムダールの法則

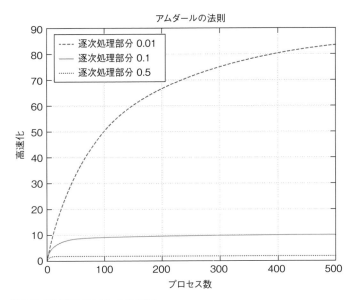

図3.2: 高速化とアムダールの法則

たとえば、プログラム全体をカバーする排他的ロックがある場合、他のコードに関係なく、1つのスレッドのみが実行される。プログラムの50%をカバーするロックがある場合（逐次処理部分が0.5の場合）、可能な最大の高速化は、システム内のスレッドの数に関係なく2倍となる。アムダールの法則は、ブロッキング同期をまったく使用**しない**ことが最善の解決策であると示唆している。

▶3.2.5　モデル5：ユニバーサルスケーラビリティ法則

ユニバーサルスケーラビリティ法則（Universal Scalability Law：USL）とは、共有変数の影響によって、アムダールの法則が示すよりも実際の高速化が小さくなることを示す法則だ。USLの定義では、コヒーレンスと呼ばれる新たなパラメーターが追加される。コヒーレンスは、複数のプロセスやスレッド、ノード間の通信によって生じるオーバーヘッドを表す。

図3.3は、アムダールの法則とUSLのグラフを1つにまとめたものだ。ここで、

上部の破線は0.01の逐次処理部分を持つ場合の高速化を示し、USLの▲付きの線は0.01の逐次処理部分と0.001のコヒーレンスを持つ場合の高速化を示している。USLによって、許容される高速化がさらに小さく、より極端に制限されていることがわかる（100プロセスで50倍から10倍以下に、400プロセスで80倍から2倍程度に高速化が減少）。これは、プロセス間通信を強制する共有変数を、プロセス、スレッド、またはノード間で最小限に抑えるべきであることを意味している。

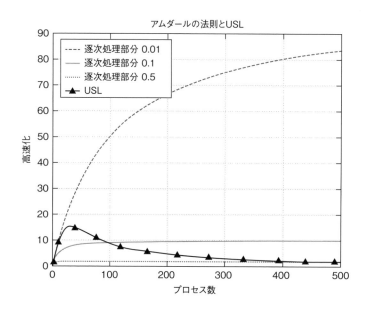

図3.3: アムダールの法則とユニバーサルスケーラビリティ法則（USL）の高速化の比較

▶3.2.6 モデル6:レイテンシーと使用率のトレードオフ

ほとんどのリソースは、ある時点では単一のスレッドからのみ利用できる。そのため、他のスレッドは待機して順番を待つことを余儀なくされる。一般に、システムの使用率が上がると、リソースが利用可能になるのをプロセスはより長く待たなければならない。この待ち時間は、ユーザーが経験するレイテンシーを増加させる。ほとんどのアプリケーションは許容されているレイテン

シーの範囲内で応答しなければならないため、システムを完全に利用する余裕はない。このモデルは、待ち行列理論[※8]を用いて正式に説明できる。

3.2.7 モデル7：最大有用利用（MUU）モデルを使用したスループット設計

あるシステムが最大のスループットを達成するのは、次の条件を満たしたときだ。

- 各逐次タスクが最適に実装されている（これはプロファイリングを通じて修正できる）。
- 不要なタスクが最小限になっている（例：GC、コンテキストスイッチ、通信オーバーヘッド、キャッシュミスなど）。
- 最も希少なリソースが最大限に利用されている。

タスクは、最も需要のあるリソースが最も重要な作業を行うように、スレッドや他のリソースに割り当てられる。これは、最も制約の厳しいリソースの使用率を最も高く保ち、次に制約の厳しいリソースの使用率を次に高く保ち……というように行われる。

最初の2つの条件は自明だ。しかし、3つ目の条件には説明が必要だろう。3つ目の条件は、リソースを最適に割り当てる方法を説明している。これは、計算機リソースがアイドル状態にあるのは、航空会社が飛行機を地上に待機させているくらい無駄であることを意味している。計算機リソースがスレッドやプロセスに専用で割り当てられているのに使用されていない場合、それは無駄になる。たとえば、レストランで使用されていないテーブルにウェイトスタッフを割り当てているなら、そのウェイトスタッフはアイドル状態だ。

排他的なリソースにより、スレッドは互いに待ち合い、交代し合う。順序とタイミングが適切かどうかは、システムのパフォーマンスに大きな影響を与える。たとえば、CPUはすべてのプログラムから使用されるため、多くの場合、最も

[※8] https://ja.wikipedia.org/wiki/待ち行列理論

重要なリソースとなる。プログラムを直接CPUに割り当てると、ブロックされたスレッドやプロセスがCPUリソースのひっ迫を起こしたり、アイドル状態にしてしまう可能性がある。そのため、OSはタイムシェアリングを行って問題の発生確率を減らす。それでも、すべてのCPUコアにアクティブなプロセスが存在しない場合は、システムはCPUを無駄に消費してしまう。たとえば、8コアのマシンで8スレッドのプログラムを実行しながらI/O操作をブロックしている場合、ほとんどのスレッドが大半の時間でI/Oを待つことになるため、コアのほとんどはアイドル状態になる。

　このような無駄は、多くのプロセスがブロックされたり待機状態になったりしたときに発生する。特定の時点で、少なくともいくつかのスレッドが準備可能になることを期待して、スレッドを追加することは可能だ。しかし、スレッドを増やすとコンテキストスイッチのオーバーヘッド（不要な作業）が増え、ほとんどのキャッシュがリセットされる。これにより、アイドル状態によるロスとコンテキストスイッチのトレードオフが生じる。このモデルの1つの帰結は、CPUが制限付きリソースである場合には、ブロッキングとスレッドの数をできるだけ減らす必要があるということだ。

　CPUが常に最も制約の厳しいリソースというわけではない。たとえば、システムにデータが到着するまでCPUが待たなければならない場合には、ディスクが最も制約的なリソースとなる。そのような場合には、データをキャッシュしたりプリフェッチしたりして、ディスクを最適化する必要がある（事実上、ディスク読み込みを最適化するためにメモリとCPUを犠牲にする）。

　プログラムは、たくさんのデータ、制御、リソースとの依存関係を持つ。そのため、すべてのリソースを使用するのは多くの場合、不可能だ。最も制約があるリソースの使用率を最大化することで、最高のパフォーマンスが得られる。スレッドモデルは、与えられたリソースがいつ、どこで使用されるかを決定し、結果としてその使用率を決定する。スレッドモデルは書き換えなしに変更するのが難しいため、設計時にこの問題に対処する必要がある。

　なお、この最大有用利用（Maximal Useful Utilization：MUU）モデルはスループットのためにのみ定義されている。サーバーの場合は、レイテンシーも考慮する必要があるが、それについてはモデル8（レイテンシー制限の追

加)で説明する。

　このMUUモデルは、分散アプリケーションだけでなく、シングルノードアプリケーションにも適用される。後者の場合、通信オーバーヘッドを必須タスクとしてカウントしない。パフォーマンスに関するアドバイスやベストプラクティスのほとんどは、先に述べた3つの条件を用いて説明できる。

　MUUに話を戻すと、ボトルネックとモデル6(レイテンシーと使用率のトレードオフ)により、4〜8コア以上で動作するアプリケーションは、それらのコアをフルに使用できることはほとんどない。したがって、私たちにできる最善のことは、最も制限の多いリソースを最大限に使用することだ。

　第7章では、これらのモデルをさまざまなタイプのユースケースに適用し、挙動を理解した上で、パフォーマンスを改善する方法について説明する。しかし、性能限界のほとんどはアーキテクチャに起因するので、どの方法もコードの大幅な変更が必要となる点に注意してほしい。次の項では、MUUにレイテンシーの制限を加えることについて説明し、そのモデルを使用してパフォーマンスを最適化する方法を探る。

▶3.2.8　モデル8:レイテンシー制限の追加

　前の項では、スループットの最大化に焦点を当てた。スループットの最大化は、MUUモデルに従って有用なリソースをできる限り、最適化することで達成できる。しかし、ユーザーが結果を待つアプリケーションでは、レイテンシーも重要な考慮事項となる。さらに、株取引やリアルタイムアプリケーションなどの一部のアプリケーションでは、高スループットよりも低レイテンシーが主な目標となる。

　モデル6(レイテンシーと使用率のトレードオフ)に従うと、レイテンシーと使用率はトレードオフの関係にある。図3.4が示すように、使用率が上がると、レイテンシーは指数関数的に増加する。この増加が起こる理由は次のとおりだ。まず、計算機を完全に活用するには、各ワーカースレッドに作業タスクが常に割り当てられている必要がある。その状態を実現するには、未割り当ての作業タスクがワーカースレッドを待っていなければならない。その結果、作

業タスクが完了するまでのレイテンシーが高くなる。

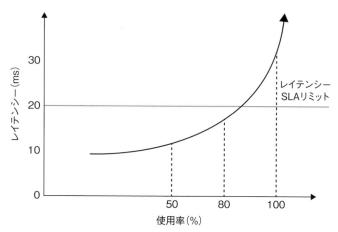

図3.4: 使用率とレイテンシーの関係

　前述のとおり、高いスループットを達成するには高い使用率が必要となる。したがって、高スループットと低レイテンシーはトレードオフの関係にあると言える。

　大抵の実世界のアプリケーションは、与えられたレイテンシー制限内で最大のスループットを得ようとする。たとえば、サーバー仕様でリクエストが100ミリ秒以内に処理されるべきと規定されている場合には、サーバーの実装はその制限内で最大のスループットを得ようとするだろう。

　レイテンシーはロングテール分布に従うため、すべてのレイテンシーを厳密に特定の制限値以下に保つのは難しい。実際には、レイテンシーをパーセンタイルで定義する（たとえば、要件では99パーセンタイルを100ミリ秒以下に保つよう求められることがある）。

　レイテンシーを制御するために、与えられたレイテンシー制限内での運用点を選べる。たとえば、図3.5に示される到着率対レイテンシーのグラフを見てほしい。

3.2 パフォーマンスのためのモデル

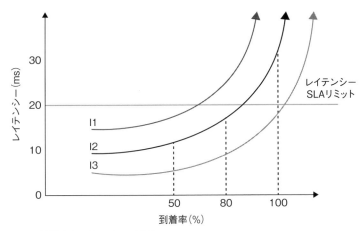

図3.5: 到着率とレイテンシーの関係

図3.5において、項目I1、I2、I3は、与えられたシステムの異なる実装を示している。各実装は、異なる到着率に対して、異なるレイテンシーとスループットの組み合わせを提供する。図3.5からわかるように、実装が定まっている場合には、到着率を制御することによって必要なレイテンシーの限界に基づいた運用点を選べる（数学的に言えば、レイテンシーは凸関数であるため、試行錯誤によって最適な到着率を見つけるのは容易だ）。安定状態では、到着率はスループットと等価であるため、そのことがスループットも決定する。より高いスループットが必要な場合は、実装を改善するか（たとえば、I3はI2より優れている）、システムの複数のコピーを実行してスケールを大きくする必要がある。

到着率を制御するには、監視を行って、到着率を超えるリクエストを拒否する。実際には、システムがユーザーに通知して後で再試行するよう求めるか、新しいサーバーを立ち上げてリクエストを新しいサーバーに転送する。こうした制御を**アドミッション制御**と呼ぶ。アドミッション制御については第12章で説明する。ただし、本章の後半で扱うレイテンシーの最適化手法の中でも、このトピックについて再び触れる。

通常の基準から大きく逸脱するレイテンシーを**テールレイテンシー**と呼ぶ。これらは通常、99パーセンタイルまたは99.9パーセンタイルよりも高い値を取

る。GC、リクエストの急増、他のプロセスとのリソース共有など、通常と異なるイベントによって引き起こされるテールレイテンシーの改善には、ここまで説明してきたアプローチは使用できない。テールレイテンシーを処理するには、個々のレイテンシーを特定してそれらを排除する必要がある。テールレイテンシーを処理する技術は、効果的ではあるものの、高価であり、リソースを浪費し、複雑さも増加させる。したがって、強力なレイテンシー保証を備えたシステムを設計するのは、本当に必要な場合にのみとすべきだ。

▶3.3　最適化のテクニック

　システムの初期バージョンができたら、最適化テクニックを使ってパフォーマンスを向上させられる。これらのテクニックには、スループットの向上、レイテンシーの削減、より少ないリソースでシステムを動作させることなどが含まれる。

　最適化するには、どこにボトルネックがあるかを決める必要がある。ボトルネックには通常、次の3つの原因がある。

- リソース（CPU、I/O、メモリなど）のどれかがボトルネックになっている。
- スレッドモデルが重要なリソースをアイドル状態にしている。
- リソースが不要なタスク（コンテキストスイッチやGCなど）に浪費されている。

　最初のステップは、システムやプログラミング言語のテレメトリー測定を使用して主要なボトルネックを特定することだ。このステップには、システムのCPU、メモリ、ネットワークのデータを調べることと、プロファイラーを使ってスレッドプロファイルやロックプロファイルを調べることが含まれる。ブレンダン・グレッグのUSE（使用率、飽和、エラー：Utilization, Saturation, Errors）メソッド[9]はボトルネックを見つけるためのアプローチの1つだ。

※9　https://www.brendangregg.com/usemethod.html

ボトルネックではない領域を最適化してもメリットはほとんどない。そのため、続くステップはボトルネックの修正だ。ボトルネックの主な修正方法には、次の2つがある。

- ボトルネックではないリソースをボトルネックとなっているリソースと交換する。
- システムの挙動を理解する。

最初のアプローチの例として、メモリとCPUを犠牲にしてキャッシュを使うことで、I/Oとレイテンシーを減らす例を見てみよう。必要なデータを予測してプリフェッチする処理は、CPUを犠牲にしてI/Oとレイテンシーを節約する。CassandraのSSTableは、ディスク上に変更イベントのみを記録し、読み込みリクエストに対応するためにメモリ内で状態を再構築することで、CPUとメモリをI/O性能と交換している[※10]。

2つ目のアプローチは、システムの挙動を理解することでパフォーマンスを向上させる方法だ。そのために必要な知識は、パフォーマンスのモデルから得られることが多い。たとえば、キャッシュやバッファリング（命令階層モデル）、タスクの複数スレッドへの分割や単一スレッドへの集約（アムダールの法則やUSLモデル）、レイテンシーを避けるためのプリフェッチ（アムダールの法則）などがある。次の各項では、CPU、I/O、メモリ、レイテンシーを最適化するための一般的なテクニックを探る。

▶3.3.1　CPU最適化テクニック

個々のタスク、メモリ、そしてコアを効果的に使用することで、CPUを最適化できる。ここでは、各テクニックの詳細を掘り下げていく。

個々のタスクの最適化

まず、個々のタスクを最適化する。これを行うには、プロファイラーを使用し

※10　http://distributeddatastore.blogspot.com/2013/08/cassandra-sstable-storage-format.html

てホットスポットを見つけ、それらを排除または改善する。さらなる改善を図るには、より優れたアルゴリズム、ハードウェアに近いプログラミング言語（アセンブリ言語など）、GPUやFPGAなどの特殊なハードウェアを使用する。

メモリの最適化

次に、キャッシュを最適化することで、メモリがボトルネックにならないようにできる。このアプローチについては、本章の後半にあるメモリ最適化テクニックで詳しく説明する。

CPU使用率の最大化

第三に、有用な作業を行いながらのCPU使用率の最大化を目指す。CPU使用率は、スレッドのブロックやスレッドへのタスク割り当ての不均衡によって低下する可能性がある。ブロッキングタスクを管理する戦略については、前述したMUUモデルに関する箇所で詳しく説明した。

タスクの不均衡は、作業をより小さなタスクに分解し、複数のスレッドに分配することで解決できる。ただし、アムダールの法則（モデル4）とUSL（モデル5）の議論で説明したように、タスクを分解する際は、高速化を制限しないように同期と共有変数を最小限に抑えることが重要になる。すべてのタスクを効果的に並列処理に分解できるわけではない。たとえば、フィボナッチ数列計算は、並列処理よりも逐次処理で行ったほうが高速に実行される。

タスクの分解は、並列コンピューティング[11]の分野で詳細に研究されている複雑なトピックだ。タスクの複雑さが事前にわからない場合には、CPUの使用率は低下する。そのような場合には、作業の割り当てを遅らせるか、プログラムの実行中に再調整する必要がある。この問題は通常、スレッドが現在のタスクを終えた後に作業を引き受ける共有ジョブキューか、アイドル状態のスレッドが隣接するスレッドからタスクを借りる**ワークスティール手法**を使って対処される[12]。

---

[11] https://en.wikipedia.org/wiki/Parallel_computing
[12] Robert D. Blumofe, "Scheduling Multithreaded Computations by Work Stealing," Journal of the ACM, vol. 46, no. 5, https://doi.org/10.1145/324133.324234.

▶3.3.2　I/O最適化テクニック

I/Oは他の操作に比べて数千倍から百万倍遅い。そのため、I/O操作を避けるために多大な労力を費やすことは正当化される。この項では、I/Oを最適化するために使用できるいくつかのテクニックについて説明する。

I/Oを避ける

可能な限り、I/O操作を避ける。これを行う方法はいくつかある。最も簡単なのはキャッシュの使用だ。キャッシュを使用することで、頻繁に使用されるデータをメモリ内に保持し、I/Oを回避できる。しかし、初期段階で必要なデータを予測することは難しいため、キャッシュする内容は慎重に調整する必要がある。

I/O操作を避けるのに、**ブルームフィルター**を使用することもできる。ブルームフィルターとは、少ないスペースを使って大量のデータを覚えておける確率的ハッシュマップだ[13]。キーに対応する値の存在有無をブルームフィルターに問い合わせて「存在しない」と返ってきたとき、それは常に正しい。一方で「存在する」と返ってきた場合、その答えは高い確率で正しいが、実際にはキーに対応する値が存在しないこともある。ブルームフィルターを通してディスク内のデータを処理することにより、ストアに存在しないものに対するクエリを回避し、I/Oを削減できる。I/Oを使用する必要がある場合は、非同期スタイルで行おう。このアプローチは、ブロッキングのためのデメリットを軽減する。

バッファリング

I/Oはブロック単位で生じ、各ブロックの読み書きのコストはほぼ同じとなる。たとえば、Linuxの標準バッファサイズは8KBだ。1KBを書き込んでも8KBを書き込んでも、コストは変わらない。そのため、書き込みをバッファリングすることで、コストを大幅に節約できる（Javaのバッファードストリームはこ

---

[13]　https://highlyscalable.wordpress.com/2012/05/01/probabilistic-structures-web-analytics-data-mining/

れを自動的に行う）。バッファリングを自前で実装する場合、待たずにデータ
をバッファするDisruptorパターンを使用できる。このパターンについては第
11章で詳しく見ていく[※14]。

早く送信し、遅く受信する

　もしデータ処理がI/Oを介して行われる場合、遅いI/OはCPU処理を
遅くする。遅いI/Oの影響を最小限に抑えるために、メッセージパッシング
インターフェイス（Message Passing Interface：MPI）[※15]によるプログラミング
では「早く送信し、遅く受信し、尋ねずに伝える（Send Early, Receive Late,
Don't Ask but Tell）」という原則を使用する。データを積極的に送信し、でき
るだけ遅くデータを使用することで、データが必要になる前にすでに到着し
ている可能性を最大限に高め、システムパフォーマンスを向上させる（この原
則はコードでも適用できる）。

プリフェッチ

　もう1つのアイデアは**プリフェッチ**だ。プリフェッチとは、処理に必要なデー
タを予測し、通常は別のスレッドで早期にI/O操作を開始することで、必要
なときにデータが準備されている可能性を最大限に高めるアプローチだ。た
とえば、Googleはユーザーが検索ボックスに入力を始めると、クエリを予測
し、予測したクエリの検索結果をプリフェッチすることで、ユーザーが実際に
検索を行った際のレイテンシーを低下させている。

追記のみの処理

　ディスクへの書き込みと読み込みにおいて、追加書き込みや順次読み取
りはランダムアクセス操作よりもはるかに速い。その理由は、順次操作によっ
てディスクの回転遅延が回避されるからだ。回転遅延とは、ブロックを含むセ
クターが回転してヘッダーとともに整列するまでの時間のことで、ディスクのレ
イテンシーに大きな遅延を加える。SSDではこの差は縮小されるものの、依

[※14]　https://stackoverflow.com/questions/6559308/how-does-lmaxs-disruptor-pattern-work
[※15]　訳注:分散メモリ型並列計算機における並列プログラミングのための標準的な規格。

然として存在する[※16]。したがって、可能な限りすべての読み取りと書き込みをシーケンシャルな読み取りと書き込みに変換することで、I/O性能を向上できる。

Apache Kafkaなどは、追記のみの処理を当然サポートしている[※17]。同様の最適化は他のユースケースでも可能だ。たとえば、Cassandraは、シーケンシャルな読み取りと書き込みをサポートする変更ログを介してデータを記憶する一方で、ランダムな読み取りをサポートするためにデータの最新のスナップショットを計算するSSTableと呼ばれるメモリ内テーブルを使用している。

▶3.3.3　メモリ最適化テクニック

パフォーマンスがメモリの状況に律速されるケースも存在する。次に、そうしたケースを2つ見ていこう。

キャッシュミスが多すぎる

たくさんのスレッドから頻繁に読み書きされる変数は、キャッシュミスを引き起こす。キャッシュミスが起きると、次にその変数を読み込む際には、メモリからデータをロードしなければならない。これは、キャッシュからデータを読み込むより約100倍遅い。このように、キャッシュミスはコストがかかる。キャッシュミスがボトルネックになることは、「メモリの壁（memory wall）」とも呼ばれる。たとえば、シルヴァン・ジュヌヴェスによる「An Analysis of Web Servers Architectures Performances on Commodity Multicores（マルチコア上のウェブサーバーアーキテクチャのパフォーマンス分析）」[※18]では、メモリへの負荷はコア数とともに増加し、8コアで飽和することが示されている。

キャッシュミスは、複数のプロセス間で共有される変数を減らし、キャッシュの動作を最適化することによって対処できる。たとえば、マーティン・トムソンの

※16　https://www.quora.com/Do-append-only-DB-log-structures-benefit-from-Flash-memory-and-SSDs

※17　"Here's what makes Apache Kafka so fast" https://medium.freecodecamp.org/what-makes-apache-kafka-so-fast-a8d4f94ab145

※18　https://hal.inria.fr/hal-00674475/document

講演「Adventures with Concurrent Programming in Java（Javaにおける並行プログラミングの冒険）」[19]では、キャッシュミスをDisruptorを使ってどのように最適化したかが詳しく説明されている。他には、プロセス間のすべての通信をメッセージパッシングやキューを通じて明示的に行う方法がある。

メモリ不足

システムが利用可能なメモリぎりぎりで動作している場合、GCやアロケーションなどのほとんどのメモリ操作は高コストになる。この問題に対処するには、メモリを追加する、メモリを最適化する、一部のデータをディスクに移動するなどの方法がある。

メモリの最適化には、新しいアルゴリズムやデータ構造の導入、データの早期解放、割り当ての最適化などが含まれる。最先端のプロファイラーには、メモリ最適化に役立つビューが複数用意されている。また、システムがあまりに多くのオブジェクトを生成する場合や、オブジェクトグラフが複雑すぎる場合には、GCのオーバーヘッドが過剰になることがあるが、これはプロファイラーのオブジェクトアロケーションビューを使用して分析できる。この問題は、長期間生きるデータ構造を単純化したり、オフヒープメモリ（GC対象外のメモリ）への割り当てを行ってGCを制御したりすることで解決できる[20]。

一部のデータをディスクに移動させるための基本的な考え方は、使用頻度の低いデータを転送することだ。MITのAdvanced Data Structuresコースでは、永続データ構造に関するいくつかの講義があり、ディスクへのデータ移動の例が示されている[21]。

▶3.3.4　レイテンシー最適化テクニック

レイテンシーまたは応答時間とは、リクエストを受信してから応答を提供するまでの時間を指す。これらは他のリソースと比べると少し変わっている。レ

---

[19]　https://www.youtube.com/watch?v=rKMTsJxYK30
[20]　https://dzone.com/articles/heap-vs-heap-memory-usage
[21]　https://ocw.mit.edu/courses/6-851-advanced-data-structures-spring-2012/video_galleries/lecture-videos/

イテンシーまたは応答時間は、リソースというよりは測定値ともみなせる。しかし、主な焦点がレイテンシーである場合、それをリソースとして考え、それに予算を割り当てることは理にかなっている。

たとえば、あるサービス呼び出しが100ミリ秒以内に終了しなければならない場合、コードの各部分が所定の時間内に応答するように予算を設定できる。一般には、システムをパイプラインの複数の部分に分割し、キューの長さを監視しながら、各部分のレイテンシーの制限を指定できる。次に、レイテンシーを減らす3つの主な方法を見てみよう。

並列に仕事をする

作業を並列に行えるなら、レイテンシーを減らせる。ただし、作業タスクが相互に依存している場合には、得られる恩恵は急速に弱まってしまう（アムダールの法則）。このモデルの一般的な使用例は、一部の作業（たとえばI/O）を別のスレッドに押し出してすぐにユーザーに応答する、いわゆる非同期処理を行うことだ。

I/Oを減らす

I/Oはメモリ操作（命令階層モデル）よりも何千倍も遅いことが多い。I/Oを削減または排除する（たとえば、キャッシュやプリフェッチを使用する）ことで、レイテンシーを大幅に改善できる。I/Oを排除するか、I/Oを別のスレッドに押し出すことなしに、数十マイクロ秒で処理を終了するのは難しい。

アドミッション制御

モデル8（レイテンシー制限の追加）で触れたように、キューの長さを監視することで、レイテンシーを制御できる。待ち行列理論から、レイテンシーはキューの長さと高い相関があることがわかっている。したがって、キューの長さを監視し、新しいリクエストの取り込みを制限するバックプレッシャー[※22]をかけることで、レイテンシーを平均的に制御できる。

※22　訳注：データの供給元（ソース）が供給先（シンク）の処理能力を超えないようにするためのメカニズム。

▶3.4　パフォーマンスへの直感的な理解

システムはテストを実施して検査できるが、設計ではすべての潜在的な解決策を探索して検査できない。対象のシステムに対して、アーキテクトは、アーキテクチャモデル、テクノロジー、パフォーマンスモデル、そして設計コンセプトの理解を用いて、さらに最適化を施せる可能性のある潜在的なアーキテクチャを1つか2つ選び出す必要がある。

マクロレベルおよびミクロレベルのアーキテクチャに関する知識を使用してアーキテクチャを設計するのが、最初のステップだ。これについては、第5章から第10章で説明する。パフォーマンスへの直感的な理解を構築するには、8つのパフォーマンスモデルを使用して各アーキテクチャと選択肢を理解する必要がある。どのようなアーキテクチャでも同じことをする必要がある（https://highscalability.com などで事例を確認できる）。この作業はあなたの理解を深めるはずだ。

次に重要なのは、実際のパフォーマンス問題を解決する経験だ。機会があれば問題解決に参加し、その問題を解決した人々と話をし、チームの外で問題が発生した場合はその根本原因を理解しよう。

本書では、設計時の標準的な選択に関する考え方も説明する（たとえば、標準的なサービスや標準的なスレッドモデルを実装する方法など）。標準的な選択肢の限界を理解した上で、可能な限り標準を採用しよう。たとえば、典型的なサービスは通常、レイテンシーが1秒以上だと遅いと評価されるため、数ミリ秒から数百ミリ秒のレイテンシーに収まることが期待される。また、典型的なサービスは通常、1秒当たり数十から数千のメッセージを処理する能力を提供するものであり、それを超えるスループットを扱う場合には、慎重な対応が必要となる。複雑なアーキテクチャ上の選択肢を、標準的からの変動の度合いや、それぞれの利点と欠点という観点から理解しよう。本書は、可能な限りそれらの選択を説明することを目指している。

最後に、直感的な感覚は実践者の知識であり、メンターや徒弟制度の形で取り入れるのが最も習得に効果的だ。パフォーマンスへの直感的な理解

を持つ人々を探し出し、一緒に働き、深く理解するために議論しよう。

▶3.5 意思決定における考慮事項

　パフォーマンスはソフトウェアシステムの設計において重要な要素だ。私たちは、第2章で話した意思決定における考慮事項に加えて、パフォーマンスについても考える必要がある。

　システムを計画する際に最初に行うべきことは、パフォーマンスが後で改善可能なものか、それともすぐに対処する必要があるものなのかを決定することだ。その判断に役立つ質問と原則を次に挙げる。

- 市場投入に最適なタイミングはいつか？（第2章、質問1）
- チームのスキルレベルはどの程度か？（第2章、質問2）
- システムパフォーマンスの感度はどれくらいか？（第2章、質問3）
- システムを書き直せるのはいつか？（第2章、質問4）
- パフォーマンスはユーザーに影響するか？（第2章、原則3）

　パフォーマンスを考慮する際は、サービスレベルの特定の詳細よりも、システム全体の設計（マクロアーキテクチャ）のほうがより重要である場合が多い。サービスレベルの要因は、マクロアーキテクチャの要因に比べて、後からでも比較的容易に変更できるからだ。とはいえ、システムを書き直せる段階に達すれば、マクロとサービスレベルの両方のパフォーマンス問題に取り組むことが可能だ。したがって、パフォーマンスの懸念はUXの懸念よりも後回しにしてしまいやすい。

　もしすぐにパフォーマンスに焦点を当てる必要がある場合は、それが「難しい問題」（第2章、質問5）であることが多い。その場合、第2章の原則5「変更が難しいものは、深く設計し、ゆっくりと実装する」と原則6「困難な問題に早期に並行して取り組むことで、エビデンスに学びながら未知の要素を排除する」を用いて、変更しにくい要素の設計には時間をかけるが、これらの変更

はゆっくりと実施し、不確実性を排除していくべきだ。

さらに、パフォーマンスに関連する決定は、しばしば大局的な思考とリスクを伴う。アーキテクトであるあなたは、リーダーとして、これらの「決定を下し、リスクを負う」(第2章、原則4)必要がある。

パフォーマンスへの直感的な理解は、ほとんどのアーキテクチャ上の決定にとって重要だ。この感覚は、時間をかけてパフォーマンスのエキスパートと密に協力し合うことで養っていける。

▶3.6 まとめ

パフォーマンスは、システムを設計する際の可能性の限界を決定するため、ソフトウェアアーキテクチャから切っても切り離せない要素だ。

パフォーマンスへの直感的な理解を持つには、計算機が作業を実行する際のモデルを脳内に持つ必要がある。大抵の性能限界はアーキテクチャに起因する。私たちは8つのモデルを使用して、適切なアーキテクチャ上の選択を行わなければならない。さらに、理想的な設計は、多くの場合不可能であるか複雑なプログラミングを必要とするため、設計ではさまざまな側面のバランスを取る必要がある。

この章で紹介したモデルを使用すれば、CPU、メモリ、およびパフォーマンスの観点からシステムを最適化できる。この章で紹介したモデルは、パフォーマンスについて考え、理解する助けとなる。たとえば、遊んでいるCPUをシステムが使用していない理由について理解するのに役立つ。パフォーマンスと他の考慮事項とのバランスを取ることも必要だ。MUUモデルを通じてスループットを検討する例を考えると、理想では、システムにはブロッキングや待機がなく(あらゆるブロッキング操作は非同期で処理される)、操作はコア数と同じ数のスレッドに割り当てられる。しかし、多くの場合、この理想的な設計は不可能であるか、複雑なプログラミングを必要とするため、実際の設計ではさまざまな側面のバランスを取る必要がある。

パフォーマンスモデルは、アーキテクチャを設計する際に使用できるツール

だ。この章で紹介したモデルを使用することで、CPU、メモリ、およびパフォーマンスについてシステムを最適化できる。しかし、パフォーマンスモデルはパフォーマンス分析モデルとは異なる。なぜなら、パフォーマンスモデルはボトルネックを見つけることよりも、アーキテクチャに焦点を当てたものだからだ。これについては、たとえばブレンダン・グレッグがhttps://www.brendangregg.com/usemethod.htmlで提供しているUSEメソッドを参照してほしい。

これらのパフォーマンス分析モデルから明らかなように、パフォーマンスの多くはアーキテクチャ、特にスレッドモデルに依存する。したがって、これらのパフォーマンスモデルはパフォーマンスを理解するためのツールであるだけでなく、アーキテクチャを設計する際にも使用できる。本書全体を通して、特に第11章において、これらのモデルのさらなる応用を取り上げる。

私たちは、パフォーマンスについての理解と、第1章で説明した意思決定の考慮事項を組み合わせて、成功の可能性を最大化する設計上の決定を見つける必要がある。これで、ユーザーがシステムに何を求めているかを考える準備が整った。次の章では、この取り組みが何を必要とするのかをよりよく理解するために、UXの領域へと飛び込もう。

· MEMO ·

第4章 | Understanding User Experience (UX)

ユーザーエクスペリエンス（UX）を理解する

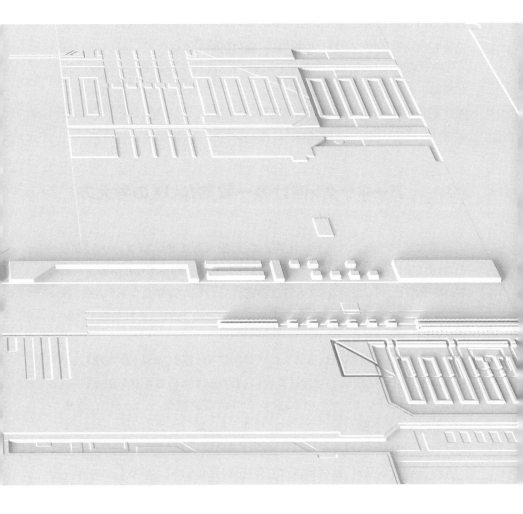

UXエキスパートではない私が、なぜアーキテクチャの書籍でUXについて語るのか。それは、優れたUXはユーザーインターフェイス（UI）にとどまらず、システムのユーザーとのあらゆる接点（ユーザータッチポイント）に適用されるからだ。さらに、パフォーマンスと同様、UXも常に優れたアーキテクチャの周りを漂う。優れたUXはアーキテクチャ上の決定を容易にし、システムの成功確率を高める。

UIの作り方については、ロビン・ウィリアムズ著『ノンデザイナーズ・デザインブック』（マイナビ出版）[7]をはじめとする優れた資料がすでに存在するため、本書では触れない。その代わりに、本書では他の3つのユーザー接点である、API、設定、拡張機能に焦点を当て、これらのユースケースに一般的なデザインコンセプトがどのように適用されるかを解説する。

この章の主な目的は、UXデザインに対する理解を深めてもらい、専門的な知識の必要性をわかってもらうことにある。アプリケーションやシステムを開発するチームには、UXの専門知識が欠かせない。ここでは、まずシステムを設計する際にUXについてどのように考えるべきかを説明する。

▶4.1　アーキテクト向けの一般的なUXの考え方

完璧なUXを備えたユーザー体験とは、究極のお任せレストランのようなものだ。そこでは、あなたのことを理解しているシェフが、何があなたを満足させるかを予測し、何も言わなくても料理を選んでくれる。完璧なシステムは、あなたがそこに到着すると、あなたが求めていることを予測し、それをあなたが行えるようにガイドする。

残念ながら、私たちには、システムが受け取った各リクエストを処理してくれるお任せシェフがいるわけではない。代わりに、UXの考え方を使って、各UIコンポーネントをユーザーのメンタルモデル（既定概念）にマッチした直感的なものにする必要がある。また、コンテキストに基づいてユーザーにレコメンデーションを行うこともできる。

API、システム設定、拡張機能にはUIが存在しないことが多く、ユーザー

にレコメンデーションを行うのが難しい場合がある。ユーザーは自分で必要なものを探し、使用する必要がある。優れたUXは、どれが正しい選択なのかを明らかにし、できる限りシンプルにそれを選択できるようにすることで、ユーザーが自分で必要なものを探し出して使用しやすくする。

たとえば、私たちの書店アプリが提供するAPIをユーザーが呼び出すことを考えてみよう。一例として、次のようなユースケースが考えられる。ユーザーは私たちのWebサイトにアクセスし、呼び出す必要のある操作を見つけ、ダウンロードして使用できるサンプルクライアントを生成する。

ここからは、優れたUXをデザインするために役立つコンセプトや原則を見ていこう。

▶4.1.1　UXの原則1：ユーザーを理解する

まず、ユーザーを理解する必要がある。この原則は間違いなく耳にしたことがあるだろう。ユーザーを理解するには、ユーザーの目標、技術的知識のレベル、システム観、典型的なワークフローを評価する必要がある。

たとえば、オンライン書店ユーザーのメンタルモデルは、おそらく次のような実店舗型の書店のプロセスに従うだろう。来店し、閲覧し、質問し、書籍を選び、決済し、書籍を持ち帰る。加えて、ユーザーの実際のワークフローには、配送情報の提供、書籍の到着を待つ、問題がある場合に書籍を返送するかカスタマーサービスに連絡する、なども含まれる。メンタルモデルを理解することで、私たちはユーザーの期待を予測し、体験をシームレスに提供できる。これは**驚き最小の原則（principle of least astonishment）**と呼ばれる。

ユーザーのメンタルモデルを理解する最善の方法の1つに、行動の観察がある。深く設計し、ゆっくりと実装するという私たちの設計アプローチは、ユーザーを観察し、ユーザーから学ぶ機会を多く生み出す。

ユーザーが取る行動すべてを詳細に追跡することが重要だ。システムが本番稼働すると、そうした追跡から多くを学べる。多くの場合、ユーザーに直接尋ねることは役に立たない。なぜなら、多くのユーザーは自分自身の予想

とは異なる行動を取るからだ。

　また、持っている技術的な知識に応じて、ユーザーの期待も変わってくる。たとえば、私の経験では、ギークは拡張ポイントを好み、開発者はサンプルやスクリプトを好み、非技術者はUIを好むことが多い。私たちはそれに応じて予測し、選択する必要がある。

　システムには通常、異なるUXを必要とする異なるタイプのユーザーが存在する。システムを使う目的が異なるユーザーが存在する可能性もあるし、システムへの慣れ具合によってユーザーが異なる振る舞いをするかもしれない。異なるタイプのユーザーに手がかりを残しつつ、それぞれ異なるUXのバランスを取ることが求められる。これがUXデザインが複雑化する理由だ。

▶4.1.2　UXの原則2：必要最小限のことをする

　すでに説明したように、フィーチャーは必要なものだけを実装すべきだ。顧客に提供するものはすべて負債となる。たとえば、ユーザーは一度提供されたフィーチャーに慣れてしまい、それに合わせて自身のメンタルモデルや期待も変化させてしまう。完璧でない体験を提供した後で改善しようとしても、一部のユーザーがその体験に愛着を持ってしまうと、直すのが難しくなってしまうことがある。さらに、フィーチャーが増えるほどミスが発生する機会も増え、UXを適切に設計することへの集中が薄れてしまう。

　広く使用されている標準（たとえば、OAuthのようなセキュリティ標準）がある場合、私たちはそれを採用すべきだ。それにより、UXを考える作業が省けるし、通常、ユーザーはすでによく知られた標準を知っている。

▶4.1.3　UXの原則3：良いプロダクトにはマニュアルが要らない。良いプロダクトは使い方が自明

　スティーブ・クルーグの『超明快 Webユーザビリティ ユーザーに「考えさせない」デザインの法則』（ビー・エヌ・エヌ新社）[8]などのUXの書籍で説明されるように、ユーザーはマニュアルを読まない。ユーザーは皆、自分で解決

できると思っている。そして、できなかった場合は、プロダクトが悪い、あるいは劣っていると(当然のように)判断する。ユーザーをそのプロダクトに引き付けられたなら、複雑な手順に関してマニュアルを読む可能性はあるが、簡単な操作や、ましてやまだ引き付けられていない段階では、ユーザーは決してマニュアルを読まない。

したがって、ユーザーがプロダクトに触れた瞬間から、私たちはそのユーザーが何を求めているのかを予測し、明確なレコメンデーションやささやかな手がかりを示すことでユーザーを導く必要がある。すでに説明したメンタルモデルとそれに従った仕事の進め方は、このプロセスにおいて非常に価値がある。

▶4.1.4　UXの原則4:情報交換の観点から考える

ユーザーは何かを成し遂げるためにシステムを利用する。必要なものを素早く見つけてそれを実行できればできるほど、ユーザーは満足する。もしユーザーに尋ねることなくそのUXを提供できれば、それに越したことはない。

数年前、ノースウェスト航空を利用した際、目的地に到着したときに荷物が届いていないことがあった。翌日、荷物の所在を知るために電話をかけたところ、何も言わなくても自動システムが荷物の場所を教えてくれ、さらに情報が必要なら0を押すよう求めてきた。これは私にとって完璧なお任せの瞬間だった。これにより私は満足したが、長期的にはノースウェスト航空のコスト節約にもつながり、満足する顧客を生み出した。

ユーザーからのインプットなしに意図を推測することが常に可能なわけではない。ユーザーからのインプットが必要な場合には、私たちは次のようにユーザーに尋ねる必要がある。

- できるだけ求める情報を少なくする。
- 最も答えを得やすい方法でユーザーに尋ねる。

1つ目のルールは、できるだけ情報を求めないことだが、もし良い初期設定が見つけられ、それを使用できれば、ユーザーに尋ねる必要はなくなる。可能であれば、情報を覚えておくか、ユーザーについてわかっていることから情報を導き出そう。たとえば、JVMは起動時にハードウェアの構成を見て、自身を構成する。

　また、同じ情報を二度、尋ねてはいけない。情報を求める必要がある場合には、できるだけ簡単な方法で尋ねる。たとえば、JVMはサーバーモードとアプリケーションモードの2つのモードをユーザーに設定させる。このとき、JVMは異なる構成の設定方法を尋ねる代わりに、ユーザーが簡単に答えられる質問を行い、その答えから詳細な構成を導き出している。

　また、ユーザーが入力しやすいように、各種のUIコントロール（例：日付、地図、写真）を使用する方法もある。設定についてより多くを学ばないとユーザーが良い決定を下せないなら、初期値を設定しておく必要がある。

　ユーザーに情報を提供するときは、パフォーマンス上の懸念がない限り、常により多くの情報を、ユーザーが理解できる形で提供し、ユーザーのニーズを予測できるようにする。ユーザーがある呼び出しからデータを取得し、それを別の呼び出しに渡す必要がある場合は、データへの変更を最小限に抑えてそれを行えるようにしよう。

▶4.1.5　UXの原則5：シンプルなものをシンプルにする

　システムを使い始めたばかりのユーザーは、しばしば操作に迷ったり、確証が持てず操作できなかったりする。しかし、システムを長く使用するにつれ、ユーザーはシステムに慣れ、愛着を感じるようになる。新しく使い始めたばかりのユーザーは、システムから離脱してしまうリスクが高いが、時間が経つにつれてこのリスクは減少していく。

　システムに対するユーザーの最初の体験は、魅力的でシンプルなものでなければならない。そのためには、UXをよく考え、ユーザーが最初に行ういくつかの操作をできるだけシンプルにし、障壁や障害物を取り除く必要がある。たとえば、オンライン書店に来た利用者の単純な望みは、書籍を見つけ

ることだろう。それなら、検索機能は目立つように配置され、使いやすくなっていなくてはいけない。可能ならば、検索が行われるより前に、ユーザーの嗜好を推測したレコメンデーションを提示すべきだ。

APIを利用するユーザーも同様だ。書籍検索APIでは、事前に設定済みのクライアントをユーザーにダウンロードさせることで、ユーザーが自分で設定を行う負担を取り除ける。そして、その方法を示すサンプルを含めることで、最初の説明を簡単にできる。

最初のいくつかの操作で、ユーザーをできるだけスムーズかつ深く教育する必要がある。たとえば、Amazon Kindleは最初の起動時にこれをスマートに行い、いくつかのステップでUIがどのように機能するかを説明している。

▶4.1.6　UXの原則6：実装より前にUXをデザインする

アーキテクチャよりも先にUXに焦点を当てることで、実装を考慮に入れずに詳細にズームインできる。早期にUXに掘り下げることで、多くの高コストな変更を避けられる。そして、システムを適切な状態にするには、UXは常にフィードバックサイクルを必要とする。本書で繰り返し触れるように、これが、フィーチャーの実装をなるべく遅らせるべき主な理由であることは心に留めておいてほしい。

では、これらの原則が設定、API、拡張機能にどのように適用されるかを探っていこう。先に説明したように、UIについてはすでに多くの書籍で取り上げられており、私がそれよりも良い解説を行えるとは思えないため、本書では取り上げない。

▶4.2　設定のためのUXデザイン

設定とは、次に示すGoサーバーのためのYAML設定ファイルのように、挙動を変更するためにシステムのユーザーが使用するものを指す。

```
# config.yml
server:
  host: 127.0.0.1
  port: 8080
  timeout:
    server: 30
    read: 15
    write: 10
    idle: 5
```

設定では、まず第2章の原則1「ユーザージャーニーからすべてを導く」から始めて、次に原則2「イテレーティブなスライス戦略を用いる」を使用すべきである。

設定は可能な限り導入すべきではない。2つの設計選択肢の間で決めかねる場合に、開発者はよく設定を導入して問題をユーザーに押し付けてしまう。この判断は極めて良くない。ユーザーやソリューションアーキテクトを苦しめることになるからだ。システムの挙動について私たちよりもさらに知識が少ないユーザーは、大抵の場合、設定をうまく決めることができない。

設定の導入を検討する際の最善の選択肢は、いかなる状況でもうまくいく選択肢を見つけ出し、設定の余地をなくすことだ。次に良い方法は自動的に設定が選択されるようにすることで、3番目に良い方法は、設定を導入し、その設定に妥当な初期値を与えることだ。私たちは次の問いについて考えなければならない。ユーザーは、設定を選択するためのより良いコンテキストを私たち以上に持っているだろうか？ もし答えが「イエス」なら、設定が必要だ。答えがもし「ノー」なら、設定は避けなければならない。

たとえば、サーバーのスレッド数を考えてみよう。スレッド数を設定するのに最もふさわしいのは誰だろうか。私たち設計者は、エンドユーザーよりもサーバーの挙動をはるかによく理解している。したがって、スレッド数を設定するのにふさわしいのは私たちだ。確かに、スレッド数はサーバーが受ける負荷に依存するが、私たちはそれをユーザーに伝えることなく、スレッド数を測定し、調整することが可能だ。

ただし、ユーザーに尋ねるのが許容される場合もある。モバイルアプリを例に考えてみよう。モバイルデータの使用量を気にするユーザーもいれば、そうでないユーザーもいる。私たちはユーザーに尋ね、もしユーザーが「はい」と答えれば、モバイルデータが安い時間帯にダウンロードを自動でスケジュールできる。この設定はユーザーに関するものであり、ユーザーが意図を持って答えられるものなので、ユーザーに尋ねるのが適切な設定だ。

次に、ユーザーにマニュアルを読ませないための応用を探っていこう。まず、すべての設定には理にかなった初期値が必要だ。そうすれば、ユーザーが設定を理解できない場合でも、そのままにしておける。ただし、設定に初期値を持たせるべきであっても、簡単な質問であれば、最初にユーザーにいくつかの質問をすることは許容される。たとえば、アプリケーションがユーザーの所在地を尋ねることは問題ない。ただ、その場合でも初期値は最も人口の多い都市にしておくべきだ。

設定では、他の応用とは異なり、マニュアルを提供できる余地がある。設定の設計が悪いと、多くの混乱を引き起こす可能性がある。常にいくつかのサンプル値、可能な範囲、設定の意味を文書化し、それを設定用のファイルに記載するか、設定UIのお役立ちヒントとして提供しよう。

ユーザーに尋ねる際に重要なのは、値を設定するために頭の中で計算をする必要がなく、容易に答えられる形で設定値を尋ねることだ。たとえば、最大キャッシュエントリ数を尋ねる代わりに、キャッシュメモリの制限を尋ねるといった具合だ。Javaは、アプリケーションがどれだけのメモリを使用できるかといった質問ではなく、サーバーかクライアントかというアプリケーションモードを選択するよう求める。

最後に、未知の設定が見つかった場合や設定の適用に失敗した場合は、エラーを投げよう。設定のエラーが静かに生じていると、デバッグ時に多くの時間を失わせる元凶となるはずだ。

すべての設定が適用された後は、有効になっている設定を簡単に見つけられるようにしよう。たとえば、サーバーの起動時に、現在アクティブな設定（使用されているスレッド数、キャッシュ設定など）を表示できるようにするといった具合だ。

▶4.3　APIのためのUXデザイン

　人はWebページやモバイルアプリを使用する。そして、プログラム（コード）はAPIを使用する。APIは、ユーザーシステムが他のシステムと連携できるようにすることで、価値と優れたUXを生み出す。たとえば、書店の価格APIやレコメンデーションAPIは、他サイトのコンテンツ内で自サイトの書籍を提示できるようにして、ユーザーをオンライン書店に誘導できるようにする。

　APIには内部APIと公開APIがある。内部APIは、システム内のサービス同士を結びつけることで、密に統合されたプログラムを作り出す可能性がある。公開APIは、情報漏洩の原因になる可能性がある。たとえば、競争上の優位性をもたらすデータが、公開APIを通じて漏洩するかもしれない。したがって、APIを利用可能にする前には、これらの側面を評価することが重要となる。

　多くの場合、公開APIは高度なユースケースであり、有効化は最初のMVPを出した後になる。一方で、ほとんどのシステムには少なくともいくつかの内部APIがあり、多くのモバイルアプリには後でAPIになりうるバックエンドが存在する。

　APIの設計は早期に始めるべきだが、いったんAPIを公開し、他のシステムがそれを利用し始めてしまうと、変更は難しくなる。そのため、APIの設計やコーディングを行っても、ユーザーに公開するのは必要なときだけにすべきだ。可能であれば、APIを公開する前に内部で使うようにしよう。そうすることで、問題を見つけ、修正できる。

　APIのUXを考えるにあたっては、まず、UXの原則1「ユーザーを理解する」を考えよう。APIは他のシステムによって使用される。他のソフトウェア開発者がコード内でAPIを使用するため、私たちは、そのソフトウェア開発者向けにAPIを最適化する必要がある。

　UXの原則1「ユーザーを理解する」と原則3「良いプロダクトにはマニュアルが要らない。良いプロダクトは使い方が自明」、そして原則4「情報交換の観点から考える」を考慮すると、優れたAPIは学びやすく誤用しにくく、次の

ステップが常に明確なものと言える。ユーザー、ユーザーのメンタルモデル、ワークフローを理解することで、これら3つの原則を達成できるだろう。たとえば、書店のAPIを実店舗の書店のメンタルモデルに忠実に従わせることで、ユーザーは各ステップで何をすべきかを容易に理解できるようになる。

UXの原則2「必要最小限のことをする」を踏まえるなら、良いAPIとは1つのことをうまくやるAPIだ。もしも、そのフィーチャーをAPIが備えるべきかどうか確信が持てない場合には、そのフィーチャーは省いておこう。

UXの原則5「シンプルなものをシンプルにする」を踏まえるなら、定型コードはなるべく書かせないようにすべきだ。要求する情報はできる限り少なくしよう。ユーザーが書籍の検索を始めようとするときに行うべきなのは、キーワード検索ができるように設定された書店サイト機能の初期化だけだ。コード例を次に示す。

```
Bookshop bookShop = new Bookshop("/path/to/downloaded/config/file")
Book[] books = bookShop.search("Design Deeply")
bookShop.buy(book[5])
```

設定ファイルかカスタマイズ済みのクライアントをユーザーにダウンロードさせれば、ユーザーが設定を行うステップを省略できる。

後続の呼び出しでクライアントが情報を送り返す必要がある場合には、そのための情報を含んだオブジェクトを作成し、クライアントにそのオブジェクトを送り返させる必要がある。たとえば、前述のコードであれば、Bookshopオブジェクトのbuyメソッドを呼び出す際には、searchメソッドを呼び出して返ってきたBookオブジェクトをただ渡すだけでよく、そのフォーマットを理解する必要はない。

APIに広く採用されている標準がある場合（OpenIDやOAuthなど）は、それらを使うようにしよう。たとえ標準に改善の余地がある場合でも、標準を採用し、可能な場合には、標準にかぶせる形でAPIを提供することでUXを改善するのがよいだろう。最高の技術が常に勝つわけではないし、標準に勢いがある場合には、それがたとえ最善の解答でなくても通常は生き続け

る。技術的な正しさよりも、標準に賭けて採用することをお勧めする。

　ほとんどのAPIはHTTPを通して動作するが、メッセージキューのような他のトランスポートプロトコルを通じて機能することも可能だ。私たちはユースケースに基づいてそれらを選択する必要がある。また、可能な場合には、ユーザーにクライアントライブラリを提供すべきだ。クライアントとサーバーの両方を制御できれば、変更の余地が格段に広がり、設計が単純化される。ただし、APIがさまざまな環境で動作するクライアントによって使用されるため、クライアントライブラリを提供するのに手間がかかることもある。

　最後に、設計の最初からAPIのバージョンを管理する必要がある。いったんAPIが顧客のコードで使われてしまうと、APIを更新したくても顧客にコードの変更は安易に求められない。そのため、APIを更新する唯一の方法は新しいバージョンをリリースするしかない。設計時には、標準のロードバランサーがリクエストを適切なバージョンに再ルーティングできるように、（たとえばHTTPヘッダーを介するなどして）異なるバージョンの通信を制御する方法を考慮する必要がある。

▶4.4　拡張機能のためのUXデザイン

　問題解決のために実行可能なアプローチが多数あり、開発者がそのうちの1つを選択しなければならない場合には、拡張機能が使える。たとえば、システムが日付情報を文字列として受け入れる際に、受け入れ可能な日付フォーマットをサポートするために拡張機能を使用するといった具合だ。

　また、システムが多くのデータソースからデータを取り込む場合にも、データソースを追加する仕組みとして拡張機能を使用できる。機械学習ワークフローにおける活性化関数なども拡張の良い例だ。データサイエンティストはそれらの拡張を使用してアルゴリズムの振る舞いを変更できる。

　うまく設計された拡張機能は、システムの柔軟性を高めるので強力だ。必要であれば、コードをリファクタリングして、後から拡張機能を加えてもよい。実際、ユースケースを深く理解するまで、拡張機能を追加するのを待つのは

良いアイデアだ。

拡張ポイントは、単一ノードのアプリやサービスに限定されない。サービスやサーバーレス関数も拡張ポイントとして機能する。たとえば、Amazonはサーバーレス関数を使ってクラウドプラットフォームの機能を拡張している。これも拡張機能の良い使い方の1つだ。

拡張機能の重要な課題は、一度書いてしまうと変更が難しいことだ。その結果、ユーザーは古いバージョンのシステムを使い続けざるを得なくなり、長期的にはシステムのメンテナンスコストが増大する。可能であれば、拡張機能の内容を元の開発者のメンテナンス下にあるコードベースに還元するように、システムはユーザーを促すべきだ。

拡張機能を設計する際には、拡張機能で何ができるかを決める必要がある。優れたAPIがそうであるように、優れた拡張機能も1つのことをうまくこなす。拡張機能ができることを制御するには、入力と出力を定義しなくてはならない。入力と出力は、APIや設定のようにユーザーが理解できるものにする必要がある。

拡張機能には内部構造を決して露出してはいけない。内部データ構造が変更されてしまうと、拡張機能が壊れてしまうからだ。

ほとんどの場合、拡張機能を書く人は限られる。そして、拡張機能の上で拡張を行う労力も同様に限られる。しかし、拡張機能を通じてオープンソースに貢献することで、より多くのユーザーを引き付けられる場合もある。そのような場合は、拡張機能への投資はより正当化できる。これの素晴らしい例が、iPhoneやiPadへの拡張機能であるiOSアプリだ。Appleは何千人もの開発者を動員して、iPhoneを拡張できた。

UXはシステムの中心的な特徴であることから、本書ではシステム設計はUXデザインから始めるべきだと主張する。この章の主な目的は2つある。1つはアーキテクトとしてUXデザインへの理解を深めること。もう1つは、プロとしての専門知識の必要性を強調することだ。世界的に優れたUXデザイナーをチームに加えることを強くお勧めする。

▶4.5　意思決定における考慮事項

　ユーザーがいったん見たり使ったりしてしまった後でUXを変更するのは難しい。変更によってユーザーを動揺させたり混乱させたりする可能性があるし、システムによっては障害を起こしたりすることさえある。そのため、UXには細心の注意を払わなければならない。つまり、UXに関しては、深く設計してゆっくり実装するという原則を常に適用すべきだ。

　UXに関連した多くのプロジェクトでよくある間違いには、次のようなものがある。

- UXの専門知識が十分でない。
- UXエキスパートの招へいが遅すぎる。
- APIや設定、拡張機能のUXを軽視し、UIを過度に重視する。
- UXエキスパートからの提案を見落とす。

　リーダーとして、こうした間違いは防がなければならない。UXの重要性を考えると、チームがUXの専門知識を持つことは必須だ（第2章の質問2「チームのスキルレベルはどの程度か？」）。UXのスキルが不足していると、将来的に大きなコストがかかる可能性が高い。

　UXエキスパートがチームにいたとしても、APIや設定などのUXが見落とされていないかには注意が必要だ。UIだけに過度にフォーカスしていないだろうか。さまざまな領域のUXに対応できるよう、UXエキスパートを揃えよう。

　また、技術リーダーが全体のUXを決め、UXエキスパートにUIの微調整のみを求めてしまうケースもある。広範なUXの議論にUXエキスパートを積極的に関与させ、その助言に耳を傾けよう。

　なお、本書で示しているイテレーティブモデルは、UXを自然と組み込んでいる。

- **原則1**：ユーザージャーニーからすべてを導く

- **原則2**：イテレーティブなスライス戦略を用いる
- **原則3**：各イテレーションでは、最小の労力で最大の価値を加え、より多くのユーザーをサポートする

加えて、第2章の原則5「変更が難しいものは、深く設計し、ゆっくりと実装する」は、ユーザーの観察から得られる多くの学習機会を提供する。ユーザーの考え方を理解する最良の方法の1つは、実際の行動を観察することだ。そのため、UXの設計から始めることをお勧めする。そうすることで、多くの高くつく変更を防げるだろう。

▶4.6 まとめ

この章は第3章よりもずっと短い。というのも、この章の目的は、UXの原則を教えることにあるのではなく、その重要性を強調し、早い段階でチームにUXエキスパートを招き、そのアドバイスに耳を傾けるよう説得することにあるからだ。また、API、設定、拡張機能におけるUXの重要性を強調するのも、この章の目的となっている。

この章では、アーキテクトに役立つ6つのUX原則について説明した。そして、これらの概念が設定、API、拡張機能の異なるタッチポイントにどのように適用されるかについて説明した。次の数章では、マクロアーキテクチャについて説明していく。

この章でのいくつかの重要な学びは次のとおりだ。

- 適切に設計されたシステムは、ユーザーとシームレスに対話する。
- UXデザインは優れた設計において重要な役割を果たし、APIや設定、拡張機能のユーザータッチポイントを定義し調整する。
- UXを深く理解することで、重要なフィーチャーと不可欠ではないフィーチャーを分離できる。これは私たちの設計哲学における重要な側面だ。

· MEMO ·

第5章 | Macro Architecture: Introduction

マクロアーキテクチャ：はじめに

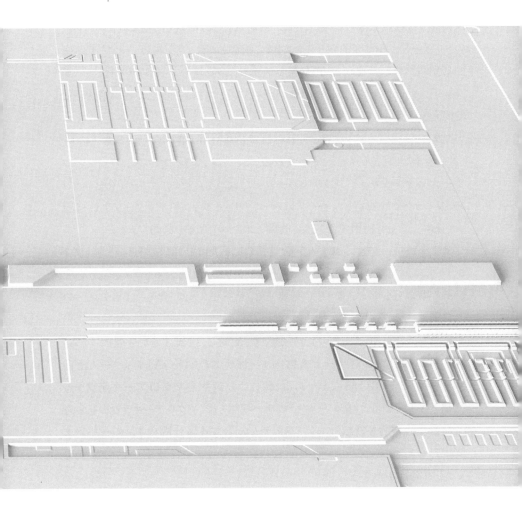

現代のシステムの大半では、複数のマシンが動作している。複数のマシンが動作するシステムは、一般に**分散アプリケーションや分散システム**などと呼ばれる。現代のシステムが複数のマシンを必要とする理由は次のとおりだ。

- クライアントとデータが多数のマシンに分散している。
- 1台のマシンではアプリケーションの負荷に耐えられない。
- システムは機能の一部として他のシステムと通信する必要がある。

分散システムでは、長期間、時には複数のリクエストにまたがってデータを保持できなければならない。また、ユーザーからの直接のリクエストや何らかのトリガーによる間接的なリクエストを、状態とロジックを組み合わせて効率的に処理できる必要がある。分散システムのマクロアーキテクチャは、システムをユニット(コンポーネントまたはサービス)とユニット同士の相互作用として捉える。

マクロアーキテクチャには、別の設計でも再利用できるビルディングブロック(ツールまたはミドルウェア)が含まれる。たとえば、データベース、ロードバランサー、メッセージキュー、IDサーバーなどだ。こうしたアーキテクチャのビルディングブロックには安定したオープンソースソリューションやベンダーソリューションがあり、うまく再利用することで、時間とコストの両方を節約できる。

アプリケーションやシステムを構築するにあたって、既存のビルディングブロックでは対応できない機能やビルディングブロック間のギャップを補う必要がある場合は、サービスとして実装する。サービスとは、たとえばネットワーク上で動作するコードのことだ。

私たちは、サービスをどのように形作り、配置し、接続するかを選択できる。選択肢には、たとえばサービス指向アーキテクチャ(SOA)やリソース指向アーキテクチャ(ROA)などがある。私はこの選択を**マクロアーキテクチャ戦略**と呼んでいる。マクロアーキテクチャ戦略とは、マクロアーキテクチャの方向性を決定するものだ。さらに、システムの異なる部分間のインターフェイス(API)を定義することで、他の部分に影響を与えずに特定の部分を変更できる可能性が高まる。

第1章で説明したTOGAFのアーキテクチャ分類に従うと、マクロアーキテクチャは情報システムアーキテクチャに分類される。マクロアーキテクチャでは、さまざまな設計が可能だが、最適なアーキテクチャはビジネスコンテキストによって定まる。前述したように、最適なアーキテクチャを選択するには、適切な判断が求められる。

アーキテクチャを考える際は、いくつかの関心事に対処する必要がある。まず、サービスをうまく連携させる必要がある。この関心事は一般に**コーディネーション（調整）**と呼ばれる。次の関心事は、システム全体として意味のある一貫した状態をどのように保つかだ。3つ目の関心事にセキュリティの確保があり、4つ目の関心事には、システムに高可用性を加えて必要な負荷に対応できるようにすることがある。

ここからは、まず、時間とともに進化する分散アプリケーションを構築するためのさまざまなアプローチを探り、次にアーキテクチャのビルディングブロックを探っていく。第6章から第9章では、マクロアーキテクチャの残りのトピックを扱い、第10章ではマイクロサービスがアーキテクチャにどのように影響するかを説明する。

▶5.1 マクロアーキテクチャの歴史

分散アプリケーションを構築するための最初のソリューションの1つは、リモートプロシージャコール（RPC）だった。ユーザーは特定のプロシージャコールまたはメソッドにリモートで呼び出し可能であるというアノテーションを付け、RPCランタイムがサーバー機能とクライアント機能を提供する。ほとんどのLinuxサービスはこの方法で書かれている。

当初、RPCの実装ではカスタムプロトコルが使用され、サーバーとクライアント間の通信はカスタムバイナリプロトコルを使用して行われていた。このプロトコルはやがてXMLとJSONに移行し、HTTP上でやり取りされるようになった。近年では、ThriftやRPCなどのプロトコルへの回帰傾向がある。

最初の分散アプリケーションは、それぞれが独立したモノリスだった。そこ

ではサーバーがリクエストを受信し、すべての処理を行い、レスポンスを返す。たとえば、モノリスとして実装することにしたオンライン書店の例では、アプリケーションはUIをレンダリングし、ロジックを処理し、データベースと通信する。モノリスのままさらに多くのことを行うのであれば、より高速なマシンが必要になる。一方で、この実装ではスケーリングは難しい。また、モノリスでより多くのことを行うと、理解が難しくなり、チームでの開発を困難にする。

次に登場したのが3層アーキテクチャだ。3層アーキテクチャは、アプリケーションをUI用のWebレイヤー、ロジック用のアプリケーションレイヤー、データ保存用のデータベースレイヤーの3つの層に配置する。やがて3層はN層に拡張され、現在ではすべての最新アーキテクチャがN層アーキテクチャを採用している。

次の進化はプログラミングモデルで起こった。プログラミングモデルとして人気を獲得したオブジェクト指向プログラミング（OOP）を基盤に、リモートオブジェクトフレームワークはRPCから変更し、インスタンス化、発見、呼び出し、管理、破棄が可能なリモートオブジェクトへと拡張した。Java RMIやDCOMなどがその例だ。しかし、リモートオブジェクトフレームワークには根本的な制限があった。同じプログラミング言語で書かれたサービス同士は互いに通信できるものの、複数のプログラミング言語間での通信が難しかったのだ。異なるプログラミング言語間の通信能力を、私たちは**相互運用性（interoperability）**と呼んでいる。

組織では一般に、日常業務の一環として互いにコミュニケーションを取る必要がある。たとえば、航空会社は、使用しているプラットフォームに関係なく、他のすべての航空会社と通信する必要がある。同様に、書店は決済APIと通信する必要がある。最終的に、相互運用性の必要性からCORBA（Common Object Request Broker Architecture）が生まれた（図5.1参照）。

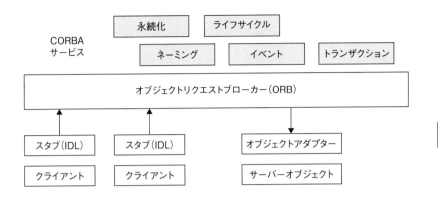

図5.1: CORBAのアーキテクチャ

　CORBAは、相互運用可能な分散オブジェクトフレームワークだ。CORBAを使うことで、ユーザーはインスタンス化、発見、呼び出し、管理、破棄が可能なリモートオブジェクトを作成できる。CORBAは複数のプログラミング言語をサポートしているので、異なる言語で作成されたオブジェクトでも互いに通信し、単一のシステムとして動作できる。

　CORBAはプラットフォームとしては失敗したが、いくつかのイノベーションをもたらした。まず、プラットフォームに依存しないサービスインターフェイスを記述するための方法であるインターフェイス定義言語（IDL）を定義した。次に、同じメッセージ形式を使用することで、メッセージレベルの相互運用性による異種システム間の通信を可能にした。

　CORBAは今までに構築された中で最も技術的に高度なプラットフォームだったが、ユーザーにとっては理解が難しいものだった。そのAPIは悪夢のようだった。単純なサービス呼び出しに何百行ものコードが必要だったのである。その複雑さを扱える開発者は限られており、それが限定的な採用につながった[※1]。

　次に登場したのがWebサービスだ。これは多くの点でCORBAの簡易版、リモートオブジェクトなしのCORBAと言える。Webサービスは分散オブ

※1　詳しくは「The Rise and Fall of CORBA（CORBAの興亡）」(https://queue.acm.org/detail.cfm?id=1142044)参照。

ジェクトをRPCに置き換え、すべてのメッセージ形式をXMLに置き換えることで、理解とデバッグを容易にした。また、Webサービスは当時のトップ2のエンタープライズテクノロジー企業であるMicrosoftとIBMからお墨付きを得ていた。

WebサービスがCORBAよりも成功したことは、最小限のフィーチャーしか持たないシンプルな設計が、複雑で豊富なフィーチャーを持つシステムに取って代わった好例だ。これは本書の随所で目にする共通のテーマだ。システムを構築する際には、より正確で複雑なシステムよりも、シンプルなシステムのほうが優れていることが多い。

Webサービス群を基盤に構築されたサービス指向アーキテクチャ（Service Oriented Architecture：SOA）は、Webサービスの形式を定めたものだ。SOAの場合、分散アプリケーションは、ユースケースを実現するために各サービスを調整して構築される。各サービスには操作が含まれ、各操作はユースケースの「動詞」を表す。たとえば、オンライン書店では、サービスは**検索する**、**購入する**、**出荷する**、**返品する**といったものになる。ユーザーは書籍を検索し、購入する。それにより、フルフィルメントがトリガーされ、必要に応じて返品される。

リソース指向アーキテクチャ（Resource Oriented Architecture：ROA）は、**リソース**と呼ばれる、サービスをアレンジする別の方法を提案した。リソースは、ユースケースの「名詞」を表す。たとえば、書店では、**書誌カタログ**や**注文情報**といったリソースが考えられる。各リソースは、GET、POST、PUT、DELETEのアクションをサポートする。ユーザーはGET操作を使用して書籍を見つけ、PUT操作で注文情報を作成することで購入し、DELETE操作で注文情報を削除することで返品できる。

CORBAとは異なり、ROAはSOAに取って代わったわけではない。両者は、現代的なアーキテクチャを作成するための有効な方法として、競合しつつ存続している。SOAに自然に適合するユースケースもあれば、ROAに自然に適合するユースケースもある。

5.2 現代のアーキテクチャ

現代のアーキテクチャは、N層構成に従っている。そして、各層は異なる問題を独立して扱う。たとえば、データベース層、サービス層、コーディネーション層、APIおよびロードバランシング層などがある。現代のアーキテクチャでは、こういったさまざまな層を組み合わせてシステムを構成する。

現代のアーキテクチャは、SOAかROAのいずれかを使用する。基本となる考え方はさほど変わっていないが、実装は進化し続けている。たとえば、通信プロトコルは、HTTP+XMLからHTTP+JSON、Thrift、プロトコルバッファ、gRPC、HTTP/2へと進化してきた。

かつて、システムはバイナリプロトコルからXMLやJSONなどのテキストプロトコルへと移行した。現在は、パフォーマンスを重視するユースケースではバイナリプロトコルに回帰しつつある。バイナリプロトコルは、その考え方が広まった当初は受け入れられなかったが、システムを複数のサービスで構成するというアーキテクチャの考え方が普及したことが後押しとなったようだ。私のお勧めは、HTTP+JSONを初期ソリューションとして始め、やむを得ない理由が生じた段階でそこから離れるというアプローチだ。

設計ツールの重要なアップデートは、WebSocketとHTTP/2だ。これらのプロトコルは、クライアントとサーバー間の双方向（プルとプッシュ）の通信を可能にする。図5.2は、現代のアーキテクチャにおけるコンポーネントの概要を示している。

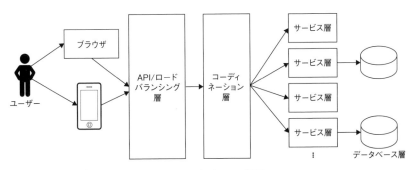

図5.2: 現代のソフトウェアアーキテクチャコンポーネントの概要

図が示すように、典型的なソフトウェアアーキテクチャでは、データをデータベースに格納し、ロジックをステートレスなサービスとして実装する。ユーザーがWebページ、モバイルアプリ、あるいはスケジュールされたタスクを介してリクエストを送信すると、コーディネーション層はサービスを使用してユースケースを完了する。コーディネーション層には、キャッシュ機能なども含められる。その手前では、APIおよびロードバランシング（LB）層が、高可用性やルーティング、スケール、レート制限、セキュリティなどを担う。サービスオーサリングや管理プラットフォーム、メッセージブローカー、ワークフローシステム、IAMシステムなどのミドルウェアサービスも利用できる。設計時には、状態とスケーリングの処理が主な課題となる。結果として、アーキテクチャにおける3つの重要な非機能要件は、高可用性、スケール、セキュリティとなる。

マクロアーキテクチャは、これらのサービスとミドルウェアがどのように連携してアプリケーションのユースケースを実現するかを決定する。この章と次に続く章では、マクロアーキテクチャを構築する際のさまざまな考慮事項について説明する。また第11章では、個々のサービスの実装方法を説明する。

本書では、マクロアーキテクチャを4つの問題に分解する。すなわち、コーディネーション層をどう設計するか、コーディネーションを実行しながら一貫した状態をどのように維持するか、セキュリティをどのように扱うか、高可用性とスケーラビリティをどのように追加するかだ。以降の章では、各トピックに焦点を当てていく。

▶5.3 マクロアーキテクチャのビルディングブロック

アーキテクチャは多くのビルディングブロックから構成される。マクロアーキテクチャは、そうしたビルディングブロックとその実装を可能な限り再利用した上で、欠けている部分を実装するためにサービスを使用する。既知のビルディングブロックを詳細にカバーするには、何冊もの本が必要になるだろう。次に示すのは、より詳しい情報源への参照を含む簡単な概要にすぎな

い[※2]。

あなたはアーキテクトとして、アーキテクチャのビルディングブロックにどのようなものがあるかを知り、新しく登場してくるビルディングブロックを追いかけていく必要がある。そうしたビルディングブロックは、ベンダーが提供する商用ソフトウェアやオープンソースソフトウェアとして利用できる。さらに、現在ではほとんどのビルディングブロックが、クラウドやAPIとして利用可能になっている。次に示すのは、一般的なツールの種類だ。

▶5.3.1　データマネジメント

データベース
　データを格納し、インデックスを作成して、データの照会（多くの場合SQLを使用）を可能にする。リレーショナルデータベースはトランザクションもサポートする。NoSQLデータベースはリッチなデータ形式をサポートするが、トランザクションに関しては緩やかにしかサポートされていない。オープンソース（MySQL、PostgreSQLなど）と商用（Microsoft SQL Server、Oracleなど）の実装が利用可能。

分散キャッシュ
　多数のノード間で分割された大規模な仮想キャッシュを提供する。広く使用されている実装には、HazelcastやApache Igniteがある。

レジストリ
　通常、システムのさまざまな部分間で情報を共有するリポジトリで、設定、サービス、API記述、ドメイン名などのさまざまな種類の情報を保持できる。システムに格納される情報の種類に基づいて、さまざまな実装（etcd[※3]など）が利用可能。

※2　訳注：ビルディングブロックごとに紹介されているそれぞれの実装は、原書執筆時点（2023年）での著者の見解に基づく。
※3　http://etcd.io

▶5.3.2　ルーターとメッセージング

ロードバランサー

サーバーまたはシステムの前面に位置し、トラフィックをルーティングもしくは変更する。ロードバランサーは高可用性やスケーラビリティのために使われることも多い。ハードウェア実装（F5など）やソフトウェア実装（nginxなど）を利用できる。詳しくは第9章で説明する。

APIマネージャー

セキュリティやサブスクリプションをはじめとするサービス品質の側面を管理しながら、信頼ドメインの外部にサービスを安全に公開する。いくつかのオープンソース（WSO2 API Managerなど）と商用（Google Apigeeなど）の実装が利用可能。

エンタープライズサービスバス（ESB）

メッセージを変換したり、システム間のギャップ（タイミングなど）を解決したりすることで、アプリケーションを異なるシステムや組織と連携できるようにする。いくつかのオープンソース（WSO2 ESBなど）と商用（Mule ESBなど）の実装が利用可能。

メッセージブローカー

分散メッセージキューやパブリッシュ／サブスクライブ（Pub/Sub）パターンを永続的な方法（プロセスがメッセージを確認した後にメッセージを削除する）でサポートする。メッセージキューは、あるタスクが他のタスクの完了を待つことなく、タスクを複数の実行スレッドに分散したい場合に、信頼性の高い非同期処理として使用する。Pub/Subパターンは、関係するサービスにイベントを通知する際に使用する。オープンソース（ActiveMQ、RabbitMQなど）と商用（IBM MQ、TIBCOなど）の実装が利用可能。Apache Kafkaは、従来のメッセージブローカーよりも緩い保証を与える一方で、高速でスケーラブルなPub/Sub実装を提供する。

▶ 5.3.3　エグゼキューター

ワークフローシステム

長時間実行タスクをサポートし、実行中のすべてのステップをストレージに書き込み、必要に応じてタスクを復元または巻き戻せるようにする。ワークフローは何年も実行し続けられ、タスク自体を実行する計算機よりも長持ちすることさえある。Apache ODEやCamundaなどのシステムがその例だ。

MapReduceシステム

大量のデータをバッチタスクとして処理できる。広く使われている実装にApache Sparkがある。

コンテナ／VMマネージャー

物理ハードウェア上にデプロイされた大量のコンテナまたは仮想マシン（VM）を制御する。最近のシステムのほとんどは、より良い制御を提供するコンテナオーケストレーションシステム上にデプロイされている。コンテナ用に広く使用されているソリューションにはKubernetesが、VMに広く使用されているソリューションにはVMwareがある。

▶ 5.3.4　セキュリティ

IAMサーバー

ユーザー管理、認証、認可、トークンの発行、シングルサインオンなど、組織のセキュリティニーズのほとんどを実行する。オープンソース（WSO2 Identity Serverなど）、商用（Centrifyなど）、クラウド（Asgardeo、Auth0など）など、さまざまな本番環境に適した実装が利用可能。

▶5.3.5　通信

分散ハッシュテーブル（Distributed Hash Table：DHT）
　N個のノードを接続する効率的なオーバーレイネットワークを作成し、log(N)ホップでのルーティングを提供する。DHTはシステムの一部として使用されているが、広く使用されている実装は存在しない。

ゴシッププロトコル
　限定的な保証を提供しながら、大量のノード間でデータを同期できる。この考え方は、多くのNoSQLシステムで使用されている。広く使用されている実装は存在しない。

責任のツリーパターン
　ツリーのように配置されたノード間でタスクを分散し、タスクを実行し、結果を収集する。このアイデアは広く使用されているが、実装は特定のユースケースに依存する。

分散コーディネーションシステム
　複数のノードが連携するために使用される幅広い範囲の協調機能（分散ロック、バリア、スレッド間のシグナリングなど）を提供する。Apache ZooKeeper（オープンソース）とRedisは、広く使用されている実装だ。

▶5.3.6　その他

トランザクションマネージャー
　システムがACIDトランザクション[※4]を実行できるようにする。システムはデータベースを介してほとんどのトランザクションを実行できるため、トランザクションマネージャーは、第7章で説明するより複雑なユースケースでのみ必要となる。Atomikos（オープンソース）は、広く使用されているトランザクションマネージャーの実装だ。WebLogic、IBM WebSphere、JBossなどのアプリケーションサーバーにもトランザク

[※4] 訳注：ACIDとは、データベーストランザクションの主要な特性を表す頭字語。それぞれの文字は、原子性（Atomicity）、一貫性（Consistency）、分離性（Isolation）、永続性（Durability）を表している。

ションマネージャーが含まれている。

さらに、LMAX Disruptorなどの多くのライブラリやフレームワークを使用できるが、残念ながら、それらについて説明することは本書の範囲を超えるため、ここでは触れない。

▶5.4　意思決定における考慮事項

マクロアーキテクチャとは、最も重要な決定が行われる場所だ。家を建てる際に基礎を築くようなものだと考えてほしい。多少であれば後からでも変更を加えられるが、基礎ができた時点で選択肢はほとんど決まってしまう。そのため、慎重な検討が必要だ。しかし同時に、常に3世代のニーズに対応できる家を建てようとする必要はない。時には建て直しが必要になることも認識しておくべきだ。

ここでは、私たちの意思決定についての質問と原則のほとんどが当てはまる。

- 質問1：市場投入に最適なタイミングはいつか？
- 質問2：チームのスキルレベルはどの程度か？
- 質問3：システムパフォーマンスの感度はどれくらいか？
- 質問4：システムを書き直せるのはいつか？
- 質問5：難しい問題はどこにあるか？

質問1、2、4は、ビジネスコンテキストを示し、最初の試みでどれだけのことに取り組みたいか、将来の再設計のために何を先送りするかを問うものだ。質問3、5は、システムを理解するよう促す質問だ。たとえば、システムが並外れたパフォーマンスを必要とする場合には、マクロアーキテクチャでそれを考慮する必要がある。

次の3つの原則もマクロアーキテクチャに適用できる。

- 原則4：決定を下し、リスクを負う
- 原則5：変更が難しいものは、深く設計し、ゆっくりと実装する
- 原則6：困難な問題に早期に並行して取り組むことで、エビデンスに学びながら未知の要素を排除する

　原則5、6は、マクロアーキテクチャの重要な課題の1つである、考慮すべき詳細さのレベルを適切に決定することを強調している。詳細を十分に見てマクロアーキテクチャの有効性を確認する必要はあるものの、詳細で頭がいっぱいになってしまうのは避けたい。加えて、ビジネスコンテキストもシステムにさらなる不確実性の層を加える。これら2種類の不確実性を管理するには、適切な判断が必要となる。原則4は、判断するのに十分な情報がチームになくても、そうした判断を下し、リスクを受け入れることを奨励している。

　マクロアーキテクチャは、サービスのような1つの場所ですべてを処理し、それを再利用することで効率性を高めようとする。ここで、原則7「ソフトウェアアーキテクチャの凝集性と柔軟性のトレードオフを理解する」を思い出す必要がある。特定のコンポーネントの過剰な再利用を目指すと、それに依存するコストがそれを再度構築するコストを上回った場合に、より多くのコストにつながる可能性がある（より詳しい説明は第2章を参照）。

　最後に、ビルディングブロック（ツール）の選択は重要なアーキテクチャ上の決定だ。説明したように、ツールを選択した後に残った機能ギャップを、私たちはサービスとして実装する。適切なビルディングブロックを選択することで、市場投入までの時間を大幅に短縮できる。次に示すのは、その決定を下すにあたっての経験則だ。

　まずは、できる限りツールを使うほうに寄せよう。ツールは時間とコストを節約し、安定したハイパフォーマンスなシステムを提供してくれる。さらに、そのツールが活発なコミュニティや繁栄している企業に支えられている場合には、ツールはさらに進化していき、機能を向上させるために必要な時間と労力を節約できる。

　ただし、ツールの使用にはいくつかのリスクも伴う。ツールの改良が必要な場合、特に必要な機能がサポートされていない場合には、その改良は不

可能か、多くの時間を要する。そのため、現状のツールでユースケースをサポートできるかを確認する必要がある。また、ツールがユースケースをほとんどサポートできない場合には、そもそもそのツールを使うのがふさわしくない可能性もある。この種の不一致はパフォーマンスの問題につながることが多く、設計に影響を与える。

　私たちは常に、ツールを未知のものとみなすことから始める必要がある（原則6）。そして、ツールが書き換えまでの当面のユースケースをサポートできることを調査、検証する必要がある（質問4）。ツールのドキュメントとユースケースを深く掘り下げ、同じツールを利用している開発者やその他のユーザーの話を聞こう。これにはパフォーマンスの検証も含める必要がある。また、予期せぬ問題が発生した場合、ツールを掘り下げて問題を見つけ、少なくとも回避策を作成する方法があることを確認しておく。これには通常、社内に専門知識を持ったチームを構築するか、ツールをよく知っている企業または開発者とサポートに関する金銭的な合意をしておくなどの方法がある。

　ツールの選択では、一般に受け入れられている標準を使用して構築されたツールを選択するようにしよう。たとえば、SQL、HTTP、WebSocket、HTTP/2、JSON、XML、プロトコルバッファ、JMS（Java Message Service）、AMQP（Advanced Message Queuing Protocol）などだ。許容できる標準は幅広いユーザーベースがあるため、ベンダーが多くの資金を投資してツールを構築することができ、リソースを共有して協力できる複数の組織も生まれる。一般に受け入れられている標準は開発者の採用を容易にする。さらに、ピーク時の標準に基づいて構築されたツールは、多くの場合、成熟し安定している傾向がある。

　受け入れられている標準に基づいていないツールを使用する場合は、必要に応じて削除または置換できるような方法で使うようにしよう。同じ理由で、私はフレームワークではなくライブラリとしてツールを使用することを好む。フレームワークは後で取り除くのが難しいことが多いからだ[※5]。けれども、それが常に可能とは限らない。フレームワークを使用する場合は、書き換えられるタイミングを理解した後にツールを使うようにしよう（質問4）。これはリスクの

※5　https://www.gwern.net/docs/cs/2005-09-30-smith-whyihateframeworks.html参照

ある決定かもしれないが、リーダーである私たちは、責任を他人に押し付けず、自分たちでこれを決定する必要がある(原則4)。

システムを構築する際、オペレーティングシステム、TCP/IP、HTTPなどのいくつかのツールを使用することは避けられない。これらのツールは十分に安定しており、無視できるリスクだが、それでも同じリスクを伴う。未知のものを排除してリスクを最小限に抑えながら、優れたツールを思い切って使うようにしよう(原則6)。

▶5.5 まとめ

この章では、マクロアーキテクチャの歴史、技術の現状、ベストプラクティスについて説明した。

マクロアーキテクチャにおける主要な考慮事項として、コーディネーション、状態、セキュリティ、可用性、スケールを取り上げた。

意思決定のためのほとんどの質問と原則は、マクロアーキテクチャに役立つ。

また、システム構築に使用できるビルディングブロック(ツール)と選択方法についても説明した。

第6章から第9章では、マクロアーキテクチャの残りのトピックを扱い、第10章では、マイクロサービスがアーキテクチャにどのように影響を与えるかについて説明する。

第6章 | Macro Architecture:
Coordination

マクロアーキテクチャ：
コーディネーション

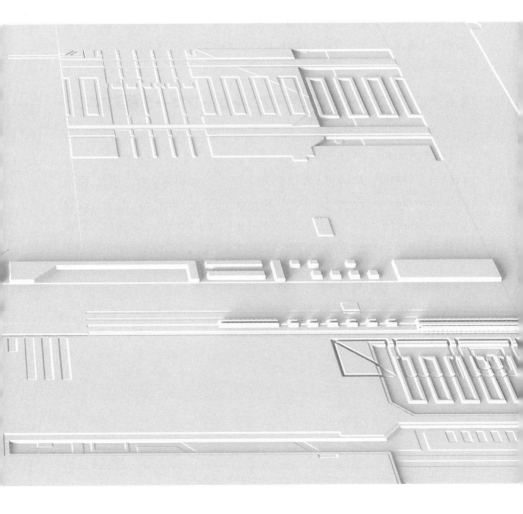

現代のアーキテクチャは、サービス、データベース、API、ライブラリ、SaaS（Software as a Service）などがコーディネーションによって連動して機能する。たとえば、ユーザーが書籍を購入すると、システムは決済を処理し、書籍の発送準備を行い、配送をセットアップし、顧客に連絡する。コーディネーションは、こうしたときに異なる部分をつなぐフローを決定する。

ユースケースによって、コーディネーションは単純にも複雑にもなる。コーディネーションのためのコードは、I/O操作（ディスクやネットワークの読み取り/書き込み）を行いながら、ネットワークを介してシステムの多くの部分と通信する。あるサービスが大きなボトルネックになっている場合や、パフォーマンスが重視されるシステムの場合は、コーディネーション層を慎重に設計する必要がある。このような設計を行うにはいくつかの方法がある。

▶6.1　アプローチ1：クライアントからフローを駆動する

1つ目のアプローチは、コーディネーションロジックをユーザーのクライアント（ほとんどの場合、ブラウザまたはモバイルアプリ）に組み込む方法だ。講演「Domain Service Aggregators: A Structured Approach to Microservice Composition（ドメインサービスアグリゲーター：マイクロサービス構成への構造化されたアプローチ）」では、図6.1に示すような、このアプローチの例が示されている[※1]。

※1　https://www.infoq.com/presentations/domain-service-aggregator/

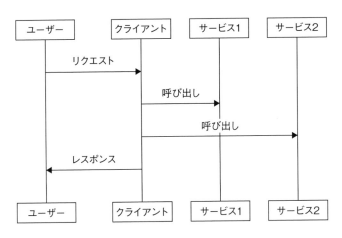

図6.1: クライアントから駆動するマイクロサービスの構成例

このアプローチは、独立したコーディネーション層が必要ないためシンプルだが、いくつかの欠点がある。

このアプローチでは、クライアントがシステムの残りの多くの部分に対するサービス呼び出しを行う。クライアントが遅い広域ネットワーク(WAN)の背後にある場合、これはより高いレイテンシーを生じさせる(モバイルネットワークがこの問題の最も一般的な原因だ)。

さらに、コーディネーションのロジックがクライアントの端末で実行されるため、攻撃者がフローを変更してセキュリティ侵害を引き起こす可能性がある。たとえば、書店のローン承認プロセスがユーザーのラップトップ上で実行されている場合、その管理者権限といくつかの深刻なOSレベルのコードを使用すると、信用スコアが低い攻撃者がローンチェックをバイパスするようにプロセスを変更できてしまう危険性がある。

▶6.2 アプローチ2:別のサービスを利用する

クライアントのリクエストを受け取ってコーディネーションを実行するサービスを作成する方法もある。コーディネーションがすぐに終了する場合(たとえ

ば数秒以内)、これは有力な選択肢だ。

　コーディネーション層をサービスと同じデータセンター内に配置すると、クライアントは最初の呼び出しをトリガーし、その後のコールはデータセンター内で発生する。このアプローチは、前者のアプローチよりもレイテンシーの面でははるかに優れている。たとえば、WANのレイテンシーが300ミリ秒(ms)で、イントラネット内のレイテンシーが20msの場合、クライアントから3つのサービスを呼び出す場合は900msかかるが、コーディネーション層をサービスと同じデータセンター内に配置した場合には340msしかかからない。

　コーディネーションに別のサービスを使用することの主な欠点は、そのサービスのパフォーマンスへの依存が大きくなることだ。コーディネーションサービスは多くのサービスを呼び出すため、「リクエストごとのスレッド」モデルのような単純なサーバーアーキテクチャでは良いパフォーマンスが得られないし、ノンブロッキングの非同期スタイルのサービスを実装するのは複雑だ。非同期呼び出しを行うコードを書くことを選択した場合は、それを過去に行ったことのあるチームメンバーが数人いることを確認しよう。

▶6.3　アプローチ3：集中型ミドルウェアを使用する

　コーディネーションを行うのに最適化されたミドルウェアソリューションがいくつか存在する。ここでは3つの選択肢を紹介する。

- 1つ目の選択肢は、WSO2 ESBやMule ESBのようなエンタープライズサービスバス(Enterprise Service Bus：ESB)だ。ESBは、他のサービスを呼び出す機能を標準的に持つ高水準の統合言語を備え、高度に最適化されたノンブロッキングのコーディネーションロジックをサポートしている。この選択肢は優れたパフォーマンスを提供する。
- 2つ目の選択肢は、ビジネスプロセス実行言語(Business Process Execution Language：BPEL)やビジネスプロセスモデリング表記法(Business Process Modeling and Notation：BPMN)など

だ。こうしたビジネスプロセスモデリング言語のワークフローは、通常、トランザクションはもちろん、効率的なノンブロッキングのサービス呼び出しもサポートしており、数日から数年にわたって実行される可能性のある長時間実行のコーディネーションのために特別に設計されている。また、補償も中心的な要素としてサポートしているので、障害が発生した場合には、補償操作を呼び出すことで、フローを逆転させて障害から回復することもできる。しかし、単純なユースケースでは、この選択肢は重すぎたり、遅すぎたり、時にはコストがかかりすぎたりする。

- 3つ目の選択肢であるBallerinaは、コーディネーションロジックに最適化されたプログラミング言語だ。この選択肢は、前の2つの選択肢（独自のサービスを開発するか、ワークフローツールを使用するか）の長所と短所をバランスよく組み合わせられる点にポイントがある。

集中型コーディネーションミドルウェアの主な利点は、高度な非同期呼び出し機能のサポートだ。この機能は、サービスを呼び出した後、応答が来るまで他の作業を行えるようにすることで、優れたレイテンシーとパフォーマンスを提供する。このアプローチを使用する場合は、できるだけ早くデータを送信し、できるだけ遅く情報を要求しよう（情報を要求するのではなく、情報の保持者にそれを積極的に送信させよう）。第3章で述べたように、データが必要になる前にすでに到着している可能性を最大限に高めるこのアプローチは、「早く送信し、遅く受信し、尋ねずに伝える（Send Early, Receive Late, Don't Ask but Tell）」と呼ばれている。

たとえば、3つのAPIを呼び出し、その結果を処理して組み合わせる場合を考えよう。前述の原則に従うなら、この場合は、結果の処理が必要になるよりも手前のタイミングでAPI呼び出しを行っておくべきだ。これにより、処理の時点で結果がすでに利用可能である可能性が高まり、待たされる確率が減少する。

6.4 アプローチ4:コレオグラフィを導入する

中央からフローを制御することだけが、複数の要素を調整して作業を実行する唯一の方法ではない。たとえば、ダンスでは、踊っている最中に誰も演技を指示しない。代わりに、ダンサーはそれぞれ近くにいる誰かを追い、同調してダンスする。このアイデアをビジネスプロセスに適用したのが、コレオグラフィ(振付)と呼ばれるアプローチだ。

典型的なコレオグラフィの実装には、イベント駆動システムがある。イベント駆動システムでは、プロセスに参加する各要素は異なるイベントを待ち受け、個々の部分を実行する。各アクションは非同期イベントを生成し、後続の要素をトリガーする。RxJavaやNode.jsのようなプログラミング環境を使用すれば、こうしたイベント駆動システムを構築できる。

たとえば、ローンに関するプロセスには、リクエスト、信用調査、他の未払いローンのチェック、マネージャーの承認、決定通知が含まれる。図6.2は、コレオグラフィを使用した情報の流れを示している。リクエストはキューに置かれ、次のアクターによって取得され、結果は次のキューに置かれ……といった流れが、完了するまで続いていく。

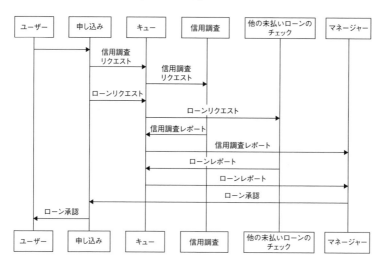

図6.2: 典型的なコレオグラフィの実装

ここではシーケンス図として描いているが、コレオグラフィでは独立したイベントは並行して起こりうる。

コレオグラフィはダンスに似ている。どちらも複雑で、正しく実行するには練習が必要となる。たとえば、プロセスが終了するかどうか、それはいつか、エラーが発生するか、プロセスが停止するかをプログラマーは知らない。そのため、コレオグラフィには、進捗状況を追跡したり、エラーから回復したり、エラーを通知したりするための広範な監視が求められる。

一方で、コレオグラフィの最大の利点は、疎結合システムを作成するところにある。たとえば、他のアクターを変更することなく、また多くの場合プロセスを変更することなく、プロセスに新しいアクターを追加できる。イベントストリームとコレオグラフィの詳細については、ジェイアール・ダモーレの記事「Scaling Microservices with an Event Stream（イベントストリームによるマイクロサービスのスケーリング）」[※2]が参考になる。

▶6.5　意思決定における考慮事項

他のトピックと比較して、この分野の意思決定は比較的簡単だ。

「クライアントからフローを駆動する」か「別のサービスを利用する」のどちらかを選択しよう。ほとんどの場合、この2つの選択肢のいずれかで十分なはずだ。

よくある失敗には、ワークフローや統合ツールを早すぎる段階で実装することや、逆に、必要な場合でもそれらへの移行を避けることがある。第2章で示した4つの初期アーキテクチャに関する質問は、すべてあなたの意思決定に影響を及ぼす。

- 質問1：市場投入に最適なタイミングはいつか？
- 質問2：チームのスキルレベルはどの程度か？
- 質問3：システムパフォーマンスの感度はどれくらいか？

※2　https://www.thoughtworks.com/insights/blog/scaling-microservices-event-stream

● 質問4：システムを書き直せるのはいつか？

選択の際には、タイミング（質問1と質問4）、パフォーマンス（質問3）、チームのスキルレベル（質問2）などの要因を考慮する必要がある。

▶6.6 まとめ

この章では、コーディネーションを実装するためのいくつかの方法について説明した。私がコーディネーションの呼び出しツリーにおいて、単一レベルの深さのみしか提案していないことに気づいただろうか。これは意図的だ。深さを浅くすることでコードが単純化され、読みやすく、デバッグもしやすくなる。表6.1に、それぞれのアプローチの利点と欠点をまとめておこう。

表6.1: コーディネーションアプローチの比較

コーディネーションアプローチ	長所	短所	使い所
クライアントからのフロー駆動	単純なコーディネーションコードはクライアントの一部である	パフォーマンスとセキュリティ上の懸念がある	シンプルなコーディネーションロジックを使ったアプリ
別のサービス	既存の言語やツールで実装できる。マイクロサービスアーキテクチャとの相性も良い	パフォーマンスに限界がある。ハイパフォーマンスなノンブロッキングの実装は複雑である	パフォーマンスに関する懸念が少ない単純なケースの場合
集中型ミドルウェア	ハイパフォーマンスのサービスコールを提供する	別のDSLまたは言語を学ぶ必要がある。マイクロサービスアーキテクチャとの相性が悪い	中程度に複雑なケースの場合
ワークフロー（コレオグラフィ）	ハイパフォーマンスなサービスコールを提供し、長時間実行をサポートする	単純なケースには重すぎる	長時間実行されるロジックや複雑なロジックの場合

第7章 Macro Architecture: Preserving Consistency of State

マクロアーキテクチャ：状態の一貫性の保持

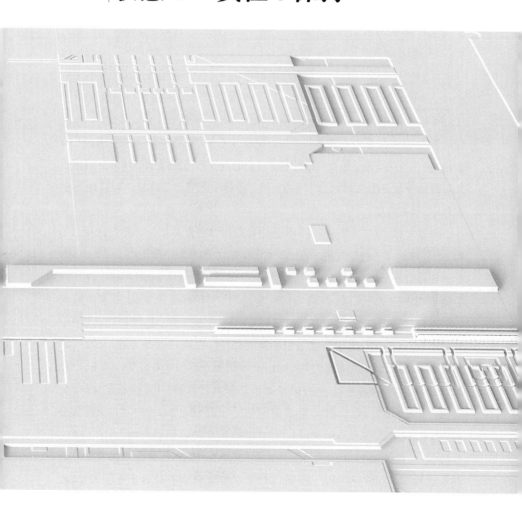

7.1 なぜトランザクションなのか

トランザクションは、データの不整合を回避するのに役立つ。たとえば、多くのノードがコーディネーションロジックに参加しているとする。スケールや高可用性のためにデータのコピーを複数保持している場合、元の値が更新されてからほんのわずかの間、データの不整合が生じる可能性がある。さらに、そうしたノードや、ネットワーク、外部依存関係、通信のいずれかが失敗すると、実行全体が停止したり、長時間にわたる不整合が生じたりする可能性がある。どんな局面であっても、アプリケーションは決して予期しない状態に陥らないよう適切に設計しなければならない。

アプリケーションの実行にも副作用があり、そこで不整合が生じる場合もある。たとえば、書店アプリケーションは、本を配送する際は顧客に料金を請求し、さらに内部のデータストレージも更新する（たとえば、店舗に残っている書籍の数を表すために在庫テーブルを更新するなど）。これらの副作用がどのように発生するかを、私たちは仕様として定義する。たとえば、料金を請求したら書籍を配送しなければならないし、書籍を販売していないのに在庫を減らしてはならない。

この章では、アプリケーションを適切に設計するために、そうした仕様にどのように対処するかを説明する。すべての失敗条件を分析し、アプリケーションが仕様に従って動作することをコードで保証できれば、私たちはこの目標を達成できる。たとえば、書籍の代金を請求してから発送する。発送が失敗した場合は、トランザクションを再試行し、それでも失敗した場合は、代金を返金し（カード決済の場合は取引を無効にし）、顧客に通知する。失敗への対応のいずれかが失敗した場合は、その問題も処理する必要がある。ただし、この問題への対処は、言うのは簡単だが実行は難しい。複雑なコードが必要となるからだ。たとえば、発送業務を行っているときにサービスが障害を起こしていると、システムが回復したときに発送業務の結果がわからないかもしれない。ログベースのリカバリアルゴリズムは、障害発生後でも同様の条件を処理できるが、複雑だ。障害に対する補償や障害に対する応答もまた

複雑である。開発者は、おそらくあなたや私を含めて、複雑なシナリオに対してこれを正しく行えず、何週間も何か月も同じコードを書いてトラブルシューティングに費やすかもしれない。

トランザクションを使用すると、この複雑さを回避できる。トランザクションは、複数の操作が同時に実行されるときに、次に挙げる4つの**保証**を提供する。

- **原子性（Atomic）**：トランザクション操作によって生じるすべての副作用は発生するか、まったく発生しないかのどちらかになる。
- **一貫性（Consistency）**：データストレージは、ある一貫した状態から別の一貫した状態へしか移行しない。
- **分離性（Isolation）**：インターリーブされた2つのトランザクション操作の結果は、それらの操作が順番に発生したかのようになる。
- **永続性（Durability）**：正常に完了したトランザクション操作の結果は失われない。

通常、これらの保証はデータベース機能の一部としてサポートされており、データベースは複雑な処理をすべてこなすという大変な仕事をしている。トランザクションを使えば、障害によるデータ不整合を心配することなくビジネスロジックに集中できる。1998年、トランザクションの発明者であるジム・グレイがチューリング賞を受賞し、トランザクションの重要性が浮き彫りになった。Eコマースやほとんどの企業ユースケースは、トランザクションなしでは実現しなかっただろう。

▶7.2 なぜトランザクションを超える必要があるのか

システムを設計するとき、トランザクション上にどのようにシステムを構築すればよいのだろうか。私たちは、データベースがトランザクションをサポートしていることを知っている。また、データが変更されたり読み込まれたりすると、不整合が生じる可能性があることも知っている。不整合を避けるには、トラン

ザクション内で各読み取りと書き込みを実行すればよい。

　しかし、ユーザーはモバイルアプリケーションやWebアプリケーションから私たちのアプリケーションを使用する。セキュリティ上の理由から、モバイルアプリケーションやWebアプリケーションはデータベースと直接通信はできない。モバイルアプリケーションやWebアプリケーションはサービスと通信し、サービスがデータベースと通信し、トランザクションを実行する。たとえば、ユーザーが書籍を買いたい場合、そのユーザーはWebアプリケーションでその意図を示し、Webアプリケーションはサービスと通信し、サービスはデータベースと通信する。

　トランザクションを処理する最も簡単な方法は、すべてのロジックを1つのサービスに含め、そのサービスを呼び出してトランザクションを実行することだ。しかし、このアプローチは、第5章で説明した典型的なサービスベースのアーキテクチャ（SOAやROAなど）に反する。

　代わりに、第6章で説明したように、コードを複数のサービスに分割し、それらのサービスを呼び出すコーディネーションを実行する。そして、複数のサービスにまたがるトランザクションを調整するために、トランザクションマネージャー（Atomikosなど）を使用する。まず、トランザクションマネージャーでトランザクションを初期化し、必要に応じて各サービスと通信し、トランザクションへの参照を渡す。その後、トランザクションマネージャーにトランザクションをコミットするよう依頼する。トランザクションマネージャーはトランザクションに参加する要素間の調整を行い、トランザクションを安全に完了する。

　単一のデータベースにすべてのデータを保管している場合は、トランザクションに参加する要素（トランザクション内のデータベース）が1つしかないため、トランザクションマネージャーを使用してもオーバーヘッドは最小限に抑えられる。これは典型的なシナリオだ。図7.1にセットアップ例を示す。

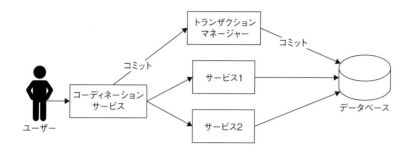

図7.1: トランザクションに参加する、単一のデータベースを使用するサービス群

複数のデータベースやJMSブローカー[※1]など、トランザクションに複数の要素が参加する場合には、トランザクションマネージャーは、2フェーズコミット[※2]を使用して、分散トランザクションを実行する必要がある。分散トランザクションは複雑で重い。分散トランザクションを使用すると、アプリケーションのパフォーマンスは著しく低下する。トランザクション数には上限があり、通常は1秒間に数百トランザクションが限界だ。高いパフォーマンスが必要な場合は、トランザクションの使用を避けるか限定する必要がある。

さらに、関係するすべての要素がトランザクションに参加できない場合もある。たとえば、多くの場合、トランザクションに参加することを顧客には求められない。通常は、顧客からのリクエストを受け入れた上で、トランザクションを実行する必要がある。成功または失敗した場合は、顧客に通知し、必要に応じて適切な是正措置を実施する。たとえば、顧客が注文した書籍が在庫にない場合には、トランザクションを使用してその注文を取り消すことはできない。

そうした場合には、顧客に説明し、返金する必要がある。言い換えれば、トランザクションコードと非トランザクションコードを組み合わせる必要がある。これらの条件下でシステムの一貫性を維持するには、トランザクションの枠を超えなければならない可能性がある。

[※1] 訳注:JMSとはJava Message Serviceの略。Javaでメッセージングサービスを利用するための標準APIを指す。JMSブローカーは、JMSでメッセージの一貫性や配信の信頼性を確保するために使用される、非同期メッセージの送受信の仲介を行うためのミドルウェア。

[※2] https://ja.wikipedia.org/wiki/2相コミット

7.3 トランザクションを超えていく

トランザクションを超える方法には、大きく分けて2つのアプローチがある。1つは、問題を再定義して必要な**保証**を減らすアプローチ。もう1つは、**補償（compensation）**を用いるアプローチだ[※3]。いずれのアプローチも複雑であり、他の多くの複雑なアプローチと同様に、必要な場合にのみ使用すべきだ。

▶7.3.1 アプローチ1：問題を再定義して必要な保証を減らす

ここでの狙いは、複雑な状況を解決する方法を見つけ出すことだ。たとえば、書店では、まず書籍を発送し、その後で代金を引き落とすことを選択できる。ロジックが失敗し、何が起こったのか判断できない場合は、損失を引き受け、顧客に請求しないこともできる。障害がまれな場合、高いスループットで分散トランザクションをサポートするシステムを構築するよりも、請求しないほうが安上がりであることは多い。このアプローチを取る場合は、可能な限り、不整合のコストをユーザーではなくシステム側が負担するようにすべきだ。

別の状況として、ユーザーが保証の弱さに伴う挙動の違いを区別できない、あるいは許容できる場合もある。たとえば、ソーシャルメディアサイトであれば、自分のアクティビティと、他の（自分のアクティビティに関連する）アクティビティをすべて確認できる限り、ユーザーは不整合を認識できない（これは「書き込んだ値の読み込み一貫性」と呼ばれる）。ユーザーの観点から一貫性を評価する場合、一貫性の必要性を緩和できる。これらのモデルのいくつかは「クライアント中心の一貫性モデル」[※4]として説明されている。

もう1つのシンプルなアイデアは、ページが古くなっていることをユーザーが判別できる場合に、ページを強制的に更新するためのボタンを提供することだ。もしくは、結果整合性やタイムアウトで十分な場合もある。その場合は、よ

※3 訳注：このアプローチは一般に補償トランザクションと呼ばれる。
※4 https://ja.wikipedia.org/wiki/一貫性モデル_(ソフトウェア)の「クライアント中心の一貫性モデル」の項を参照。

り弱い一貫性で妥協できる。たとえば、ヴェルナー・フォーゲルスのブログ記事「Eventually Consistent（結果整合性）」[※5]は良い出発点だ。

　ステークホルダーに対して、これらの前提条件を伝え、誰がコストを負担するかを決め、システムが提供する限定的な保証について合意することが重要だ。アーキテクトは、限定的な保証がステークホルダーやユーザーに驚きをもたらすのを避けなければいけない。むしろ、早い段階で限定的な保証について伝え、合意し、適切なUXデザインを通じてユーザーに適切な期待を設定する必要がある。

▶7.3.2　アプローチ2：補償を使う

　有名な記事「Starbucks Does Not Use Two-Phase Commit（スターバックスは2フェーズコミットをしない）」[※6]で説明されているように、現実の世界はトランザクションなしでも成り立っている。たとえば、スターバックスのバリスタはトランザクションの完了を待たない。代わりに、複数の顧客を同時に処理し、エラーが発生した場合は明示的に補償する。少し多くの作業をする覚悟があれば、あなたも同じことが行える。重要なアイデアは、アクションが失敗した場合に、それを補償できるということだ。

　トランザクションがするのも一種の補償であると理解しておくことは重要だ。補償は失敗する可能性があるため、複雑になる可能性がある。ただし、次に挙げる3つの条件が当てはまる場合は、限られた労力で補償を実装できる。これらの条件が当てはまらない場合は、補償は複雑になり、分散トランザクションを使用する必要がある。大抵のシステムは、これらの3つの条件を満たすように設計できる。それぞれについて詳しく見ていこう。

- **条件1**：個々の操作を検証できる。
- **条件2**：システムには、可変な値の読み取りに依存した書き込みや副作用がない。

※5　http://www.allthingsdistributed.com/2007/12/eventually_consistent.html
※6　https://www.enterpriseintegrationpatterns.com/ramblings/18_starbucks.html

● **条件3**：障害に対処できる、あるいは補償操作を行える。

条件1では、個々の操作が次の条件のどれかに当てはまれば検証できる。

● 操作がトランザクションとして実行される。ここでのトランザクションとは、分散トランザクションではなく、あるリソースの中で行われるローカルトランザクションを指している。
● 操作がべき等（idempotent）である。同じデータで操作を何度繰り返しても、追加の副作用は発生しない。たとえば、同じデータを使って発送サービスを複数回呼び出しても、発送サービスが1つの注文に対しては1回だけしか発送を行わなければ、その操作はべき等だ。これを実現するには、処理済みのリクエストを記憶し、重複を無視する実装になっている必要がある。
● API呼び出しで操作の状態を確認できる。たとえば、宅配便サービスから発送作業のステータスを確認できるようになっていて、何が起こったのか判断できない場合にこのAPIを呼び出せる。

条件2において、副作用とは、操作が何かを大きく変えることを意味する。たとえば、発送操作は顧客に何かを発送するという副作用がある。また別の例として、顧客への請求操作は、顧客から代金を受け取るという副作用がある。条件2を理解するために、読み取り依存の書き込みと操作について、次の例を考えてみよう。

```
count = readInventory(..)
If count > 0:
  writeToInventory(..)
  chargeCustomer(..)
  fulfilOrder(..)
  return ..
Else
  handOffToPartner(..)
  return ..
```

上記の例では、readInventory(..)で読み取ったアイテム数に、残りの操作が依存している。ここで、このコードを実行する2つのトランザクションが同時に発生し、どちらもアイテム数を読み取っているとする。最初のトランザクションが条件をチェックし、アイテム数を0に更新した場合、トランザクションの分離性を達成するために、データベースは2番目のトランザクションをロールバックしなければならない。

トランザクションの分離性を達成するため、データベースはトランザクション内で発生する読み取りと書き込みを追跡し、2つのトランザクションが競合する場合には、そのうちの1つのみをコミットする必要がある。しかし、トランザクションの助けを借りずにこの状況を処理するのは複雑だ。そのため、読み取りに依存する次の書き込みがある同様のケースでは、補償を使用するのは難しい。そうすると、データベースのかなりの部分を実装することになるからだ。

条件3は、補償的な行動を実行することが可能であると述べている。3つの条件がすべて満たされている場合、補償を使用できる。表7.1は、どのような場合に補償が使えるかをまとめたものだ。バッチ処理とは、可能であれば処理をまとめて1つのトランザクションとして実行することを意味する。

表7.1: 補償の使用

	副作用なしの操作のみ	副作用ありの操作がある
読み取り操作のみ	トランザクション不要	補償を使用する
書き込み操作のみ	バッチで実行するか補償を使用する	バッチで実行するか補償を使用する
書き込み操作は読み取り操作に依存しない	バッチで実行するか補償を使用する	バッチで実行するか補償を使用する
書き込み操作は読み取り操作に依存する	トランザクションが必要	トランザクションが必要

補償やバッチ操作を使用する場合、すべてのステップが確実に実行されるようにする必要がある。そのためには、データベースやメッセージキューを使用して、部分的なステップを記憶してから実行する。条件2が当てはまる場合は、補償時に一部の操作を繰り返しても問題ない。トランザクションが

必要な場合は、ワークフローを使用するのが最善の選択だ。

　この節では、補償を使用する際に満たす必要がある3つの条件と、それらの条件をどのように処理できるかについて説明した。パット・ヘランドの記事「Life Beyond Distributed Transactions An: apostate's opinion（分散トランザクションを超えた人生：背教徒の意見）」[※7]では、これらの手法について詳しく説明している。

▶7.4　ベストプラクティス

　トランザクションを扱う際に遵守すべきベストプラクティスをいくつか紹介する。

- 多くの分散アプリケーションは、ユーザーリクエストごとに1〜2回のサービス呼び出しを行う。この程度であれば、コーディネーション層は設けなくてもよいだろう。
- 可能な限り、保証は限定的にする。トランザクションを使わずに障害から適切に回復できないか確認しよう。動画ストリーミングサービスを例に考えると、決済にはトランザクションを使用する必要があるが、動画のストリーミングにはトランザクションは必要ない。オンライン書店の例でも同じことが言える。書誌情報の閲覧にトランザクションは必要ないだろう。
- 可能な限り、サービスの操作やAPI呼び出しをべき等にする。これにより、トランザクションのようなシナリオの実装が簡単になる。
- 可能な限り、トランザクションの範囲を限定する。できるなら、トランザクションの範囲を単一のサービス内に限定し、分散トランザクションを避ける。
- 可能な限り、データの読み取りと書き込みを同じサービス呼び出しにまとめる。たとえば、在庫の有無をチェックし、データベースで在庫を減らし、結果の値を返す操作を1つのオペレーションとして、コードを書き換える。この方法によって、在庫の読み取りに依存した書き込みがなくなる。

※7　https://queue.acm.org/detail.cfm?id=3025012

単一の要素だけでトランザクションマネージャーを利用することを標準とし、必要に応じて複雑なソリューションに移行するのが私のお勧めだ。

実例を通じてこれらのベストプラクティスを説明したい。ここではトランザクションを選択する例として、オンライン書店の設計における、いくつかの選択肢を検討しよう。ユーザーは書籍を検索し、選択した書籍をショッピングカートに追加したいと考えている。ユーザーが「購入」をクリックすると、書店側は在庫を確認し、ユーザーに料金を請求し、配送をスケジュールする必要がある。ショッピングカートはユーザーのブラウザに保存されているものとする。まず、書籍の検索は読み取り専用のデータのみを読み取るため、カタログはすべてのトランザクションから除外できる。設計の選択肢は次のとおりだ。

- **設計1**：在庫のチェック、ユーザーへの課金、配送のスケジューリングを1つのサービスにまとめる。そして、同じサービス呼び出し内のトランザクションを使用してすべてを処理する。ただし、この設計では、サービス間でデータベースを共有する必要があるため、マイクロサービス構成のベストプラクティスを破ることになる。
- **設計2**：在庫のチェックをreserveABook(..)関数とreturnABook(..)関数として実装する。これらの関数は、書籍の在庫を確認したり、冊数を増減させたりする。決済用の分散トランザクションの実行にはトランザクションマネージャーを使用する。
- **設計3**：ワークフローツールを使用してワークフローを実装する。トランザクションをサポートする機能の有無は問わない。トランザクション機能のサポートがない場合には、ツールに組み込まれた補償の機能を使用する。
- **設計4**：書籍を発送した後で料金を請求するようにし、処理が失敗した場合には損失を引き受け、顧客に請求しないこととする。あるいは、目視チェックを行い、手動で顧客に請求することもできる。
- **設計5**：システムをリカバリーする機能のないシンプルな逐次処理で実装するとともに、データベースにアクセスして未処理の注文とその状態を見つけてリカバリー処理を行うタスクを作成する。

トランザクション処理は遅く、しばしばボトルネックになる。しかし、上記からもわかるとおり、発想豊かな設計者には多くの選択肢がある。

▶7.5 意思決定における考慮事項

データストレージと一貫性についての意思決定は、アーキテクトにとって最も厄介なタスクの1つになる可能性がある。

よくある2つの誤りは、不必要にトランザクションを超えてしまうことと、不要なのにトランザクション保証を前提としたシステムを構築することだ。

私たちは通常、2つの考慮事項の間で板挟みになっている。

- トランザクションよりも複雑な仕組みは、多くの場合、データベースを使ったシンプルなシステムよりも高くつく(たとえば10倍)。
- データモデルを後で変更すると、UXにその影響が表れてしまうことが多いため、高くつくことが多い。APIやUXの変更は必ずしも可能ではないため、システムを書き換えても、この問題は解決できない。

したがって、ここで成功するための唯一のレシピはない。データストレージと一貫性に関する決定には判断力が求められる。

ACIDデータベースが私たちのニーズを満たせる場合でも、APIやUIを通じてACIDの保証をエンドユーザーに公開しないように注意する必要がある。後でこれらを変更するのは難しいためだ。

5つの質問と7つの原則を再度検討しよう。

- 質問1:市場投入に最適なタイミングはいつか?
- 質問2:チームのスキルレベルはどの程度か?
- 質問3:システムパフォーマンスの感度はどれくらいか?
- 質問4:システムを書き直せるのはいつか?
- 質問5:難しい問題はどこにあるか?

システムパフォーマンスが重要な要素である場合、データモデルはしばしば難しい問題を提起する。PoCを実施し、提案されたデータモデルがパフォーマンス要件を満たせるかどうかを検証する必要がある。経営陣は、パフォーマンス基準が維持されることを保証する最小限のプロセスを確立する必要がある。さらに、トランザクションを超えることは、チームに高いスキルレベルを要求する。

- 原則1：ユーザージャーニーからすべてを導く
- 原則2：イテレーティブなスライス戦略を用いる
- 原則3：各イテレーションでは、最小の労力で最大の価値を加え、より多くのユーザーをサポートする
- 原則4：決定を下し、リスクを負う
- 原則5：変更が難しいものは、深く設計し、ゆっくりと実装する
- 原則6：困難な問題に早期に並行して取り組むことで、エビデンスに学びながら未知の要素を排除する
- 原則7：ソフトウェアアーキテクチャの凝集性と柔軟性のトレードオフを理解する

　多くの場合は、最小限の保証のみを公開するAPIを持つ単一トランザクションベースのシンプルなシステムから始め、再設計のタイミングで設計を見直す。考えなしにマイクロサービスアーキテクチャを採用すると、複数のデータベース間で分散トランザクションを実行しなければならなくなる可能性がある。これは避けよう。マイクロサービスのベストプラクティスに反していても、シンプルな単一トランザクションベースのシステムは、多くの場合、実装が最も迅速で簡単だ。詳しくは第10章で説明する。

　クラウドを扱う場合は、遅延増加によって、データの一貫性を維持することに関する問題がより顕著になる可能性がある。これらのシナリオは徹底的にテストする必要がある。

　銀行業務のように、大規模かつ強力なデータの一貫性を維持することが重要な状況もある。これらのシナリオでトランザクションを機能させるには、専

門知識と特殊なハードウェアとソフトウェアのソリューションが必要となる。たとえば、専用ハードウェア上で適切に構成されたOracleシステムは高いパフォーマンスを発揮できるが、かなりの費用がかかる。

ACIDデータベースを超える必要があることはめったにない。疑わしい場合は、ACIDデータベースを選択しよう。時には、リスクを背負った決定を下す必要もあるかもしれない。

▶7.6 まとめ

この章の主要なポイントを以下にまとめる。

- トランザクションは、障害に対処する際の複雑さを軽減し、書かなければならないコードを減らしてくれる。
- トランザクションは通常データベースで使用されるが、JMSブローカー、サービス、ワークフローなど他のソースもトランザクションをサポートすることがある。
- 複数のトランザクションソースを含むトランザクションを分散トランザクションと呼ぶ。分散トランザクションは、トランザクションマネージャーを使用して実装する。
- トランザクションは遅く、分散トランザクションはさらに遅い。しかしながら、分散トランザクションを避ける方法はある。
- ほとんどのシステムでは、唯一のトランザクションソースとしてデータベースを持ち、トランザクションマネージャーを必要とする。
- パフォーマンスとスケールが要求される高度なシナリオでは、保証を極力小さくするように問題を再定義するか、または補償を使用することによって、トランザクションを回避できる。結果として得られるシステムは複雑になるため、これらの技術は必要な場合にのみ使用すべきだ。

第 8 章 | Macro Architecture:
Handling Security

マクロアーキテクチャ：
セキュリティへの対応

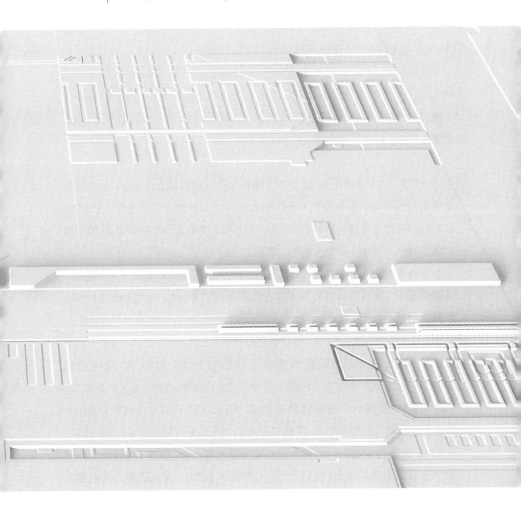

セキュリティには、システムの外部との通信点を保護し、ユーザーを管理し、許可されたユーザーのみがシステム、データ、組織の資産を操作できるよう保証することが含まれる。また、コストとリスクのバランスを取りながら、データやシステムが、法律もしくは組織が自主的に定めたルールや規則に従って確実に取り扱われるようにすることも含まれる。

セキュリティは、広範で専門的な分野だ。アーキテクチャ全体におけるセキュリティの役割とそれに伴うトレードオフを完全に理解するには多くの場合、セキュリティアーキテクトの協力が必要になる。この章での議論には2つの目的がある。1つ目は、アーキテクチャ全体におけるセキュリティの位置付けとトレードオフを理解すること。2つ目は、どのような場合にセキュリティの専門家の協力を得るべきかを理解することだ。

セキュリティに関するほとんどの側面は、ゼロから実装することも、ミドルウェアやクラウドサービスを使用して実装することもできる。しかし、設計の他の部分と異なり、特別な状況を除いてセキュリティ構成をゼロから実装することはお勧めしない。その理由は次のとおりだ。

- **セキュリティはリスクが高く、ミスの許される余地はほとんどない。独自のセキュリティシステムを実装することは、システムが非常に小さなメモリフットプリント（たとえば、10MB以下）を必要とするような特別な事情がない限り、自らトラブルを招くもとになる。**
- **シンプルなユースケースだとしても、パスワード管理、パスワードの回復、多要素認証、異常なログの検出などの処理が求められ、終わりのない新しい要求が続くことになる。**
- **セキュリティ要件は、ミドルウェアまたはクラウドサービスプロバイダーにアウトソーシングするのが最適だ。対処すべきことが多いため、ゼロから始めようとすると、多大な労力と時間を費やすことになり、結局うまくいかない。**
- **セキュリティ要件への対処は基本的に、OpenID ConnectやOAuthのような標準に基づくため、実装のためのツールを採用しやすい。同時に、システムを実行する際に仕様を適切に実装しないと、他のシステムとの統合や連携が困難になる。仕様を正しく実装するには、多くの労力を必要と**

することが多い。
- 比較的安価なクラウドセキュリティソリューションがある。
- セッション開始時にユーザーがログインすると、ユーザー情報は何時間か保持しておける。認証はセッションに対して一度だけ行われるため、注意深く実装すれば、クラウドプロバイダーによって誘発されるネットワークレイテンシーは、管理可能なことが多い。

セキュリティをどのように保証するかも連続的なスペクトラムとして捉えられる。たとえば、オープンソースのライブラリを使用して必要なソリューションを構築することを選択できるが、この選択は最もコストと労力がかかる。一方で、より高い柔軟性を提供するクラウドサービスを利用することもできる。この章では、次のようなセキュリティのトピックについて説明する。

- ユーザー管理
- 相互作用のセキュリティ（認可を含む）
- ストレージ、GDPR、その他の規制
- セキュリティ戦略とアドバイス

8.1 ユーザー管理

ユーザー管理は、アイデンティティと認証に関する処理を行う。まず行うのが、アイデンティティとそれに結びついたクレデンシャルの作成、保存、管理だ。そして、認証ではリクエストを検証し、主張されたアイデンティティから送信されていることを確認する。では、ユーザーを管理する際に、システムに必要な一般的なユースケースを見てみよう。

アイデンティティの処理は、しばしばシンプルな設定として始まる。Tomcatのユーザーファイル（tomcat-users.xml）がその好例だ。より高度な実装では、アイデンティティを格納するためにデータベースやLDAP（Lightweight Directory Access Protocol）を使用する。LDAPの実装にはActive Directoryなど

がある。IAM（アイデンティティとアクセス管理）製品を使用することもできる。アイデンティティやクレデンシャルとそれらに結びついたデータは、組織にとって重大なリスクであり、漏洩すると金銭的にも評判の面でも高くつく可能性がある。

さらに、ユーザーが複数のアイデンティティを持つことは、リスクを増大させるだけでなく、混乱、ミス、劣悪なUXにつながることが多い。したがって、セキュリティアーキテクチャでは、すべてのシステムが単一のLDAP/IDサーバーを参照するかIDフェデレーションを行うことで、ユーザーが複数のアイデンティティを持つのをできる限り避けるようにする。

これらの注意点に加えて、ユーザー管理と認証には、次に挙げるようなさまざまなフィーチャーが必要となる。

ユーザー登録とオンボーディング
プロファイルとクレデンシャルの設定、新しいユーザーやゲストのシステムへの招待などが含まれる。これには、マネージャーの承認などのカスタムワークフローのサポートも含まれることがある。

ユーザー認証方法
パスワード、メールやトークン生成器を介して共有されるトークン、SMS、郵便物、モバイルアプリ、指紋や音声認識などの生体認証が含まれる。特定のデプロイでは、これらの方法の1つ以上を使用したり、信頼レベルに基づいてそれらを適用したりできる。

ユーザーログイン
GoogleやFacebookなどの大手インターネットサービスプロバイダーのアカウントを使用することで、ユーザーが自分のアイデンティティを再利用できる。ユーザーは新しいアカウントの詳細を覚える必要がなく、システムはクレデンシャルを保存および処理する必要がないため、これはユーザーにもシステムにも利益がある。

ユーザーフェデレーション
組織は、他の組織のユーザーが自身のクレデンシャルを使用してログインできるようにすることが多い。これは**フェデレーション**と呼ばれる。多

くの組織には異なるシステムがあり、ユーザーが一度ログインすると、再度ログインせずにそれらのシステムのいずれかを使用できるようにする。これは**シングルサインオン（SSO）** と呼ばれる。

不測の事態向けのフィーチャー

ユーザーは、プロファイルの更新、パスワードの回復、およびユースケースから生じるその他の不測の事態向けの機能が必要になる場合もある。

セキュリティシステムは、ユーザーがいつログインしたか、そして多くの場合、ユーザーが何をしたかを完全に把握している。そのため、セキュリティシステムは、ユーザーアクティビティを含めたユーザープロファイルを構築するのに最適な場所だ。ユーザープロファイルは、マーケティングや販売、カスタマーサポートなどに役立つ可能性がある。たとえば、ユーザープロファイルには次のものが含まれる。

- 監査ログとサポート調査
- **SSH鍵、パスワード、その他の認証方法を含むユーザークレデンシャル**

ユーザー管理は分散型IDのような新しいコンセプトとともに発展しているため、そうした新しいコンセプトが将来のユースケース向けの要件になる可能性がある。多くのシステムが連携している中規模および大規模の組織では、従業員のオンボーディングやライフサイクル管理が複雑になる可能性がある。これには、アカウントのプロビジョニングやシステムをまたいだアカウント周りのプロセスの管理が含まれる。構築しているシステムと組織の規模に応じて、必要なフィーチャーのサブセットは異なるかもしれない。これらは、明らかにゼロから構築するには複雑すぎるだろう（セキュリティ製品を構築している場合を除く）。

理解が必要な次の側面は、すべてのユーザーが平等に扱われるわけではないということだ。組織は通常、4種類のユーザーを扱う。

- **Webサイトやプロダクトを匿名で訪問する一般ユーザー**

- 組織のサービスを利用する登録ユーザーまたは顧客
- 内部ユーザーまたは従業員
- スーパーユーザーおよび特権ユーザー

　ユースケースはそれぞれ、ユーザーのサブセットに焦点を当てている。要件は、ユーザーの種類によって大きく異なる。たとえば、ユーザーが顧客である場合、焦点はスケールと使いやすさにあり、ユーザーが従業員である場合、ユースケースには複雑な認可モデル、監査、権限管理が必要になる場合がある。

　当初、ユーザー管理の市場はIAM市場と呼ばれていた。しかし、IAMに求められるフィーチャーの範囲が広すぎることが明らかとなり、ここ数年で市場の異なるサブセットに焦点を当てるさまざまなベンダーが登場してきた結果、IAM市場は3つに分割された。

- CIAM(顧客IAM)は顧客に焦点を当てている。
- IAMは従業員に焦点を当てている。
- PAM(特権アクセス管理)はシステム管理者に焦点を当てている。

　市場が分かれたことで、それぞれの市場のプロダクトの奥行きはさらに増した。セキュリティに対処するには複数のプロダクトを統合する必要があるため、そうした奥行きの深さがアーキテクトの仕事をより複雑なものにしている。システムがシンプルでユーザー管理だけが必要な場合は、LDAP（Active Directoryなど）に直接接続してユーザーを管理できる。追加フィーチャーが必要な場合は、IAM製品を使用する必要があるかもしれない。

▶8.2　相互作用のセキュリティ

　セキュリティの最初のステップは、基本を正しく設定することだ。これは、証明書を設定すること、更新するためのリマインダーを設定すること、それに加

えて、ブラウザーで実行されるWebサイトであろうとモバイルアプリであろうと、提供するシステムと顧客とのやり取りにTLSを使用することを意味する。現代のプログラミング言語の多くは他システムと通信する際のTLSをサポートしているので、私たちはそうした言語を使用する必要がある。

　ユーザー認証を考える際は、複数の登録ユーザーを持つ相互作用かそうでない相互作用かを考慮する必要がある。オンライン書店の例であれば、各ユーザーはアカウントを作成し、その後書店を利用する。これは、複数の登録ユーザーとの相互作用になる。一方で、アカウントを作成せずに利用できるモバイルアプリやWebページの利用は、複数の登録ユーザーを持たない相互作用になる。登録ユーザーが1人に限定されるアプリケーションは、アカウントを作成せずに利用できるアプリケーションと似たような振る舞いをする点に、注意が必要だ。

　この章では、複数の登録ユーザーを持つアプリケーションとシナリオを**マルチユーザーアプリケーション**と呼び、それ以外を**非マルチユーザーアプリケーション**と呼ぶ。非マルチユーザーアプリケーションの例としては、天気アプリケーションのような匿名で利用できるモバイルアプリや、システムのクライアントが他のシステムである場合などがある。非マルチユーザーアプリケーションを扱う場合、いくつかの選択肢がある。

- API管理ソリューションを使用する。API管理により、チーム外のユーザーにサービスを安全に公開できる。APIをサービスとして公開した後、クライアントがTLSを使用してAPI呼び出しを安全に行うために使用できるAPIキーが得られる。
- 相互TLSを使用する。TLSクライアントもSSL/TLS証明書を提供し、その証明書が信頼されている場合にのみ接続する。
- クラウドプロバイダーを使用する。これらのプロバイダーは、Googleのサービスアカウント[1]のような、自動化関連のタスクを目的とした特別な種類のアカウントも提供している。

※1　https://cloud.google.com/iam/docs/understanding-service-accounts

マルチユーザーアプリケーションとそれに関連する相互作用の形式として、図8.1は関連するさまざまなセキュリティロールを示している。これらの役割は1つのアプリケーションにまとまっていることも、複数のサービスに分散することもある。この設定を理解することで、議論ははるかに容易になる。

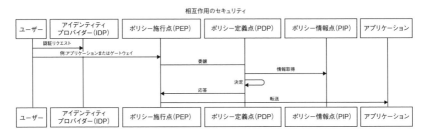

図8.1: マルチユーザーによる相互作用のためのセキュリティロール

アイデンティティプロバイダー（Identity Provider：IDP）はユーザー管理と認証を提供する。ユーザーがアプリケーションを呼び出すと、ポリシー施行点（Policy Enforcement Point：PEP）が呼び出しを傍受し、ポリシー定義点（Policy Decision Point：PDP）を呼び出して認可判断を行う。PEPとPDPを分離することで、専門的な認可ロジック評価が可能になる。PDPはしばしばより多くの情報を必要とし、ポリシー情報点（Policy Information Point：PIP）を呼び出すことでそれを取得する場合がある。IDPがPIPの役割を果たすこともある。また、IDPが発行した認証済みトークンにすべての必要な情報が含まれ、PIPが不要な場合もある。

次の2つの項では、マルチユーザーによる相互作用で使用される認証と認可の手法について説明する。説明の中で、図8.1で説明した役割に頻繁に言及する。

▶8.2.1　認証の手法

　認証はマルチユーザーアプリケーションの相互作用にだけ適用される。最も単純な手法は、HTTP Basic認証だ。アプリケーションはブラウザにユーザー名とパスワードの入力を求め、ユーザーはリクエストとともに認証情報をサーバーに送信する。ユーザーが認証されると、システムは認証セッションを記憶し、同じセッション内の他のリクエストは再認証を求められることなく許可される。パスワードの入力プロンプトの代わりに、ほとんどのシステムでは、埋め込みHTMLフォームを使用するか、最初の（ホーム）ページから専用の認証フォームにユーザーを転送する。残りの認証フローは前述と同様に機能する。

　推奨される認証フローでは、パスワードを決してサーバーに送信しない。むしろ、クライアントは、サーバーから送られたランダムなチャレンジ文字列を暗号化してそれを送り返すことで、パスワードやセキュリティ鍵を持っていることを証明する。暗号化されたチャレンジをサーバー側で復号して再現できれば、サーバーはクライアントが正しい鍵（共有鍵や公開鍵・秘密鍵のペアなど）を持っていると判断する。

　このアーキテクチャでも、SQLインジェクションや**クロスサイトリクエストフォージェリ（CSRF）**などの多くの攻撃が発生する可能性があるものの、それはこの章の範囲外であるため、そうした攻撃についてここでは説明しない（詳細を知りたければ、解説している多くのWebサイトが存在する）。

　以前の古いアーキテクチャでは、リクエストを受け取ったときにデータベース、LDAP、またはIDサーバーを呼び出すことでサービスが認証される。この場合には、データベース、IDサーバーなどがIDPの役割を果たしている。現代的なアーキテクチャでは、サム・ニューマンの著書『マイクロサービスアーキテクチャ』（オライリージャパン）[9]で説明されているような、IDサーバーとOAuthなどのトークンベースのアプローチを使用するのが一般的だ。図8.2に、このアプローチの例を示す。

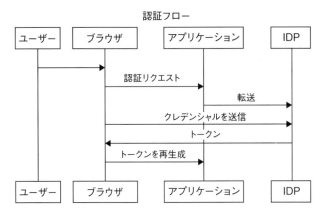

図8.2: トークンベースの認証アプローチ

　トークンベースのアプローチでは、ユーザーがWebサイトやモバイルアプリにアクセスすると、システムはそれをIDPへリダイレクトする。クライアントは自身のクレデンシャルをIDPに送り、IDPはそれらを認証する。その後、IDPからSAMLまたはOpenID Connectで署名されたロールが記述されたトークンが戻ってくると、システムはトークンを検証し、トークンに記述されているユーザーのロールに基づいて呼び出しを認可する。

　このモデルはアプリケーションに認可の機能を加える。たとえば、このモデルで同じリクエストをした場合でも、publisherのロールを持つユーザーとadminのロールを持つユーザーでは権限が異なるため、異なる結果が表示される可能性がある。ほとんどのIAMプロバイダーはこのアーキテクチャをサポートしている。このトピックは次の項で詳しく説明する。

　取得したトークンはセッション全体で再利用できるため、認証はセッションごとに1回だけ行えばよく、認証のための追加の呼び出しのオーバーヘッドも小さい。このアプローチにより、クラウドベースのIAMソリューションを広く使用できるようになる。

▶8.2.2　認可の手法

　認可は、相互作用にユーザーが含まれる場合にのみ適用される。認可が

機能するには、ユーザーがいつ許可されるか、どのようなアクションを実行できるかを、システム管理者がシステムに指示する必要がある。たとえば、システム管理者は、adminグループのユーザーにユーザーを削除する権限を与えるようシステムに要求できる。そのため、認可にはいくつかの決定が必要となる。

- 認可ロジックをどのように表現するか？
- ロジックをどこに配置するか？

では、認可ロジックについて説明しよう。認可ロジックは2種類のクエリをサポートする必要がある。1つ目は、ユーザー、リソース、アクションが与えられると、そのユーザーがそのリソースに対してそのアクションを実行できるかを返すクエリ。2つ目は、ユーザーが与えられると、そのユーザーが利用できるすべてのリソースと、そのユーザーが実行できるすべてのアクションを返すクエリだ。後者は、適切なUXを構築するのに必要なクエリだ。リソースをユーザーに表示しておきながら、そのリソースへのアクセスを拒否するというのは、不快なUXにつながるからだ。もし、このトピックに興味があれば、サム・スコットの記事「Why Authorization Is Hard（認可はなぜ厳しいのか）」[※2]を参照してほしい。

自分で実装すれば、どんなロジックでも表現できる。ただし、その場合には認可を変更するために開発者がコードを変更しなければならない。さらに、開発者は、権限モデルも毎回、変更が必要になるたびに作り直す必要がある。このアプローチでリソース一覧取得クエリをサポートするには、骨の折れる作業が必要であり、同期を取り続けるのも簡単ではない。

認可の次のレベルには、**アクセス制御リスト（Access Control Lists: ACL）**がある。ACLは通常データベースに保存される。データベースのレコードは、システム内で誰がどのような操作を行えるかを特定する。幸運なことに、ACLはリソース一覧取得クエリをサポートできる。しかし、個々のユーザー権限を指定するのは面倒で、ユーザーが多数いる場合は管理が難しく

※2 https://www.osohq.com/post/why-authorization-is-hard

なる。

　最も広く使用されている認可モデルは、**ロールベースのアクセス制御（Role-Based Access Control:RBAC）**と呼ばれるものだ。このモデルには、ユーザー、グループ、権限、およびロールが含まれる。図8.3に示すように、グループはユーザーの集まりで、権限はシステム内でユーザーができることであり、ロールは権限の集まりだ。認可は、グループとロールの間のマッピングとしてのみ定義される。

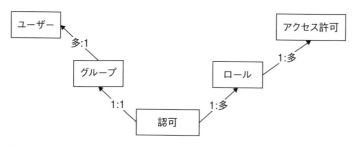

図8.3: ロールベースのアクセス制御（RBAC）認可モデル

　たとえば、書店の例で、書店の管理者が商品の追加や削除を行えるようにしたいとする。このユースケースをサポートするために、書店管理者ロールを定義し、そのロールで許可されるリソースとアクションを列挙する。次に、管理者ユーザーグループを定義し、そのグループのユーザーに書店の管理アクションを実行する権限を与える。

　ACLとは異なり、RBACでは、新しいユーザーが追加されるたびにルールを追加する必要はない。通常、IDPはユーザーとグループを保持し、アプリケーションまたはシステムの認可箇所は、権限、ロール、およびグループとロールの間のマッピングを保持する。

　RBACもリソース一覧取得クエリをサポートできる。IAM、CIAM、PAMといったほとんどのIAM製品（詳細については前述の「8.1 ユーザー管理」節を参照）はRBACをサポートしており、ユーザー、グループ、ロール、権限の上に単純な認可モデルを持てるようになっている。たとえば、Azureのモデルに

は、コンシューマーやコントリビューター、管理者などが初期グループとして用意されている。さらに、同じモデルを使用するか、必要に応じて拡張または新しいモデルを作成できる。私の推奨は、可能な限り、同じモデルを使用することだ。

RBACにも制限がある。たとえば、各アイテムの所有者がそのアイテム（書店の本など）を編集または削除できるかどうかを簡単に判断する方法はない。

高度なクエリをサポートするRBACの拡張形式は、**関係ベースアクセス制御（ReBAC）** と呼ばれる[※3]。GoogleのZanzibarは、これらのアイデアを使用して構築された包括的な認可モデルであり、そのオープンソース実装はhttps://github.com/ory/ketoなどで見つけられる。

ReBACは、ほとんどのIAMプロバイダーではまだ広くサポートされていない。大抵のユースケースはRBACで十分だろうが、より複雑な認可モデルを使用することも可能だ。次に、そうした複雑な認可モデルを2つ見ていこう。

複雑な認可モデル

まず、属性ベースの認可について見てみよう。認可はユーザーの属性に基づいたルールとして定義される。たとえば、ある銀行のルールでは、ユーザーが18歳以上の場合にのみ普通預金口座を開設できると規定されているかもしれない。多くの場合、IDPは属性を表明するトークンを提供し、アプリケーションはそのトークンを使用して認証を行う。この場合、リソース一覧取得クエリをどのようにサポートするかは明確ではない。

さらに、完全にトークンベースのアプローチを使用することも可能だ。このアプローチでは、ユーザーが何をできるかを説明するトークンを発行し、ユーザーはシステムとやり取りしたいときにそれらのトークンを送り返す。このモデルの主な利点は、分散型であることだ。信頼できるIDPによって発行されたトークンによって、多様で強固なセキュリティ環境を実現できる。ただし、トークンベースのアプローチにはいくつかの課題がある。

このアプローチでは、ユーザーはこれらのトークンを保存して管理する必要があるが、ユーザーの観点からすると、これはより困難だ。ユーザーがうっ

※3 https://en.wikipedia.org/wiki/Relationship-based_access_control

かり(または悪意に晒されて)それらのトークンを部外者に渡してしまう可能性がある。権限の取り消しも複雑だ。そして、リソース一覧取得クエリをサポートすることも難しい。

こうした複雑な認可モデルは、XACML(Extensible Access Control Markup Language)やOPA(Open Policy Agent)を使用して実装されるが、これらのモデルを適用する場合は、セキュリティアーキテクトの助けを求めるべきだ。次に、認可ロジックをどこに配置するかに焦点を当てよう。

認証と認可の結合？

認可(PEP、PDP、PIP)は、認証と一緒にアプリケーションに組み込むことも、分離しておくことも可能だ。しかし、認証と認可を結合することは、それぞれに関連するコードが開発の異なる段階で異なる開発者によって書かれるため、例外を除いて悪いアイデアであることが多い。

それぞれの役割を考慮すると、PEPはアプリケーションそのものか、アプリケーションの前面にあるゲートウェイやHTTPフィルターなどのコードとなる。PEPは必要な情報を抽出し、PDPを呼び出す。PDPは認可モデルだ。たとえば、Keto Zanzibarを使用する場合には、Keto ZanzibarがPDPになる。あるいは、PDPをカスタムサービスとして実装することも可能だ。私のお勧めは、PDPを分離しておくことだ。

トークンにすべての情報が含まれていれば、PIPは不要だ。そうでない場合は、データベースやIAMサーバーがその役割を果たすかもしれない。次の項では、これらのアイデアを組み合わせて、一般的な相互作用のセキュリティをどのように実装できるかを説明する。

▶ 8.2.3　相互作用のセキュリティを確保するための一般的なシナリオ

アプリケーションを構築する際、セキュリティシナリオは主に2つの考慮事項に基づいて決定される。その考慮事項とは、クライアントコードが信頼できる環境で実行されているかと、アプリケーションやシステムにユーザーが含ま

れているかだ。信頼できる環境の例には、セキュアなシステムからのAPI呼び出しがある。信頼できない環境の例には、エンドユーザーがアプリケーションからクレデンシャルを抽出可能なモバイルアプリやWebページがある。これにより、4つのケースに分類される次のシナリオが導かれる。

表8.1は、信頼できる環境と信頼できない環境を、非マルチユーザーアプリケーションとマルチユーザーアプリケーションで比較したものだ。表の各セルは、その特定の状況で使用できる手法について説明している。たとえば、マルチユーザーのケースで、クライアントが信頼できない環境にある場合、BFF（Backend For Frontend）ベースのアーキテクチャを使用できる。BFFは、しばしばフロントエンドのためのバックエンド、またはセキュアバックエンドと呼ばれる。

表8.1: さまざまな状況におけるアプリケーションのセキュリティシナリオ

	非マルチユーザーアプリケーション	マルチユーザーアプリケーション
信頼できる環境でのクライアント	ケース1:APIキー、相互TLS認証、サービスアカウント	ケース2:APIキー、相互TLS認証、ユーザートークン
信頼できない環境でのクライアント	ケース3:ユーザーが匿名	ケース4:BFFありかBFFなしのユーザートークン

ケース1：信頼できるシステムが非マルチユーザーアプリケーションにAPI呼び出しを行う

データセンターで実行されているアプリケーションからOpenAI APIを呼び出すなどのケースが、このユースケースの例にあたる。クライアントが信頼でき、クレデンシャルが漏洩するリスクがない場合、次のアプローチを使用できる。

- APIキーのTLS通信での使用（通常、ユーザーはWebページにログインしてAPIキーを取得する。たとえばAPIマネージャー用の開発者ポータル、Google、Amazonなど）
- 相互TLS認証
- APIがサポートしている場合はサービスアカウント

ケース2：信頼できるシステムがマルチユーザーアプリケーションにAPI呼び出しを行う

APIを呼び出すサーバーサイドのWebアプリケーション（たとえばJSPやPHPベース）などが、このユースケースの例にあたる。このケースを実装するには、次のようないくつかの方法がある。

- APIキーをTLS通信で使用し、APIキーからユーザーを特定する。
- 相互TLS認証を使用し、TLS/SSL証明書からユーザーを特定する。
- TLS通信を使用し、IAMシステムが発行したユーザートークンをリクエストに付けて送信する。

ケース3：信頼できないシステムの非マルチユーザーアプリケーション

このケースの例には、登録ユーザーを持たないモバイルアプリ（天気予報モバイルアプリなど）がある。このケースでは、次に説明するケース4のようにトークンを送信するためにシステムに登録されたユーザーは存在しない。クライアント（モバイルアプリ）は信頼されていないため、クレデンシャルは渡せない。したがって、ユーザーは匿名となる。権限ベースのチェックは提供できず、何らかの形でユーザーを絞ることで不正な使用に対処する必要がある。

ケース4：信頼できないシステムのマルチユーザーアプリケーション

エンドユーザーがアカウントを作成してログインすることをサポートするシングルページアプリケーション（SPA）やモバイルアプリケーションがこのケースに含まれる。信頼できないクライアントでは、クライアント側に渡されたクレデンシャルは、ユーザーによって抽出され、攻撃に使用される可能性がある。

たとえば、書店用のモバイルアプリを作成しているとしよう。モバイルアプリのユーザーは、モバイルアプリに入力したAPIキーやクレデンシャルを抽出できる。したがって、システム側はユーザーがすでに知っているものでユーザーを認証するか、モバイルアプリの外にクレデンシャルを置かなければならない。前者はBFFを使わずにユーザートークンを渡すことで実現できる。後者は、ユーザーがAPI呼び出しを行うBFFを使用して実現できる。それぞれの

選択肢を見てみよう。

選択肢4-1:セキュアバックエンド(BFF)を使用

　セキュアバックエンドを作成するアプローチには、次の2つがある。1つは、モバイルアプリやWebアプリで使用できる、その目的のためだけのAPI(BFF)を作成することだ。もう1つは、サーバーサイドのテクノロジー(JSP、PHPなど)を使用してWebサイトを生成し、サーバーサイドをBFFとして使用する方法だ。ただし、このアプローチはWebアプリでのみ機能する。

　図8.4は、BFFを使用してセキュリティがどのように処理されるかを示している。図では、ボブのトークンをBFFに渡し、トークンの有効性を検証してユーザーを認証する。BFFからAPIを呼び出すために、バックエンドAPIが要求するものに基づいて、APIキー、ボブのトークン、または交換されたトークンのいずれかを使用できる。

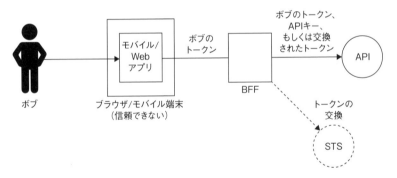

図8.4: BFF(フロントエンドのためのバックエンド、またはセキュアバックエンド)によるセキュリティ設定

　セキュリティトークンサービス(STS)の概念を理解することは重要だ。IAMシステムが発行したトークンを理解できないAPIと通信する場合に利用するのがSTSだ。そうした場合には、IAMシステムが発行したトークンを対象のAPIが受け入れるトークンに交換するために、STSを利用する。

　たとえば、Google Map APIと通信する際、Google Map APIはおそらく私たちのIAMが発行したトークンを受け入れないだろう。このような場合に、

STSは代わりにGoogleが理解するトークンを発行する。アーキテクチャ的には、STSはトークン発行コードを1箇所に保持し、システムのさまざまな箇所に分散するのを避ける。ほとんどのIAMベンダーはSTSをサポートしている。ただし、STSを設定して正しく構成するには、セキュリティアーキテクトの助けが必要となる。

選択肢4-2:セキュアバックエンド（BFF）なし

アプリケーションで使用されるAPIがユーザーをサポートし、認識している場合にのみ、アプリケーションはセキュアバックエンドなしでも動作可能だ。図8.5は、アプリケーションがユーザーにログインを促す様子を示している。ログイン後、バックエンドAPIにユーザートークンを含める必要があるが、これはTLS通信を介して行われる。このアプローチは、バックエンドAPIがフロントエンドと同じユーザーとグループをサポートしている場合のみ可能だ。

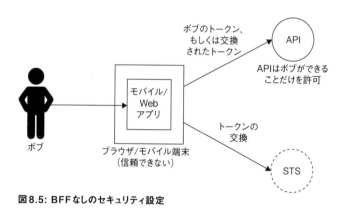

図8.5: BFFなしのセキュリティ設定

バックエンドAPIが同じユーザーをサポートしていない場合、アプリケーションは「選択肢4-1:セキュアバックエンド（BFF）を使用」で説明したように、セキュリティトークンサービスを使用してユーザートークンをバックエンドがサポートするトークンと交換する必要がある。この複雑なケースでは、セキュリティアーキテクトの助けが必要となる。

どちらの選択肢においても、セキュリティトークンサービスまたはバックエン

ドAPIは認可をチェックする必要がある。推奨されるアプローチは、図8.1に示すように、別のPDPを使用することだ。

8.3 ストレージ、GDPR、その他の規制

ディスクに長期間保存されたデータは、組織に多くの課題をもたらす。ディスクは「濃縮された」データを長期間保持するため、そのデータに関連するリスクははるかに高くなる。例をいくつか見てみよう。

保存されているデータは、攻撃のターゲットになることが多い。それに屈してデータを失うと、組織の評判を落とすことになる。たとえば、漏洩したデータに機密性の高いユーザープロファイルやクレジットカード情報などが含まれていた場合、その被害は、直接的な金銭的損失にとどまらず、甚大なものとなる。

重大なリスク要因は従業員だ。従業員は、機密データを誤用したり、不注意に職場外で共有したりする可能性がある。従業員が使用するデータの監査や管理は複雑だ。セキュリティガイドラインが緩い組織のパートナーが意図的にデータを悪用したせいで、情報漏洩が起こる可能もある（FacebookとCambridge Analyticaによる事例など）。

多くの組織は、より広範な観客にサービスを提供している。米国、欧州、その他いくつかの国では、長期間保存される顧客データに関する規制がある。今後、より多くの国が類似の規制を採用する可能性がある。したがって、現在こうした規制の対象となっていない場合でも、EU一般データ保護規則（General Data Protection Regulation：GDPR）のような規制を念頭に置いてシステムを設計するのは良い習慣だろう。GDPRや改正欧州決済サービス指令（Payment Services Directive 2：PSD2）などの規制は、対象となるデータの保持に暗黙の義務が伴うことを主張している。たとえば次のとおり。

- GDPRは、社会保障番号、住所、電子メールアドレス、電話番号などの個人識別情報（Personally Identifiable Information：PII）を保

護し、要求に応じて削除することを、組織に義務付けている。
- PSD2は、データをAPIとして公開することを銀行に義務付けている。
- 米国の医療規制は、APIを介してデータを共有することを組織に義務付けている。

さらに、情報に関する法律や法執行機関は、組織にデータの共有を要求する場合がある。また、複数の管轄区域のユーザーをサポートする場合、各個人グループの権利を保護するために、対応する管轄区域にデータを保持しなければならない可能性もある。

セキュリティの観点からは、データをできるだけ保持しないことが最善だ。しかし、データは大きな競争優位の源泉になりうるため、興味深いジレンマが生まれる。さらに、5〜10年後にどのデータに価値があり、どのデータに価値がないかを推測するのは容易ではないため、保持するデータを選び出すのは困難だ。次に示すのは、データを扱う際のベストプラクティスの一部だ。

まず、どのデータが高リスクかを決定する。それには、データの種類を詳細に監査し、その用途を洗い出す必要がある。次に、機密データを分離し、暗号化された方法で安全に保存する。たとえば、ほとんどの分析と機械学習のユースケースでは、ユーザーが誰かを正確に知る必要はないため、データをUUIDに紐付けて保存することで、PIIを保持する必要性を回避できる。このアプローチにより、PIIデータを削除でき、システムはユーザーを匿名ユーザーとみなしてそのまま機能し続けられる。さらに、PIIを他の機密データから分離することで、GDPRクエリに簡単に対応できるようになる。

ベストプラクティスは、すべての機密データ（システムやアクティビティのログ、監査、トランザクションなど）をUUIDに紐付けて保存し、PIIはIAMシステムにのみ保持することだ。このアプローチにより、PIIの保存先をIAMに限定し、何重ものセキュリティで保護できる。場合によっては、PIIを非PIIに変換することも可能だ。たとえば、IPアドレスの最後の数ビットを削除したり、IPアドレスの代わりに国名や組織名を保存したりできるだろう。

PIIが必要で保持しなければならない場合には、独立した保管領域に保管すべきだ。そして、データベースがクラッキングされた場合にも漏洩を防げる

よう、暗号化して保護すべきだ。復号キーは、決してプレーンテキストのファイルに保管すべきではない。代わりに、復号パスワードを取得するためのサービス呼び出しを行おう。

　PIIが返されない場合でも、検索がデータを漏洩させる可能性がある。個人ユーザーを特定するのに状況証拠だけでも十分な場合があり、プライバシーを侵害する可能性がある。たとえば、ある地域に70歳以上の人が1人しかいない場合、匿名化された医療レポートの検索によって、いくつかのレポートの所有者を推測できてしまう可能性がある。HIPAA（医療保険の相互運用性と説明責任に関する法律）などの規制は、このトピックを扱っている。

　第三に、データにアクセスできる者とその理由を定義し、アクセスを管理するプロセスを設定し、そのプロセスを監査する。前述のように、PIIへのアクセスは慎重に保護する必要がある。もう1つのベストプラクティスは、データをクラウドまたはデータセンターに保持し、ユーザーに（たとえばPythonのJupyter[IPython] Notebookを使って）リモートでデータ作業をさせる一方、データをシステムから持ち出すことを困難にすることである。このアプローチは、ミスと計画的な攻撃の両方を大幅に減らすのに役立つ。

　組織がパートナーとデータを共有または統合したい場合もあるだろう。Cambridge Analyticaのケースで説明したように、パートナーのセキュリティ要件が緩い場合や、パートナーがデータを悪用する可能性さえある。組織がパートナーやツールにデータへのアクセスを許可する場合、それらのエンティティも同じレベルのセキュリティ対策を維持できることを確認する必要がある。パートナーやツールとデータを直接共有するのではなく、管理された方法でデータを共有するAPIを公開することもできるだろう。

　残念ながら、APIといくつかの実験的な手法（この後ですぐに説明する）以外では、テクノロジーはデータ共有の問題の解決にあまり役立たない。多くの場合、この問題は法的な合意とプロセスを通じて処理される。

　この節で挙げた推奨事項は、必ずしも網羅的ではない。ドメイン固有の規制も存在する（医療データ用のHIPAAなど）。すべての要件を特定し、それに応じて対応できるよう、その領域に精通したセキュリティコンサルタントに相談し、対処する必要がある。

8.4 セキュリティ戦略とアドバイス

　この節では、セキュリティアーキテクチャの戦略的考慮事項をいくつか示す。前述のとおり、セキュリティ設計ではエラーが許容される余地は狭いため、ナイーブまたはシンプルな設計から始めて徐々に改善するのはお勧めできない。代わりに、IAMまたはCIAM製品を採用し、それらの製品の上にアーキテクチャを構築することをお勧めする。

　データを分析し、インサイトを抽出する能力は、主要な競争優位性だ。そのため、組織は、従業員が必要に応じて実験を実行できるようにし、あまり面倒な手続きを要求すべきではない。アイデアを試すのに多くの書類作成と何週間もの待ち時間が必要な場合、多くの良いアイデアはまったく試されない可能性がある。セキュリティリスクと、プロセスを通じて摩擦を増やすコストとの間でバランスを取る必要がある。これは技術リーダーの責任だ。

　IAMまたはCIAMシステムは、不可能ではないが、置き換えが難しい場合がある。したがって、システムを選択する前に、現在および将来の要件を慎重に検討する必要がある。設計では、必要に応じて別のIAMまたはCIAMシステムに切り替えるオプションを可能な限り、残しておこう。ただし、それにより大幅なコストがかかる場合はその限りではない。

　ほとんどの製品・ツールは、月間アクティブユーザー数（MAU）を価格設定の基準として使用しているので、どの製品・ツールを選択するかの最終決定を下す前に、現在および将来のシステムのMAUのニーズを真剣に検討するのがよいだろう。この議論はストレージにも当てはまる。たとえば、GDPRをサポートしているツールを選定したとする。しかし、多くのツールは第三者とのデータ共有をほとんどまたはまったくサポートしていないため、パートナーとのデータ共有が必要なら、その部分を自分たちで構築する必要が出てしまうだろう。

　アーキテクチャを設計する際は、認可ロジックを分離してシンプルに保つ必要があるが、設計の一部として、将来の複雑な認可要件の可能性も考慮する必要がある。私のお勧めは、RBACモデルまたはReBACモデルを選択す

ることだ。とはいえ、IAMアーキテクチャのいくつかの考慮事項を見てみよう。

▶8.4.1　パフォーマンスとレイテンシー

　現在の標準的なセキュリティ設計では、ユーザー認証を行うために別のシステムへの転送が発生するため、パフォーマンスが課題となる可能性がある。ユーザーは最初にトークンを取得するために認証を行い、そのトークンを使用して何度もシステムを呼び出す。これらのシステム呼び出しを**システムアクセスパス**と呼ぶ。この部分は頻繁にトリガーされ、UXに大きな影響を与えるため、このパスのレイテンシーを慎重に監視する必要がある。このパスは、権限をチェックするためのデータベース呼び出しを減らす（たとえば、権限モデルをメモリに保持する、またはトークンのみを使用する）ことと、公開鍵暗号などの複雑な暗号化操作の必要性を減らすことで最適化できる。

　トークンチェックも、システムの残りの部分と一緒にスケールさせる必要がある。それらのチェックがステートレス（トークンが使用されるときにリクエストを見るだけで決定を下す）である場合、スケーリング設計が大幅に簡素化される。さらに、レイテンシーの課題は、平均レイテンシーのスパイクとしてではなく、テールレイテンシーのスパイクとして表面化することがよくある。後者は再現が難しいため、デバッグがはるかに難しくなる。テールレイテンシーは、キャッシュミスのパスで発生することが多いため、開発時の慎重で集中的なテストで検出しておけば、後で多くの時間を節約できる。

▶8.4.2　ゼロトラストアプローチ

　歴史的に、システムは境界を確保し、境界内のユーザーを信頼することで防御されてきた。しかし、IoT、モバイル端末、APIがより一般的になるにつれて、攻撃は複数の要因によって大幅に増加している。組織は他のシステムやパートナーとも統合しなければならない場合があり、これもまた攻撃対象領域を複雑にし、パラメータ侵害のリスクを増大させている。重要なのは、こういった関与する要素の増加や統合は組織に大きな価値を加えるものであ

り、多くの場合、切り離すという選択肢はない点である。これらの統合の重要性を伝えることは、アーキテクトの責任だ。

　高まるリスクに対処するため、セキュリティの専門家は、ゼロトラストモデルへの切り替えを訴えている。このモデルでは、システム内のすべての呼び出しに対して認証と権限チェックを行うことで、各サービスを個別に保護する。このアプローチにより、境界ベースのモデルから離れられる。ゼロトラストモデルでは、内側のユーザーを信頼するといった境界を持たない。代わりに、ユーザーは認証され、認可され、各ステップで継続的に検証される。

　エッジで認証と権限チェックを行う古いモデルとは対照的に、新しいモデルでは、各サービスで権限と認可をチェックするためにコードを使用する必要がある。その結果、セキュリティはシステムのより多くの場所に現れ、セキュリティのパフォーマンスがさらに重要になる。

　ゼロトラストの重要な原則は、影響範囲を制限することだ。これを行う方法の1つ目は、ユーザーに最小限の特権を提供するセキュリティ原則を使用することだ。2つ目の方法は、重要な操作ではより高いレベルの認証（たとえば、より多くの要素）を要求する複数レベルのログインを識別することだ。影響範囲を限定するために、すべてのユーザー情報をダウンロードするなどの特別な操作を許可する前に、複数のユーザーの同意を必要とする場合がある。

　異常検知システムをゼロトラストと組み合わせることがよくあるが、この場合、異常検知システムはあらゆる異常を検知し、ユーザーに追加の認証（たとえば、新しい要素やユーザーとのそれまでのやり取りに基づく質問）を与えるか、再認証を強制する。ゼロトラストを実装する際、該当する場合にはNIST 800-207標準を考慮する価値がある[※4]。

▶8.4.3　ユーザー提供コードを実行する際の注意

　ユーザーが提供するコードを何らかの形で実行するシステムがあるとする。これには、慎重な注意が求められる。ユーザー提供コードの実行とは、ユーザーが作成したJavaScript、Python、SQL、Luaなどのスクリプトやコード

※4　https://csrc.nist.gov/publications/detail/sp/800-207/final

を実行したり、既存のスクリプトにユーザー提供のパラメーターを追加したりすることを意味する。ユーザーが入力にスクリプトを利用できると、多くの攻撃の可能性が生じる。これがSQLで起こる場合は、**SQLインジェクション**と呼ばれる。SQLの場合には、ライブラリを慎重に使用することで、大抵のSQLインジェクションは防げる。

SQL以外のスクリプトに対しては、慎重な監査とテストが必要だ。ユーザーコードをコンテナ上で実行している場合でも、コードは内部ネットワークにアクセスできるため、セキュリティ上の脅威となりうる。また、コンテナに提供されるすべてのクレデンシャルは、内部で実行されるコードを介してアクセスできるため、攻撃者がシステムに忍び込む可能性がある。gVisor[※5]やFirecracker[※6]、Kata Containers[※7]などのサンドボックス技術を使用するのも、この問題に対処する方法の1つだ。

▶8.4.4 ブロックチェーンの話題

注目に値するもう1つのトピックは、ブロックチェーンだ。分散型IDと改ざんできない監査のためにブロックチェーンを使用することは、このアプローチの重要なユースケースだ。ブロックチェーンが提供する本質的な利点は、ユーザーや権利主張、記録が個々の組織の管理下から取り除かれることで、組織の信頼性が高められることにある。不信感を持たれがちな企業（オーガニック食品を提供する企業など）は、このような技術を使用して検証可能で監査可能な記録を作成することで、重要な競争上の優位性を生み出せる。

Hyperledger[※8]やEthereum[※9]が期待され、広く注目され、集中的な取り組みを行っているにもかかわらず、ブロックチェーンは限定的な採用しかされていない。おそらく技術的な課題や関連する複雑さが原因だろう。しかし、その可能性は本物であり、将来的にはもっと本格的に活用されるようになるはずだ。私たちは、将来の発展がもたらす利益に目を光らせておく必要がある。

※5 https://gvisor.dev/
※6 https://firecracker-microvm.github.io/
※7 https://katacontainers.io/
※8 https://www.hyperledger.org/
※9 https://ethereum.org/en/

▶8.4.5 その他の話題

さらにもう1つの難しいトピックとして、サービスにアクセスできなくすることを目的とした、サービス拒否（DoS）攻撃がある。ファイアウォールを使用すれば、ある程度は防御できるが、狙い定められたDoS攻撃を完全に防ぐのは難しく、時には防ぎきれない。この種の攻撃に対処する場合、クラウドプロバイダーによる標準的な保護とファイアウォールを使用できるため、クラウドで実行するのが最善の選択肢かもしれない。検討できるもう1つの新しいアイデアは、認証をエッジにプッシュして、エッジレベルで分散サービス拒否（DDoS）攻撃を止める方法だ。DDoS攻撃は、多数の偽のトラフィックで標的のWebサイトに過剰な負荷をかける攻撃だ。

たとえ経験が豊富でも、セキュリティには多くのリスクが伴う。私たちを困らせる攻撃は未知のものであるため、設計をレビューする目は多ければ多いほどよい。お勧めは、外部の専門家による詳細な監査だ。また、潜在的なリスクを提起し、検討できるような文化を育むことも重要だ。リスクと変化のスピードのバランスを取ることはリーダーの責任だ。それができなければ、組織はゆっくりと、あるいは急速に死んでしまうだろう。

単にシステムを保護するだけでは十分ではない。新たな規制が導入され、ユーザーが訴訟を起こす可能性があることを考えると、セキュリティは可能な限り専門的かつ可視性を持って扱うことが重要だ。万が一、情報漏洩が発生した場合には、現実的な予防措置がすべて講じられたと証明できることが重要だ。外部機関による認証は、この可視性を提供するのに役立つ。

▶8.5　意思決定における考慮事項

最後に、第2章で説明した5つの質問と7つの原則をもう一度考えよう。

5つの質問：
- **質問1**：市場投入に最適なタイミングはいつか？

- **質問2**：チームのスキルレベルはどの程度か？
- **質問3**：システムパフォーマンスの感度はどれくらいか？
- **質問4**：システムを書き直せるのはいつか？
- **質問5**：難しい問題はどこにあるか？

7つの原則：
- **原則1**：ユーザージャーニーからすべてを導く
- **原則2**：イテレーティブなスライス戦略を用いる
- **原則3**：各イテレーションでは、最小の労力で最大の価値を加え、より多くのユーザーをサポートする
- **原則4**：決定を下し、リスクを負う
- **原則5**：変更が難しいものは、深く設計し、ゆっくりと実装する
- **原則6**：困難な問題に早期に並行して取り組むことで、エビデンスに学びながら未知の要素を排除する
- **原則7**：ソフトウェアアーキテクチャの凝集性と柔軟性のトレードオフを理解する

　質問1と4、原則2、3、5を踏まえると、現在のユースケースで必要とされていない場合に、セキュリティへの対応は任意となる。ただし、どのフィーチャーをリリースする場合でも、セキュリティを十分に備えている必要がある。前述のように、単純なソリューションからセキュリティ設計を始めてそこから積み上げていくことはできない。たとえば、古く単純なアルゴリズムやアーキテクチャで認証を実装し、後で改善することはできない。古くて単純なアルゴリズムには脆弱性の可能性があるからだ。

　これらについてもう1つの関連する側面は、他の設計とは異なり、チームのスキルに合わせてセキュリティ設計のレベルを下げたくないということだ。チームに必要な最低限のスキルを持たせるか、専門家をコンサルタントとして雇い、その専門家を使用してチームのセキュリティスキルレベルを時間をかけて高めていく必要がある。

　質問3と5、そして原則6を考慮すると、セキュリティに関する共通の課題は

レイテンシーだ。設計においてレイテンシーを考慮し、システムにおいてレイテンシーを注意深く測定し、そしてレイテンシーを監視するための計装を追加することが重要だ。ほとんどのセキュリティ能力の問題（データベースの過負荷など）は、レイテンシーの問題として表面化する。そのため、問題の切り分けを支援するのに十分なだけの計装を持つことが最も重要だ。また、新しいアーキテクチャの多くでは、複数のHTTP転送が使われている。これもレイテンシーを生み出し、タイムアウトにつながる可能性がある。

個々の難しい問題について考えると、さまざまな攻撃パターンすべてに対してセキュリティを確保することは難しい。前述のように、これを適切に行うには経験豊富な専門家の助けが必要となる。あらゆる種類のユーザー入力を受け取り、ユーザーが提供したスクリプトを実行することは、しばしば攻撃（SQLインジェクション、クロスサイトスクリプティング[XSS]など）を可能にする弱点となる。

さらに、セキュリティはUXデザインを妨げる可能性がある。たとえば、複雑なパスワードポリシーは、多くのユーザーのサインアップを妨げる可能性がある。ユーザーの視点から考え、ユーザーの経験をできるだけ苦痛のないものにできるかは、セキュリティ設計者次第だ。たとえば、ユーザーのパスワードが私たちのポリシーと一致しない場合、システムは一括メッセージを提供するのではなく、ポリシーのどの部分が正しくないかを伝えるべきだ。メール認証のような要素を追加することも、本来のUXよりもユーザーの体験を遅らせたり、本来のUXからユーザーを引き離したりすることで、コンバージョンを低下させる可能性がある。セキュリティとUXのバランスを見つけるのは、技術リーダーの責任だ。

原則4について言えば、セキュリティそれ自体にトレードオフがある。最もセキュアなシステムは、誰にもアクセスを許可しないシステムだが、そのようなシステムは役に立たない。前述のように、このトレードオフの適切なバランスを見つけるのは、アーキテクトの責任だ。リーダーは時として、チームが設計を進められるように責任（とリスク）を取る必要がある。

まとめると、マクロアーキテクチャでのセキュリティの扱いは複雑なトピックであり、これまでに取り上げた他のトピックとは異なる。主なアイデアとしては、

余分なセキュリティ周りのフィーチャーを遅らせるのはOKかもしれないが、サポートすることを選択したフィーチャーには深いセキュリティ設計が必要となる。CIAMまたはIAMソリューションを採用し、その上に構築するのが最善だが、最初から正しく行う必要があり、必要であれば外部の専門知識を活用する必要がある。

▶8.6 まとめ

セキュリティはどんな設計においても重要な考慮事項だ。この章の主要なポイントを以下にまとめる。

- セキュリティは複雑だ。私のお勧めは、ユースケースを自分たちで実装するのではなく、IAMやその他の製品やSaaSサービスの上にセキュリティを実装することだ。
- 簡単なケースではLDAPを使用できるが、複雑なケースではIAM製品が必要となる。
- セキュリティのユースケースは、マルチユーザーアプリケーションと非マルチユーザーアプリケーションに分類できる。非マルチユーザーアプリケーションは、APIソリューション、相互TLS、またはサービスアカウントを使用して処理できる。
- マルチユーザーアプリケーションのセキュリティは複雑だ。これらは認証と認可で処理できるが、信頼されたクライアントと信頼されていないクライアントとを組み合わせることも可能だ。
- 関連リスクがあるため、セキュリティのユースケースでは、最初にシンプルなバージョンを実装して後で改善するというアプローチは取れない。同様に、チームのスキルに合わせてセキュリティ設計を単純化することもできない。
- セキュリティアーキテクチャの問題は、多くの場合レイテンシー問題として表れる。
- ディスクに保存されたデータは組織に多くのリスクをもたらすが、同時に

大きな競争優位を提供することがある。リーダーは潜在的な利益と関連するリスクとの間でバランスを保つ必要がある。
- データ処理はさまざまな国によって規制されており、設計でこれらの規制をサポートするか、将来の規制に準拠する可能性を残しておくことが賢明だ。
- ユーザーが提供したコードを実行すると、複雑な脆弱性を導入してしまう可能性がある。

第 9 章 | Macro Architecture:
Handling
High Availability
and Scale

マクロアーキテクチャ：高可用性とスケーラビリティへの対応

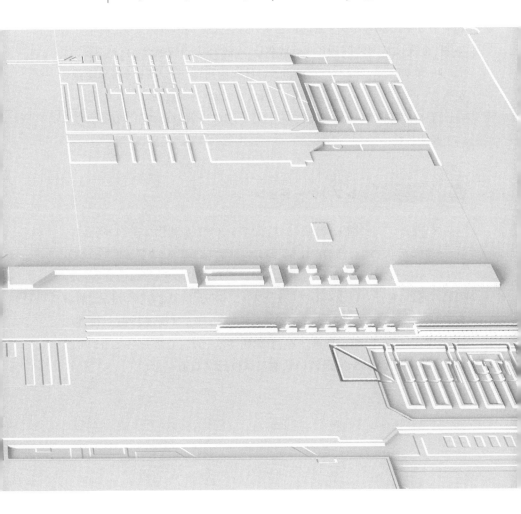

この章では、システムの設計に高可用性を加え、必要に応じてシステムをスケーリングする方法について説明する。高可用性が備わっていれば、障害があってもシステムを継続して利用できる。まずそこから見ていこう。

▶9.1　高可用性を加える

可用性が高ければ、システムは24時間、中断することなく利用できる。アクセスを試みてもシステムが利用できないと、ユーザーはネガティブな印象を抱く。それがその顧客を失う原因になりうることは広く知られている。何十年もの間、企業は営業時間内にしか営業していないのが普通だったが、今ではインターネット上のアプリが24時間365日利用可能であるという事実を誰もが当たり前に考えている。高可用性には、レプリケーションと高速リカバリーという2つの主要なアプローチがある。ここからは、それぞれのアプローチについて説明していく。

▶9.1.1　レプリケーション

レプリケーション（図9.1参照）とは、元のシステムが利用できない場合に、コピーがその代わりを務められるように、システム内にバックアップコピー（レプリカ）を持つことを意味する。すべてのレプリカがアクティブにトラフィックを処理することも、1つ以上のレプリカがスタンバイ状態になることもある。前者をアクティブ・アクティブ構成、後者をアクティブ・パッシブ構成と呼ぶ。後述の「9.2　スケーラビリティを理解する」で説明するように、レプリケーションの課題は、コピーを同期させ、最新の状態に保つところにある。

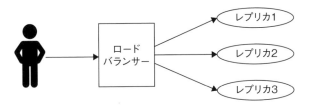

図9.1: レプリケーション

　ほとんどのアーキテクチャは、ステートレスなサーバー群とデータベースに落ち着く。そのため、レプリケーションにはデータベースの同期も含まれるし、ほとんどのデータベース製品は、そうしたデータ同期のフィーチャーをサポートしている。データベースの同期機能を利用することで、データベースの変更を他のデータベースにレプリケーションできる。アクティブ・アクティブ構成をサポートするデータベースもあれば、アクティブ・パッシブ構成のみをサポートするデータベースもある。アクティブ・アクティブ構成は通常複雑すぎるので、高可用性だけを求めているのであればアクティブ・パッシブ構成を取るのをお勧めする。

　高可用性の設定を適切に行うには、いくつかの問題に対処しなければならない。まず、顧客はどうやってサーバーとレプリカのアドレスを知るのだろうか。多くの場合、サービスの前にロードバランサーを置いてトラフィックをルーティングする。ロードバランサーには、nginx、TCPProxy、Apacheのmod_proxyのようなソフトウェアロードバランサーを利用したり、F5のようなハードウェアロードバランサーを採用したりできる。

　次に、ロードバランサーが故障した場合はどうだろうか。この状況への対処には次のような方法がある。

- DNS構成を使用する。
- IPをホットスワップする。
- keepaliveパッケージを使用する。
- ハードウェアロードバランサーを実装する。

まず、DNS構成を使用して、故障したノードをDNSリストから削除できる。ただし、キャッシュのせいで、このフェイルオーバーには時間がかかるため、ユーザーは障害を目にすることになる。次に、高度なネットワークルーターにアクセスできる場合、同じIPを新しいノードにホットスワップできる。これは障害を処理する最もエレガントな方法だ。クラウドプラットフォームはこれをフィーチャーとして提供している。

オンプレミスで運用するつもりなら、Linux用のkeepaliveパッケージを使うことでも高可用性を実現できる[※1]。このパッケージは仮想冗長ルーティングプロトコル（VRRP）を使う。最後に、ハードウェアロードバランサーであれば、ロードバランサーに冗長性が組み込まれているおかげで、障害から回復できる。私の考えでは、ハードウェアロードバランサーが最も信頼性が高く、IPホットスワップがその次に信頼性が高い。どちらも利用できない場合は、keepaliveパッケージをお勧めする。

スケールアップするために、システムはこのようなロードバランサーの階層を作り、いくつかのタイプを組み合わせる。たとえば、階層の上位にはハードウェアロードバランサーやDNSロードバランサーを配置し、ソフトウェアロードバランサーを階層のブランチノードとして使用することが多い。

レプリカを配置するには大きく分けて2つのアプローチがある。1つ目は、システムの各コンポーネントをレプリケーションする方法、2つ目は、システムを単一のユニットとしてレプリケーションする方法（2つの並列システムを持つなど）だ。図9.2は、この2つのアプローチを示している。どちらのアプローチでも機能する。わかりやすくするために、図中ではコンポーネント間の相互連携は示していない。

※1　https://tldp.org/HOWTO/TCP-Keepalive-HOWTO/usingkeepalive.html

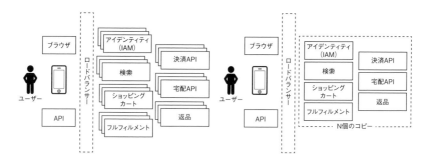

図9.2: レプリカ配置のオプション。システムの各コンポーネントをレプリケーションするか、システム全体をレプリケーションするかの選択肢がある

　図9.2の左側に示す1つ目の選択肢は、ロードバランサーを使用して実装できる。図9.2の右側に示す2つ目の選択肢の実装方法については、次の節でシェアードナッシングアーキテクチャに触れる際に説明する。また、2つ目の選択肢では、2つのシステムを独立して維持できるため、設計がシンプルで安定性が高く、管理が容易で、ミスが発生しにくい。

　ロードバランサーを設定する際、もしシステムがセッションの状態をサーバーのメモリにだけ存在させると、ユーザーは困難に直面する。たとえば、サーバーが2回目のリクエストを送ってロードバランサーがそれを新しいサーバーに送ると、ユーザーはセッションを利用できなくなる。

　このシナリオは、ロードバランサーが同じユーザーからのリクエストを常に同じサーバーに送信するスティッキーセッションを使用して処理できる。スティッキーセッションを使用していても、サーバーに障害が発生した場合、セッションは失われ、ユーザーは再度ログインする必要がある。ただし、これはまれなケースであり、多くの設計ではこのアプローチを受け入れている。

　別の方法としては、セッション状態をユーザーのブラウザ、またはデータベースのいずれかに置くことで、各ノードが2回目のリクエストを処理できるようにする方法がある。データがユーザーのブラウザにある場合には、すべてのリクエストにセッションデータを追加する必要がある。データをデータベースに置く場合は、より多くのデータベース呼び出しが必要となることでレイテンシーが増加するので、スループットが低下することが多い。

▶9.1.2 高速リカバリー

レプリケーションには、より多くのリソースを消費することと、障害パスがあまりテストされないという2つの欠点がある。一方、高速にリカバリーできれば、ダウンタイムの影響は最小限に抑えられる。システムに耐障害性があれば、可用性を向上させられる。可用性は、平均故障時間（Mean Time To Failure：MTTF）[2]と平均修復時間（Mean Time To Recovery：MTTR）[3]を用いると次の式で表現できる。

$$可用性 = \frac{MTTF}{(MTTF + MTTR)}$$

レプリケーションを使用するとMTTFが増加し、可用性が向上する。また、MTTRを短縮できれば、それも可用性の向上につながる。このアイデアは最初、リカバリー指向コンピューティング（Recovery-Oriented Computing：ROC）[4]というコンセプトとして考案された。これが高可用性を実現するための第二のアプローチだ。

障害が発生した場合、システムは次に挙げるような方法でリカバリーを行える。

- シャットダウンし、新しいリソースで再起動する。
- 影響を受けた領域を分離し、その部分を再起動する（マイクロリブート）[5]。
- ノードに障害が発生したことを検出し、タスクを再割り当てする自己修復

---

[2] 訳注：機器やシステムが稼働を開始してから、故障するまでの時間の平均。
[3] 訳注：故障から復旧までにかかった時間の平均。
[4] https://en.wikipedia.org/wiki/Recovery-oriented_computing
[5] George Candea, Shinichi Kawamoto, Yuichi Fujiki, Greg Friedman, Armando Fox "Microreboot—A Technique for Cheap Recovery"（https://www.usenix.org/legacy/event/osdi04/tech/full_papers/candea/candea.pdf）参照

アルゴリズムを使用する[※6]。

いずれのアプローチでも、レプリケーションと同様に、システムはその状態を回復する必要がある。たとえば、新旧両方のシステムがデータベースを共有したり、新旧システムが持つデータベースの差分を同期してデータベースの障害から復旧したりする一方で、システムの残りの部分を迅速に回復させる。

この考え方は、GitOpsと密接に関連している。GitOpsでは、設定を含むすべてのシステム情報をコードリポジトリに保管し、手動の介入なしにそのリポジトリからシステムを起動できるようにする。この方法を使えば、必要に応じてシステムの新しいコピーも作成できる。クラウドとオンデマンドの計算機リソースが利用可能であるなら、これは実行可能なアプローチだ。

リカバリーしているわずかな時間、システムは利用できなくなる。ユーザーアプリケーションは、システムが素早く復旧すると見込んで、ユーザーにメッセージを表示しつつ、自動的に再試行する。

高速リカバリーは、レプリケーションよりも安価で柔軟性があり、スケーリングが容易だ。そして、ほとんどの障害においてレプリケーションよりもずっと安定している。ただし、高速リカバリーには3つの前提条件がある。

- すべてのコンポーネントおよびサービスは2～3秒以内に再起動しなければならない。クラウド、コンテナ、Kubernetesによって計算機自体は素早く再起動することが可能になる。私たちは、それに加え、その上で動作するサービスもまた高速に起動するよう設計を最適化する必要がある。1つのアプローチは遅延ロードだ。遅延ロードとは、サービスをまず起動させ、必要に応じてまたはバックグラウンドでデータ構造からデータをロードするアプローチだ。
- サービスやコンポーネントは、特定の順序なしに同時に起動できる必要がある。そうでないと、システムを再開するのに時間がずっと長くかかってし

[※6] Marco Schneider "Self-Stabilization"（https://dl.acm.org/doi/10.1145/151254.151256）とEdsger W. Dijkstra "Self-Stabilizing Systems in Spite of Distributed Control"（https://dl.acm.org/doi/pdf/10.1145/361179.361202）参照

まう。
- 新しいシステムは、古いシステムから最新の状態を取得する必要がある。一般的なアプローチには、新旧システムが持つデータベースの差分を同期しながら、システムの残りの部分を迅速に回復する方法などがある。

ただし、高速リカバリーを完全に採用するには、回復プロセスを自動化する必要がある。Kubernetes[7]は、耐障害性周りのフィーチャーを通じて、この状況をより大きな範囲で処理する。とはいえ、Kubernetesのエラーリカバリーは完全ではない。たとえば、ノードのCPU使用率が高いと、Kubernetesはノードを再起動する。しかし、障害に対処しない限り、それは再起動ループにつながる可能性がある。Kubernetesのエラーリカバリー機能を使う場合には、潜在的なエラー条件を慎重に検討し、適切に処理する必要がある。

▶9.2 スケーラビリティを理解する

スケーラビリティとは、レイテンシーを許容範囲内に保ちながら、より多くのリソースでより高いスループットを処理できるシステムの能力だ。私見だが、スケーラビリティという用語は誤解を招きやすいと考えている。システムが無限にスケールすべきだと示唆しているように聞こえるからだ。どのシステムも無限にスケールするわけではない。これまでにしてきた設計の議論に基づくならば、私たちが答えるべき正しい問いはこうだ。システムを書き換える前までに、どれくらいの負荷を処理する必要があるだろうか。

多くの場合、スケーリングは必要ない。たとえば、アーキテクチャの標準的な選択肢を使用すると、50TPS（1秒当たりに処理できるトランザクション数）のスループットを提供する、高可用性を備えた非スケーラブルなシステムを設計できる。これは、月間1億2,900万リクエストに相当する。この場合、ピーク負荷が10倍であると想定しても、システムは月間1,000万リクエスト以上を処理できる。これは、実際に起きうるほとんどの状況において十分な処理量だ。

---

[7] https://kubernetes.io

パフォーマンスに関する設計は、不十分にも過剰にもなりやすい。まず、スケーラビリティについて理解していないと、それを考慮したシステムにはならない。逆に、スケーラビリティを理解しているせいで、やりすぎてしまう人たちも存在する。彼らは、Google並みの負荷に耐えうるシステムを設計したいと考えるが、その過程で設計を複雑で脆弱なものにしてしまい、それがしばしば障害や遅延につながる。オズ・ノヴァによる記事「You Are Not Google（あなたたちはGoogleではない）」[※8]は、一般的なシステムがGoogleと同じスケーリングの課題に直面することがいかにまれであるかを詳述しており、数学や物理学に対する羨望に似た、一種の**スケール羨望**が、必要以上にスケールするシステムを設計するように私たちを誘惑すると説明している。

毎秒数百、数千、さらには数十万のリクエストを処理するシステムの設計は、それぞれ大きく異なり、さまざまなレベルの労力、専門知識、ハードウェアを必要とする。1,000TPSしか必要ないのに10,000TPSのスループットを提供するシステムを設計するのは間違いだ。トラフィックは通常、組織の収入と相関がある。したがって、トラフィックが大幅に増加したときには、システムを書き換えるための資金も得られているはずだ。

スケーリングには大きく分けて2つのアプローチが存在する。1つは、より多くのリソースを持つノード上で実行するアプローチ、もう1つは、多数のノード上で実行するアプローチだ。1つ目のアプローチについては第10章で説明する。スケーラビリティを理解するには、ユニバーサルスケーラビリティ法則（USL）[※9]を理解するとよい。ここでは、スケーラビリティに関する方程式を見てみよう。数式が出てくると少し怖いかもしれないが、結論は単純なので安心してほしい。

p個のノードで動作するアプリがある場合、**スケーラビリティ**は、p個のノードで動作するシステムと1個のノードで動作するシステムのスループット比として導かれる。スループット比は次のように与えられる。

$$C(p) = \frac{p}{1 + \sigma(p-1) + \kappa p(p-1)}$$

※8　https://blog.bradfieldcs.com/you-are-not-google-84912cf44afb
※9　「3.2.5 モデル5:ユニバーサルスケーラビリティ法則」参照。

この方程式には3つのパラメータがある。

- **ノード数(p)**
- **競合(σ)**：多くのマシンで実行可能な複数の実行スレッドを同期させるコスト
- **コヒーレンス(κ)**：異なるノードの変数を同期させるコスト

理想的なケース、つまり競合とコヒーレンスのコストがゼロの場合を考えてみよう。その場合、p個のノードでのスケーラビリティはpになる。このようなアーキテクチャを**シェアードナッシングアーキテクチャ**と呼ぶ。

ノード間の調整および任意のデータの同期は、パフォーマンスを急速に低下させる。たとえば、競合とコヒーレンスの両方を0.1とすると、10個のノードの場合のスケーラビリティは0.9になる。つまり、10個のノードを持つシステムは1個のノードを持つシステムよりも遅く動作する。実際、フランク・マクシェリー、マイケル・イザード、デレク・G・マレーによる論文「Scalability! But at What COST?（スケーラビリティ！でも、そのコストは？）」[※10]で論じられているように、多くの複雑なシステムは、有能な単一ノード実装のパフォーマンスを下回っている。パフォーマンスを慎重に理解せずに分散システムを設計するアーキテクトは、膨大な労力と複雑さにもかかわらず、遅いシステムを作成してしまうことが多い。

これで、方程式の結論に到達できる。スケーリングとは、調整とデータ共有を最小限に抑えることだ。スケールさせるには、データ共有と調整を減らす必要がある。

▶9.3 現代のアーキテクチャのためのスケーリング：基本的なソリューション

スケーラビリティを実現するには、まず単一ノードの限界とパフォーマンス目標を理解する必要がある。少なくとも、単一ノードのパフォーマンスを理解するためにPoCを行う必要がある。時には、単一ノードのシステムを調整す

※10　https://www.usenix.org/system/files/conference/hotos15/hotos15-paper-mcsherry.pdf

ることでパフォーマンス目標を達成できる場合がある。もしそうであれば、その選択肢を使用すべきだ。なぜなら、開発と運用の両面で多くの複雑さを回避できるからだ。

現代のアーキテクチャは、ほぼ常に多くのステートレスサービスとデータベースを含んでいる。このようなシステムは、サービスの複数のコピーを実行することでスケールできる。ステートレスであるため、レプリカは互いに通信する必要がない。そうすると、一貫性と競合によるすべてのオーバーヘッドはデータベースで発生するために、システムはデータベースによって制限されることになる。そうしたデータベースのオーバーヘッドは、データをキャッシュすることで減らせる。また、バックグラウンドで発生する作業をキューにプッシュし、バッチシステムと異なる計算機を使用してそれを処理することもできる。

データベースをスケールさせることでも、データベースによる制限に対処できる。最新のデータベースシステムは、大幅にスケールできるが、そのためには通常、特殊なハードウェアと高額のサブスクリプション料金が必要になる。

このアーキテクチャは多くのシステムに適しているものの、システムをスケールさせる、もっと洗練された方法がある。この章の残りの部分では、その詳細について解説する。ただし、ほとんどのシステムは、基本的なソリューションで十分だ。私のお勧めは、システムの2回目、3回目の書き直しのタイミングで高度な手法に移行することだ。

▶9.4　スケーリング:取引のツール

N個のレプリカを作成し、アクティブ・アクティブ構成で並行して実行するというのが、スケールを実現する標準的な設計だ。ただし、USLが示唆するように、この設計は、レプリカ同士が通信**しない**場合にのみ機能する。レプリカ間で多くの通信が発生する場合には、コヒーレンスと競合のオーバーヘッドが発生し、システムはスケールしない。

第5章・第6章では、まず使用可能なビルディングブロックを特定し、次に不足しているロジックをサービスとして実装し、最後にコーディネーション層で

すべてをつなぎ合わせることで、システムを構築する方法について説明した。このときに気をつけなくてはならないのは、ビルディングブロックはそれぞれ異なるスケーリング特性を持っているという点だ。

次に示すビルディングブロックは、複数のノード間の通信を伴う。そのために、これらがクリティカルパスに含まれる場合には、スケールが大幅に制限される。

- 分散型のロックやスレッド間の同期（バリア、シグナリングなど）を含む分散型のコーディネーション
- 共有変数
- レプリケーションまたは順序付けられた信頼性の高いマルチキャスト
- トランザクションマネージャー

上記の要素をスケーラブルな設計で使用することは可能だが、システムが処理するすべてのリクエストまたはほとんどのリクエストに影響を与えるクリティカルパスには置けない。システムの初期化時のリーダー選出のような限定的な箇所に使用するのであれば問題ないだろう。一方、次に挙げるビルディングブロックは、スケーラブルなアーキテクチャを設計する際でも問題なく使用できる。

- ロードバランサー
- MapReduceシステム
- エンタープライズサービスバス（ESB）
- コンテナ/VM管理
- 分散ハッシュテーブル（DHT）
- ゴシップアーキテクチャ
- 責任のツリー

さらに、次のビルディングブロックは注意深く設計することで、適度にスケールできる（5〜10ノード）。ただし、ほとんどの本番向けの実装は、そのままで

はスケーラブルではない。

- IAMサーバー
- データベース
- メッセージブローカー
- ワークフロー
- APIマネージャー
- レジストリ
- 分散キャッシュ

　スケール目標は、ビルディングブロックの選択に影響を与えるはずだ。たとえば、データベースを選択するとき、その選択は多くの場合、スケールに影響を与える。ビルディングブロックの性能限界について、およその見積もりをしておけば、後で多くの手間を節約できることが多い。

　システムの他の部分を考慮すると、基盤となるデータベースをスケールできれば、ほとんどのサービスはスケーラブルだ。次に、コーディネーション層を使用してサービスとビルディングブロックを接続する。コーディネーション層を実装する際には、スケールに役立つ、通信を低く抑えるための4つの戦術(テクニック)がある。順に見ていこう。

▶9.4.1　スケール戦術1：何も共有しない

　この1つ目の戦術は、考え方としては単純だ。システムを何も共有しない(シェアードナッシングな)N個の類似のパーツに分割し、ロードバランサーを使用してパーツ間でトラフィックをルーティングすることでスケールを実現する。このアプローチは簡単に使える場合もあるが、複雑ないし不可能な場合もある。その単純さと最大のスケールを提供する能力から、可能な場合には、これは望ましいアプローチだ。

▶9.4.2　スケール戦術2:分散させる

　この2つ目の戦術では、問題をN個のパーティションに分割し、各パーティションを異なるノードに割り当てる。たとえば、銀行を例に考えると、顧客をいくつかのパーティションに分け、各顧客に対応するそれぞれのパーティションへトラフィックをルーティングする。この戦術の課題は、パーティション間の通信が最小限になるようにシステムを分割できるかだ。さらに、ノードに障害が発生した場合、問題の一部（銀行の例であれば顧客など）を復旧し、新しいノードに割り当てる必要がある。

▶9.4.3　スケール戦術3:キャッシュする

　この3つ目の戦術では、たとえばデータ取得がボトルネックの場合に、頻繁に使用されるデータをキャッシュする。この戦術は、データソースへの実効的な読み込みを減少させる。たとえば、データベースがシステムのボトルネックになっている場合、読み取りを1秒キャッシュすることで、クライアントからデータベースが受けるトラフィックを1秒当たり1TPSに減らして、スケーラビリティを高められる。

▶9.4.4　スケール戦術4:非同期に処理する

　データ処理をそれほど制約のないスケジュールで行える場合には、システムにより高い負荷をかけて処理を行える。たとえば、一部の銀行では、夜間にバッチ処理で取引を集約し、スケーラビリティを高めている。同様に、データをプリフェッチできれば、データベースへのアクセスを回避でき、スケーラビリティが向上する。非同期処理を実装する場合、キューは短期的なスパイクを吸収するために使用できる便利なツールだ。しかし、もしキューの背後にあるシステムが長期的な平均メッセージレートを処理できなければ、キューはオーバーフローしてしまう。

　次の節では、これらの戦術を使用してシステムをスケールさせる方法につ

いて詳しく説明する。

▶9.5 スケーラブルなシステムの構築

前述のとおり、最初に構築したバージョンのシステムがスケーラビリティの目標を満たしているなら、それ以上を考える必要はない。大抵のシステムは、アクティブ・パッシブ構成でデータベースをセットアップし、複数のステートレスサービスがデータベースと通信し、ロードバランサーが必要なトラフィックサービスをルーティングする。1つ以上のビルディングブロックを使用することもよくある（「9.4 スケーリング：取引のツール」参照）。図9.3は、スケールするシステムのサンプルとして、オンライン書店システムを示している（わかりやすくするため、コンポーネント間の相互作用は示していない）。

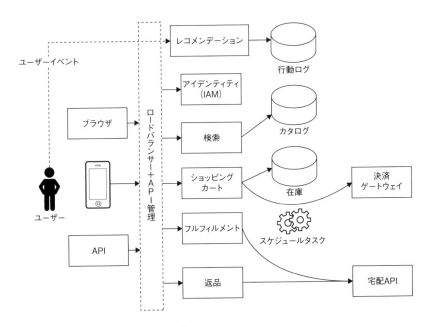

図9.3: オンライン書店のアーキテクチャ例

スケーリングの目標に達していないときには、システムをスケーリングする必要がある。これには、2つの大まかなアプローチがある。1つ目は、ボトルネックを見つけてシステムのその部分を改善するアプローチ。2つ目は、スケーリング可能な自己完結型のユニットを構築することで、シェアードナッシングアーキテクチャを使用するアプローチだ。

▶9.5.1　アプローチ1：逐次的にボトルネックを解消していく

前述のとおり、スケーリングするためにまず行うのは、システムのどこにボトルネックがあるかを見つけることだ。ボトルネックは、システムを理解する（具体的には、パフォーマンスへの直感的な理解を養うなど）か、可観測性をシステムに組み込んでデータを収集することで見つけられる。ボトルネックを特定したら、そのボトルネックをバイパス（モック的に応答するサービスに置き換えるなど）することで、ボトルネックなしでのスケーラビリティの限界を検証できる。

さらにスケールさせるには、アーキテクチャの問題箇所を見つけて改善し、その問題箇所からの通信を減らさなければならない。たとえば、IAMシステムがボトルネックであることがわかった場合には、よりスケーラブルなIAMシステムを使用するか、設計を変更してスケーラブルにする必要がある（ノードを追加するなど）。

一般的なアプローチの1つは、システムにより多くのリソースを与えることだ。これは、問題のある部分のシステムをより強力なマシンで実行する（垂直スケーラビリティ）か、手前にロードバランシング技術を置いて複数のシステムコピーを実行する（水平スケーラビリティ）ことで実現できる。パフォーマンスチューニングとアーキテクチャの改善によっても、スケーラビリティの限界を向上させることは可能だが、解決策はボトルネックの種類によって異なる。

ボトルネックを改善したら、運が良ければスケール目標に到達するはずだ。必要に応じて、次のボトルネックを見つけてそれも修正する必要があるかもしれない。スケール目標に到達するまで、このプロセスを繰り返す必要がある。

書店の例を見てみよう。多くのユーザーが書籍を探しに訪れるが、購入に

至るのはごく一部のアクセスだ。したがって、検索とその結果としてのレコメンデーションがボトルネックになる可能性が高い。書籍カタログは読み取り専用なので、レコメンデーションを事前に計算できる。したがって、システムの検索部分とレコメンデーション部分のコピーをそれぞれ作成することで、スケーリングが可能だろう。さらに、ある書籍は他の書籍よりも頻繁に閲覧されるだろうから、これらのレコメンデーションもキャッシュできる。このアプローチを適用することで、さらにスケールできる可能性がある。

もしIAMサーバーかショッピングカートのどちらかがボトルネックになるのであれば、これらを改善する必要がある。たとえば、多数のIAMサーバーにユーザーを分散し、対応するサーバーに認証および認可のリクエストをルーティングするようにすれば、IAMサーバーをスケールできる（スケール戦術2）。また、ショッピングカートをユーザーごとに分割し、アイテムIDごとに在庫を分割することで、ショッピングカートもスケールさせられる（スケール戦術2）。サービスはステートレスであるため、このプロセスでは、データベースを複数のノードにまたがって分割する必要がある。これは**データベースシャーディング**と呼ばれる。1ユーザーが複数の書籍パーティションに属するいくつもの書籍を購入する場合は、第7章で説明したテクニックのいずれかを使用して、複数のシャード間でトランザクションを実行することを意味する。

また、サービスがステートレスであるため、スケーリングは多くの場合、複数のノードにわたるシャーディング（データベースのパーティショニング）やNoSQLスタイルのデータベースの使用に帰着する。どちらの場合も、データをパーティショニングするために使用できるカラムを見つける必要がある。異なるパーティションのデータを結合せずにクエリに答えられる必要があるからだ。いくつかのデータベースはシャーディングをサポートしているが、シャーディングされたデータベースのセットアップと実行は複雑で、熟練した専門家を必要とする。そのようなスキルがあっても、複数のシャードからデータを必要とするクエリでは、シャーディングされた複数ノードのデータベースは単一ノードのデータベースよりも遅くなる。

IAMサービスとショッピングカートのボトルネックを解消すると、次は決済APIがボトルネックになる可能性がある。このAPIをスケールさせるには、決

済APIプロバイダーと協力しなければならないだろう。

この例で見たように、システムのボトルネックを見つけ、スケーリングの限界に到達するか、アイデアが尽きるまで、それらのボトルネックを順次取り除いていく必要がある。その際は、よく知られたスケーラブルなビルディングブロックを使用して設計し、スケールしないビルディングブロックは避けよう。

▶9.5.2 アプローチ2：シェアードナッシングな設計をする

システムをスケーリングするもう1つのアプローチは、共有を行わないよう設計することだ（シェアードナッシング）。このアイデアは、システム全体の複数のコピーを実行しながら、それらのコピー間の通信を最小限に制限するというものだ。図9.4は、この設計を適用した書店の設計を示している。わかりやすくするため、コンポーネント間の相互作用は示していない。

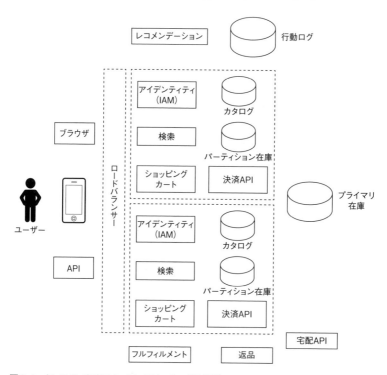

図9.4: オンライン書店のシェアードナッシングな設計

図9.4が示すように、システムのコピーを多数実行し、それぞれがユーザーの特定のパーティション（たとえば、名前が特定のハッシュ値を持つすべてのユーザー）を処理できる。在庫データベース以外は、すべて同じ動作をする。在庫を扱うには、プライマリの在庫データベースを保持する必要があり、各パーティションの在庫はプライマリ在庫からアイテムのブロックを取得し、そのブロックからユーザーにサービスを提供する（予約付きのキャッシュを使用）。パーティションの在庫がなくなった場合は、新しいブロックを取得し、プライマリの在庫がなくなった場合は、他のパーティションからブロックを取得する（これを**ワークスティーリング**と呼ぶ）。

各ユースケースでは、データをどのようにパーティショニングするかを考える必要がある。このユースケースでは、プライマリ在庫とパーティション在庫のアイデアが使える。別のシナリオでは、違うアイデアが必要になるだろう。図9.5の例は、銀行取引を処理するために実装されたアーキテクチャを表している。この例はあくまでも説明のためのものであることに注意してほしい。実際の銀行のアーキテクチャはもっと複雑で、他の多くの要素を考慮する必要がある。

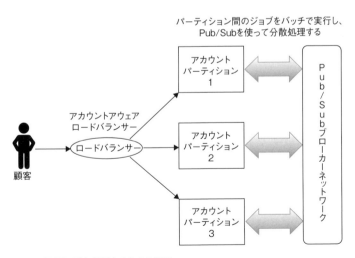

図9.5: 銀行取引を処理するための設計

このアーキテクチャでは、ユーザーのグループごとに作業を分割する。各ユーザーは1つのパーティションにのみ割り当てられる。しかし、この方法だと、異なるパーティションにまたがるユーザー間の取引が発生した場合に整合性の問題が生じる。銀行では、多くの場合、1日の終わりに取引を集めて非同期的に照合し、残高を更新する形でこれに対応している。

説明してきたとおり、問題ごとに異なるソリューションが必要であり、スケールできない問題もある。これがスケーリングを難しくする。高度にスケーラブルなシステムを構築している場合は、そのようなシステムの経験がある5〜10人の開発者のチームを雇うことを目指そう。

▶9.6　意思決定における考慮事項

スケーラビリティと高可用性はどちらも、ビジネスコンテキストに影響される非機能的なニーズによって導かれる。たとえば、金融サービスに関連するシステムは、多くの場合、厳格な高可用性とレイテンシーの要求がある。高可用性とスケーラビリティを設計する際は、ビジネスコンテキスト全体を考慮することが重要だ。

高可用性は、技術的な詳細を理解すれば、かなり簡単に実装できる。しかし、物事が複雑になると、通常はスケーラビリティの問題になる。

経験豊富なアーキテクトが犯す典型的な間違いは、実際には必要ではないのに高いスケーラビリティを実現しようと過剰に設計してしまうことだ。数万TPSを処理できるシステムは大抵、数百から数千TPSを処理できるシステムよりもはるかに複雑（10倍程度）になる。必要な限度を超えて構築することは無駄な作業だ。

意思決定のための質問と原則が、この場合にどのように適用されるか見てみよう。

- **質問1**：市場投入に最適なタイミングはいつか？
- **質問2**：チームのスキルレベルはどの程度か？
- **質問3**：システムパフォーマンスの感度はどれくらいか？
- **質問4**：システムを書き直せるのはいつか？

　通常、何が必要なのか（質問1、質問2、質問3）を把握し、それに基づいて設計を計画するのが役に立つ。スケーラビリティの問題のほとんどは、システムの書き換えで解決できる。一般に信じられていることとは裏腹に、多くの場合、高いスケーラビリティが必要になるまでには予想以上に時間がかかる。そして、高いスケーラビリティが必要になったときには、あなたはシステムを書き換えるためのリソースを手にしていることだろう。

　とはいえ、システムの書き換えには半年から1年かかることもある。トレンドに目を配りながら、積極的に行動するのが重要だ。しかし、確実な予測なしに行動すべきではない。

- **原則4**：決定を下し、リスクを負う
- **原則5**：変更が難しいものは、深く設計し、ゆっくりと実装する
- **原則6**：困難な問題に早期に並行して取り組むことで、エビデンスに学びながら未知の要素を排除する

　スケーラビリティが必要だと判断したなら、それは難しい問題になる。PoC、入念なテスト、そして設計がスケーラビリティの目標を達成できることを確認するためのレビューなど、慎重に取り組む必要がある。

　時には、あえてスケーラビリティのための設計をしないと決定し、潜在的なリスクを負担する必要があるかもしれない。

▶9.7 まとめ

この章の主要なポイントを以下にまとめる。

- ほとんどの本番システムには、何らかの高可用性の仕組みを持たせる必要がある。
- 高可用性の大まかなアプローチには、レプリケーションと高速リカバリーがある。前者はダウンタイムを防ぐが、後者よりも多くのリソースを必要とする。
- レプリケーションにおいて、2つのコピーがアクティブにトラフィックを処理している場合をアクティブ・アクティブ構成と呼び、一方のコピーがスタンバイ状態にある場合をアクティブ・パッシブ構成と呼ぶ。
- アクティブ・パッシブなデータベース構成を持ち、データベースに接続する複数のサービスがステートレスになっているシステムは、95％のユースケースを処理できる。
- 異なるアーキテクチャのビルディングブロックは異なるスケール特性を持っている。スケールに制限があるビルディングブロックをクリティカルパスに用いると、システムのスケールが制限される。
- Googleへの嫉妬に気をつけよう。システムをスケールアップするのは、必要性が明らかな場合に限定すべきだ。
- 現在の設計を超えてスケールアップする必要がある場合は、ボトルネックを順次排除するか、シェアードナッシング設計を使用することでスケールさせよう。

第10章 Macro Architecture: Microservices Considerations

マクロアーキテクチャ：マイクロサービスアーキテクチャでの考慮事項

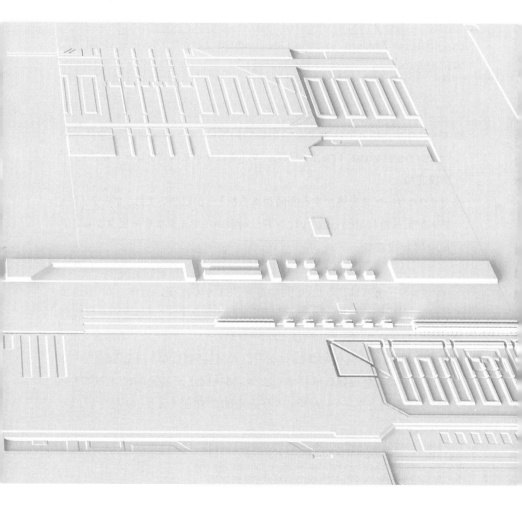

マイクロサービスは、シンプルかつ軽量で疎結合なサービス群を用いてシステムを構築する新しいアーキテクチャスタイルだ。アーキテクチャを構成するサービス群はそれぞれ独立して開発およびリリースできる。マイクロサービスアーキテクチャが広く認知されていることを考えると、それが設計にどのような影響を与えるかについての説明なくして、アーキテクチャの議論は完結しない。この短い章では、マイクロサービスを使用する際の現実的な課題と、解決策の可能性について説明する。

もしあなたがマイクロサービスを初めて知るのであれば、マーティン・ファウラーの投稿[1]を読んで定義を知ることをお勧めする。また、サービス指向アーキテクチャ（SOA）と比較したい場合は、ドン・ファーガソンの講演「Some Essentials for Modern Solution Development（現代のソリューション開発に不可欠ないくつかの要素）」[2]を見てほしい。また、意思決定には次が役立つ。

- マイクロサービスがいつ役立つかについては、マーティン・ファウラーの「Microservice Trade-Offs（マイクロサービスのトレードオフ）」[3]が役立つ。
- マイクロサービスを検討する価値があるかどうかについては、マーティン・ファウラーの「Microservice Premium（マイクロサービスプレミアム）」[4]が役立つ。

マイクロサービスはどのような問題を解決するのだろうか。チームでシステムを構築する際は、そのシステムを、独立して開発できる小さなパーツに分割する必要がある。そして、それらのパーツが互いに依存している場合には、開発チームメンバー同士のコミュニケーションが必要になる。ところが、チームが7～9人を超えた規模に成長すると、メンバー同士が効果的にコミュニケーションを取ることとリーダーがチームを生産的に管理することの両方が、より

---

[1] http://martinfowler.com/articles/microservices.html
[2] https://www.youtube.com/watch?v=W7tGlxJtofI
[3] http://martinfowler.com/articles/microservice-trade-offs.html
[4] http://martinfowler.com/bliki/MicroservicePremium.html

難しくなってくる。キース・マクエヴォイの記事「What's the Ideal Team Size for High Performance?（高パフォーマンスのための理想的なチームサイズとは）」[※5]は、この現象を説明している。

そうした状況を補うため、私たちはチームを複数に分割するが、その結果、チーム間のコミュニケーションはより遅くなっていく。それは次のような理由による。

- チームごとに優先順位が異なる。
- チームによってシステムに対する理解も、互いの担当部分についての理解も異なる。
- 成果の測り方が統一されていない。
- チーム同士の信頼は、チーム内の信頼よりも低いことが多い。

したがって、チーム間のコミュニケーションがわずかでも必要になると、システムの開発速度が大幅に低下する可能性がある。マイクロサービスの主な目的は、システムを小さなパーツに分割し、それぞれを異なるチームに割り当てることによって、チーム間のコミュニケーションの必要性を減らすことだ。それには、各マイクロサービスを他と疎結合にし、各マイクロサービスをそれぞれ1つのチームのみに割り当てる必要がある。

それぞれ独立して開発・リリースできるシンプルかつ軽量で疎結合なサービス群は、実に価値ある目標だ。この目標を達成できれば、メンテナンスコストを削減でき、システムは旧式のシステム（モノリス）よりも格段に速く進化する。とはいえ、うまくいかないこともたくさんある。

マイクロサービスアーキテクチャの考え方に則ったシステムの構築には多くの難しさがある。以降の節では、そうした難題のいくつかに対処する方法を説明する（以降は、マイクロサービスアーキテクチャを表すのにMSAという略語を用いる）。MSAを採用する場合、4つの決断が必要となる。それぞれについての可能性と私のお勧めを説明していこう。

[※5] https://www.linkedin.com/pulse/whats-ideal-team-size-high-performance-mcevoy-business-accelerator/

10.1 決めること1：共有データベースの扱い

　各マイクロサービスは独自のデータベースを持つべきだ。2つのマイクロサービスは同じデータベースを介してデータを共有してはならない。このルールは、サービス間の密結合につながるよくある要因を取り除く。図10.1が示すように、2つのサービスが同じデータベースを共有している場合、1つ目のサービスがデータベーススキーマを変更すると、2つ目のサービスが壊れてしまう。そしてそれを避けるために、データベースを変更する以前でのチーム同士の話し合いが必要となって、それが結合を生み出し、開発の遅れにもつながってしまう。そのため、この優れたルールは破るべきではない。

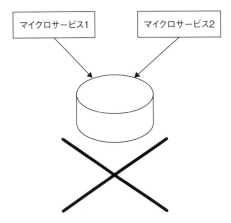

図10.1: 複数のマイクロサービスが同じデータベースを共有しているときに、あるサービスが勝手にデータベーススキーマを変更すると、他のサービスが壊れてしまう

　ただし、このルールには問題がある。第7章で説明したように、2つのサービス（例：銀行口座、ショッピングカート）が同じデータを使用していて、一貫性を強制するためにデータベーストランザクションを使用してトランザクショナルにデータを更新する必要がある場合には、データベースを共有することがよくある、ということだ。データベースを共有する以外の解決策は複雑だが、いくつか検討してみよう。

▶10.1.1　解決策1:特定のサービスだけがデータベースを更新する

特定のサービスだけでデータベースの更新が起きる場合には、非同期メッセージング(メッセージキュー)を使用できる。図10.2は、このアプローチにより、データベースを共有せずにデータを共有できることを示している。

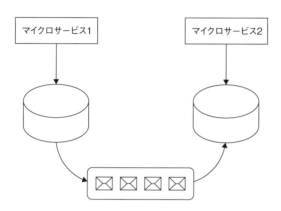

図10.2: データベースの更新にメッセージキューを使用する

▶10.1.2　解決策2:2つのサービスがデータベースを更新する

2つのサービスがデータベースを更新する場合は、それらのサービスの統合を検討するか、トランザクションを使用する。記事「Microservices: It's not (only) the size that matters, it's (also) how you use them – part 1(マイクロサービス:サイズだけでなく、使い方も重要)」[※6]は、最初の選択肢であるサービスの統合について説明している。トランザクションについては第7章ですでに説明した。また、第7章で説明したように、結果整合性など、より限定的な保証を受け入れることで、トランザクションの必要性をあきらめられる場合もある。

※6　https://cramonblog.wordpress.com/2014/02/25/micro-services-its-not-only-the-size-that-matters-its-also-how-you-use-them-part-1/

データベースを共有するかどうかを決定する際には、次のことを比較評価する必要がある。「共有データベースを必要とするすべての業務にマイクロサービスのスコープを定義し、それを1つのチームに割り当てることの複雑さ」と「複数のマイクロサービスを使用して処理するコスト」である。

▶10.2　決めること2:各サービスのセキュリティ

最先端のソリューションは、第8章で説明し、図8.2に示した、IDサーバーとOAuthのようなトークンベースのアプローチを使用することだ。サム・ニューマン著『マイクロサービスアーキテクチャ』(オライリー・ジャパン)[9]では、この解決策について詳しく論じている。

トークンベースのアプローチでは、クライアントがWebサイトやモバイルアプリにアクセスすると、IDPに誘導される。クライアントはIDP経由でログインし、SAMLまたはOpenID Connectで署名されたトークンを受け取る。このトークンにはユーザーのロールが記述されており、アプリケーションはこのトークンを使用してユーザーの認証と認可を行う。

▶10.3　決めること3:サービス間のコーディネーション

プログラムがリクエストを受け取ると、システムはマイクロサービスと通信し、リクエストを処理する。異なるサービス間の調整をどのように扱うかについては、第6章ですでに説明したが、その議論はここでも適用される。

▶10.4　決めること4:依存性地獄の避け方

MSAの主な目標は、サービスを独立してリリースし、デプロイできるようにすることだ。しかし、それが可能なのは、進化するサービスAPIの変更の中

で、サービスの依存関係が壊れない場合に限られる。そのためには「依存性地獄」を避けなければならない。サービスの依存関係について、どのようなシナリオがあるかを見ていこう。

まず、マイクロサービスAが「API　A.v1」を「API　A.v2」にアップグレードした場合を考えよう（以降はA.v1、A.v2と表記）。この場合には、後方互換性と前方互換性という、2つのケースについて考える必要がある。

▶10.4.1　後方互換性

A.v1を使用しているマイクロサービスBがあるとする。このとき、A.v1がA.v2にアップグレードされると、マイクロサービスBがA.v1に送信していたメッセージをそのままA.v2に送ってしまう可能性がある。こうした状況をサポートすることを**後方互換性**という。後方互換性を実現するには、次の2つの方法がある。

1つ目の方法は、A.v2エンドポイントがA.v1向けのメッセージを受けても問題を起こさないようにすることだ。このアプローチを取る場合には、後続のバージョンはオプションのパラメータの追加はできるが、既存のパラメータを削除したり名前を変更したりすることはできない。複雑さを避けるためにも可能な限り、このアプローチを使う必要がある。

APIレベルの後方互換性を保つことが困難な場合には、A.v1とA.v2の両方のサービスを実行し、ロードバランサーを使って正しいバージョンのAPIにリクエストをルーティングしなければならない。しかしその一方で、A.v1とA.v2は同じ永続データモデル（データベースなど）を共有する必要がある。もし私たちのサービスがステートレスであれば、データモデルの共有は多くの場合、開発者による追加の作業なしに行われる。

複雑さを避けるため、互換性サポートは一定期間の制限を設けるべきだ。たとえばマイクロサービスは、3か月（この期間は適切なものを選ぶ）より古いAPIに依存してはいけないというルールを設ける。そうすればAPIの開発者は、古いバージョンをサポートするコード分岐の一部を削除できる。後方互換性のサポートは、MSAの恩恵を受けるための必要条件だ。

▶10.4.2 前方互換性

A.v2を使用しているマイクロサービスCがあるとする。A.v2に問題が発生してAPIをA.v1に切り戻す必要が出た場合、マイクロサービスCはA.v2向けのメッセージをA.v1に送らざるを得ない。こうした状況をサポートすることを**前方互換性**という。

前方互換性への対処は複雑だ。A.v1からA.v2への変更が後方互換性を持たない場合にA.v1をA.v2にアップグレードする際には、「A.v2に問題が発生した場合、どうするのか?」という質問に答える必要がある。これには、いくつかの選択肢がある。

- A.v2メッセージを受信し、A.v1を呼び出すフォールバックパスを設定する。
- 必要に応じて、後でフォールバックパスを作る。
- v2からv1への切り戻しをあきらめ、他の手段(システムの再起動や、適切な修正が見つかるまで一時的な修正を見つけるなど)で問題に対処する。

1番目の選択肢を選ぶ場合、つまりA.v2のメッセージを受け取るがA.v1として処理するフォールバックパスを設定する場合、A.v2での変更は機能しない。2番目や3番目の選択肢を取る場合には、問題が発生するリスクを最小限に抑えるために最善を尽くす必要がある。たとえば、テストにより細心の注意を払う方法が取れる。他には、最初は1つの依存サービスだけがA.v2を使用するようにし、それを本番環境でテストしてから他の依存サービスをA.v2に切り替えることで、影響範囲を縮小する方法も取れる。

他のサービスに利用されるサービスは時間の経過とともにより多くのサービスに依存されるので、前方互換性は結局のところ一時的な対策に過ぎず、すべてのサービスは永久には前方互換性に頼れない。古いバージョンに戻す必要がないようにすることで、前方互換性を回避したほうがはるかによい。

前方互換性の選択をどのように扱うかはリスク管理の問題だ。たとえ前方互換性をサポートしていても、ダウンタイムのリスクは依然として大きい。リスクについて客観的であることが重要だ。リーダーは可能性を考慮し、確固たる決定を下す必要がある。マイケル・ブライゼックの「Taming Dependency Hell within Microservices（マイクロサービス内の依存関係地獄の制御）」[7]や「Ask HN: How do you version control your microservices?（HNに聞く：マイクロサービスのバージョン管理はどのように行うか？）」[8]などの記事は、関連するトピックに関する良い参照先だ。

結論として、この問題は完全に避けるほうがよいだろう。マイケル・ブライゼックの記事に出てくるポステルの法則（「送信するものに関しては厳密に、受信するものに関しては寛容に」）[9]に従うことで、前方互換性と後方互換性の両方の可能性が向上する。さらに、よく考えられた深いAPI設計（第2章の原則5「変更が難しいものは、深く設計し、ゆっくりと実装する」）は、API変更の必要性を減らすのに大いに役立つ。

▶10.4.3　依存関係グラフ

システム内のすべてのサービスをノードとして表し、Bから取得したデータをAが使用する場合（サービス呼び出しやイベントなど）にAからBに線を引くと、システムの依存関係グラフができあがる。この依存関係グラフの形は、設計上の選択の結果を表す。

1つには、必要に応じて自由に他のマイクロサービスを呼び出すという選択肢がありうる。これにより、ESB時代よりも前のスパゲッティアーキテクチャが生成される。私はそのモデルを支持しない。それは深い呼び出しパスにつながって、複雑さを生み出す可能性がある。深い呼び出しパスはタイムアウトを引き起こしやすく、デバッグを難しくする。

もう1つの極端な例は、マイクロサービスが他のマイクロサービスを呼び出さないようにし、すべての呼び出しをコーディネーション層を通じてのみ行う

---

[7] https://www.infoq.com/news/2015/06/taming-dependency-hell/
[8] https://news.ycombinator.com/item?id=9705098
[9] 訳注：ロバストネス原則とも呼ばれる。https://ja.m.wikipedia.org/wiki/ロバストネス原則

ようにする選択肢だ。これにより、1レベルのツリーが作成される。たとえば、マイクロサービスAがマイクロサービスBを呼び出す代わりに、コーディネーションロジックにAの結果を渡し、それがBを呼び出す。これはオーケストレーションモデルだ。オーケストレーションモデルでは、ビジネスロジックの大部分がコーディネーション層に存在することになる。確かに、これによりコーディネーション層は肥大化する。絶対的な1レベルの依存関係グラフを実現しようとすると、パラメータの受け渡しが多く発生するため、コードが複雑になる。たとえば、サービスAがサービスBを使用したい場合、サービスAのためにコーディネーション層を変更する必要がある。

依存関係グラフを2〜3レベルの深さに保つのが、両側のバランスを取る良い考えだ。依存関係グラフをシンプルに保つのが私のお勧めである。

▶10.5 マイクロサービスの代替としての緩く結合されたリポジトリベースのチーム

MSAの大抵の成功事例は、NetflixやAWSなどの大企業から来ている。そうした企業では、2枚のピザチーム[※10]が十分稼働するだけの作業がそれぞれのサービスに存在している。その一方で、フルタイムの開発者1人、あるいはパートタイムの開発者1人で開発・管理できるような、もっと小さなサービスでMSAを採用している事例をよく見かける。このような細かすぎるサービスで疎結合を実現しようとすると、多くの場合、複雑さを減らすより、かえって複雑さが増してしまう。基本に立ち返るなら、コストを大幅に削減する代替案がある。

前述のとおり、MSAには、チームを他のチームから独立させる狙いがある。チームは、他のチームと調整したり、他のチームの作業を待ったりすることなく、コードを書き、ビルドをリリースし、新しいバージョンを本番環境に持っていける必要がある。チーム間の依存関係をなくしたいのは、ほんの少しの依存関係があるだけでも、アウトプットが大幅に減少するからだ。ジーン・キム、ケビン・ベア、ジョージ・スパッフォードらによる書籍『The DevOps 逆

※10 ピザ2枚で足りるくらいの人数(7〜9名)のチーム。

転だ！究極の継続的デリバリー』（日経BP）[10]と、ジーン・キムによる書籍『The DevOps 勝利をつかめ！技術的負債を一掃せよ』（日経BP）[11]は、たくさんの例を交えてこの問題を美しく説明している。

　複数の「2枚のピザチーム」が調整の必要なく作業できるようにすることをマイクロサービスの目的とするなら、次に示すアプローチでも同じことを達成できる。私は、このアプローチをジェフ・ローソンの『Ask Your Developer』[12]という書籍の中で最初に見た。

- **システムは、それぞれがリポジトリを所有する2枚のピザチームによって開発される。**
- **リポジトリ内のコードをマイクロサービスであるかのように扱い、MSAの原則を適用する。コードは、その複雑さに応じて1つのサービスになることも、複数のサービスになることもある。たとえば、リポジトリ内のコードがデータベースを共有するのは問題ないが、異なるチームが所有するコードが同じデータベースにアクセスすることは禁止する。**
- **チームが成長したら（たとえば、チームの限界を7〜9人としたときに、メンバーが6〜7人になったら）、チームを分割するプロセスを開始する。このプロセスには、リポジトリを分割し、それぞれのチームにリポジトリを割り当てる作業が含まれる。**

　このアプローチでは、チーム内のコミュニケーションコストが小さく済むため、リポジトリ内のコードを疎結合にすることに多大な労力を費やす必要はない。ただし、チーム間のコードを疎結合に保つ労力は引き続き求められる。

　同じリポジトリ内であっても、コストが法外でなければ、チームはコードを2つのリポジトリに分割する設計を選ぶかもしれない。このアプローチの唯一の欠点は、チームを分割するコストだ。とはいえ、複雑なマイクロサービスは時間が経つと何にせよ分割が必要になる。アーキテクトは将来的な分割を見越して決定を下せるが、可能な限り、コストが高くつく取り決め（データベースを共有するなど）は避けるべきだ。私は、このアプローチがMSAを使用する利点とコストのバランスをうまく取るものだと考えている。

▶10.6 意思決定における考慮事項

　MSAを採用すると、システム構成は、開発、リリース、改善、管理を個別に行う、多数の疎結合なパーツに分割されてしまう。それによって引き起こされる問題を回避する最良の方法は、前述のゴールを念頭に置きつつ、基本原則から考えることだ。

　まず、理想的なチームの構成人数は7〜9人だ。もしそれよりも構成人数が少ない場合には、MSAは必要ない。なぜなら、その場合には、サービスを分割しても直面している問題の解決にはならないからだ。

　すべてのサービスが7〜9人のチームを必要とするなら、MSAはうまく機能する。しかし、常にそうであるとは限らない。少ない人数で十分なサービスもあれば、より多くの人数を必要とするサービスもある。リポジトリベースのチームというアイデアでは、サービスが細かい粒度の場合に、複数のサービスを1つのチームで管理することを許容する。サービスが複雑で大規模なチームを必要とする場合は、サービスを2つのサービスと2つのリポジトリに分割できる。

　モノリスから始めるというアプローチは、チームが2枚のピザサイズを超えて成長した場合にのみサービスをパーツに分割するリポジトリベースのチームと一致する。

　もし、MSAを細かく計画せずに採用してしまった場合であっても、可能な限り、2つのサービス（またはリポジトリベースのチームでは2つのリポジトリ）が同じデータモデルを変更するような状況を避けよう。2つのチームがデータベースを共有している場合、変更を伝達する必要があるため、全員のスピードが遅くなる。一方、データベースを共有しない場合は、各チームがイベントまたは分散トランザクションを介して通信する必要があり、それがさらなる複雑さを加えることになる。

　MSAを使用している場合は、各チームが独立してコードをデプロイするようにする。そのための課題を理解し、解決しよう。独立したデプロイなしにMSAの原則に従っても、メリットはない。

　MSAについては懐疑的であることが重要だ。基本原則から考え、推奨事

項が実際にチームに役立つことを確認しよう。AmazonやNetflixでうまくいったことが、必ずしもあなたにとってうまくいくとは限らない。

MSAに関する2つの一般的な誤りは、小規模なチームでMSAを採用することと、MSAを考えなしに採用することだ。これらの誤りは複雑なアーキテクチャへとつながる。これらの誤りを避ける最良の方法は、目的を忘れないことだ。

MSAの目的は、アーキテクチャをいくつかの緩やかに結合されたパーツに分割し、それぞれを独立して開発、リリース、進化、管理できるようにすることにある。

▶10.7 まとめ

この章の主要なポイントを以下にまとめる。

- 7〜9人以上の開発者でシステムを構築する際、MSAのコンセプトを使用して、複数の「2枚のピザチーム」を編成できる。これらのチームは、チーム間の調整を最小限に抑えながら、独自のコードを本番環境へと開発、リリース、デプロイできる。このようなチームは、モノリシックなシステムを構築した場合に比べて、はるかに高い成果を提供できる。
- マイクロサービス間でデータベースを共有しないための仕組みは、別の複雑さを生み出す。「細かく分割されたマイクロサービスのコストと利益」「2つのデータベース間でデータを同期するコスト」についてバランスを取りながら、個々のマイクロサービスのスコープを定義する必要がある。
- マイクロサービスでは、APIを変更する場合に後方互換性をサポートする必要がある。一方で、前方互換性の扱いは複雑であり、関連するリスクに基づいて判断を下す必要がある。
- サービスが細かく分割されている場合、MSAはより複雑さを増し、その利点を相殺してしまう可能性がある。そのような場合、各チームにリポジトリを割り当て、MSAの原則をサービスではなくリポジトリに適用するアプローチが使える。

· MEMO ·

第11章 | Server Architectures

サーバーアーキテクチャ

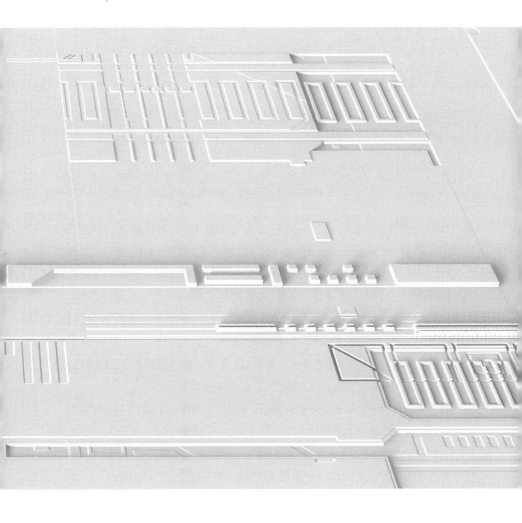

これまでの章で、マクロレベルのアーキテクチャについて説明してきた。サービスはこれらの設計の基本的なコンポーネントであり、アーキテクチャの既存のビルディングブロックでは賄えない機能を実装する。この章では、うまく設計された、効率的で安定したサービスをどのように実装できるかを探っていく。

▶11.1　サービスの作成

Spring BootやBallerinaのようなフレームワークを使うと、サービスを簡単に作成できる。どのフレームワークを使う場合でも、大抵は次のようなテンプレートを採用することになる。

```
Response do-something(request){
    //コード
    response = ...
    return response
}
```

requestオブジェクトはユーザーの入力を表す。入力は通常、JSONかXML、あるいはProtocol Buffersのようなバイナリプロトコルだ。サービスは、リクエストを受け付け、必要な処理を行い、リクエストと同じ形式でレスポンスを構築し、それを送り返すコードとして記述する。サービスを記述したら、ポート番号を指定してフレームワークを起動する。これでサービスのできあがりだ。http://your-machine-ip:portにアクセスすれば、サービスを利用できる。あなたがまともなプログラマーであれば、サービスの複雑さにもよるが、数分から数日でサービスを作成できるだろう。

自分たちのサービスがどのように動作するかを理解しておくことは有益だ。サービスは、起動時に指定されたポート（たとえば8008）でサーバーソケットを作成し、クライアントを待つ。クライアント（たとえば、顧客のモバイル端末で動作するモバイルアプリ）が接続を開くと、サーバーソケットは新しいソケッ

トを作成し、それをサービスの実装に引き渡す。サービスの実装はヘッダー（通常はHTTP）を読み取り、メッセージを読み取り、XML、JSON、または別の形式として解析し、スレッドプールから取得したスレッドを使用してdo-somethingメソッドを呼び出す。メソッドが終了すると、サーバーはレスポンスをクライアントに送り返し、スレッドをスレッドプールに返す。もっと複雑な実装も可能で、それについては、この章の後半で説明する。

サービスについて大体は説明した。とはいえ、内部の多くの詳細についてはまだ議論する必要がある。この章ではまず、サービスを作成する際のいくつかのベストプラクティスについて、これまでに説明した方法を使用して説明する。次に、さまざまなサーバーアーキテクチャや、それらを実際にどのように使用するかなどの高度な手法について掘り下げる。最後に、予想していたかもしれないが、必要ではない限り、これらの技術を使用しないようにと釘を刺す。

11.2 サービスの作成におけるベストプラクティスを理解する

効率的でシンプルなサービスを作成するためのガイドラインを次に示す。

- マクロアーキテクチャと同じで、サービスでもコンポーネントの分離と柔軟性（疎結合）のレベルを維持することが重要だ。この目標を達成するには、SOLID原則、DRY（Don't Repeat Yourself）、KISS（Keep It Simple, Stupid）、YAGNI（You Aren't Gonna Need It）などの、よく知られたソフトウェア開発のベストプラクティスで実装する必要がある。
- 車輪の再発明を避ける。利点がコストを上回るのであれば、ライブラリやフレームワークを利用し、ゼロからコードを書かない。ライブラリやフレームワークは通常、より安定しており、テストされており、メンテナンスされた実装を提供する。つまり、作業が少なくて済む。これにより、金銭的なコストだけでなく、余分な複雑さ、アーキテクチャの汚染、不確実性、時にはパフォーマンスのオーバーヘッドなどの間接コストも削減できる。

- 状態を保持するサービスは複雑になる。サービスは、可能な限りステートレスになるように作り、状態を保持しなくてはならない場合もできる限り最小限に抑える。それには、クライアントに状態を記憶させ（クッキーを使用するなどして）各リクエストと一緒に状態を送信する方法などがある。再起動時に再作成できないメモリ内の状態は保持しないようにしよう。再作成できる状態の例には、キャッシュ、プール、インデックスがある。
- サービスのコードを書く際は、処理を行うスレッドをできるだけブロックしないようにする。ブロックされると、スレッドはその間CPUを利用できなくなってしまう。スレッド数を増やすことでその影響は抑えられるが、第3章で説明したように、代わりにコンテキストスイッチのコストが高くなってしまう。たとえば、あるサービスを呼び出し、その応答を待っている間に別のサービスを呼び出す場合、両方の呼び出しが完了するまでの時間は、それらを順番に呼び出す場合よりも短くなる。しかし残念ながら、何事にもコストがかかる。ブロックしないためには、多くの場合、非同期プログラミングが必要となるが、非同期プログラミングは複雑で、デバッグが難しい。
- サービスを呼び出すクライアントやデータベース接続など、複雑なオブジェクトを再利用するにはプールを使用する。各プールにはキューがある。キューの長さを監視し、キューがいっぱいになった際はバックプレッシャーをかけよう。このトピックについては、第12章で詳しく説明する。そして、第2章で説明したように、システムの薄いスライスをできるだけ早く動作させよう。さらに、機能を追加しながら、パフォーマンスをテストし、コードをプロファイリングし、イテレーションを回していこう。サービスの中で最大のクリティカルパスは、リクエストを処理している部分だ。次に重要な箇所はサーバーの起動だ。クリティカルパスでは、できる限りやることを減らそう。たとえば、起動時またはバックグラウンドで設定やデプロイメントを読み込もう。クリティカルパスのチューニングに常に時間をかけよう。
- ほとんどのサービスは、リクエストを取得し、データベースからの読み込みまたはデータベースへの書き込みを行い、他のサービスを呼び出し、何らかの処理を行い、レスポンスを返す。データベースの呼び出しとサービスの呼び出しは時間がかかるため、レイテンシーが増加する。そのため、次

のことに留意する。
- ―可能なものはキャッシュしよう。
- ―可能であれば値を事前にフェッチしよう（できるだけ早く非同期呼び出しを開始して取得する）。
- ―可能であれば読み込みと書き込みはバッチで処理しよう。
- ―データベースをチューニングする時間を取ろう（スロークエリのログなど）。

● サービスが他のサービスやAPIをたくさん呼び出すと、レイテンシーが増加する。その場合には、外部サービスの呼び出しが並行して行われるように、ノンブロッキング呼び出しを使用する必要があるかもしれない。

● メッセージの順序などについてクライアントとサーバーの両方を制御することで、パフォーマンスや信頼性の保証が向上する。また、この場合、将来的に物事を簡単に変更できることに留意しよう。

● べき等操作は、同じリクエストの複数のコピーを受け取っても影響を受けない。サービス操作は可能な限りべき等にしよう。そうすれば、回復が簡単になり、少なくとも1回の配信で済む。これにより、マクロアーキテクチャがシンプルになる。たとえば、第7章で説明したように、ステートフルなサービスがすべてべき等なら、トランザクションを回避できることが多い。

これらのガイドラインに従い、サービスが期待されるパフォーマンスを保証しつつ望んだ動作をしているのなら、それで完了だ。章の残りの部分では、より高度なサービス設計技術について説明する。とはいえ、パフォーマンスがあなたのユースケースにとって重要でない限りは、標準的なサーバーアーキテクチャから始めよう。高度な手法を使用する場合は、同じかまたは類似の技術を以前に実装したことがある経験豊富な開発者を数人、チームに加えるようにしよう。

▶11.3　高度なテクニックを理解する

この章ではここまで、最もシンプルなサーバーアーキテクチャに焦点を当ててきた。それはつまり、ネットワークからのデータの読み書きにブロッキングI/Oを使用し、リクエストごとにスレッドを使用する（スレッドモード）、**「リクエストごとのスレッド」**アーキテクチャを指す。この設計により、サービス開発者は通常どおりにコードを書き、ブロッキングI/Oやその他のブロッキング操作を行える。このアプローチは、最もシンプルなユーザープログラミングとデバッグ体験を提供する。このアーキテクチャは、決して最高のパフォーマンスを持つアーキテクチャではないが、ほとんどのユースケースで許容できるパフォーマンスを提供する。したがって、「リクエストごとのスレッド」アーキテクチャは、ほとんどのユースケースに最適な選択肢となる。

この章の残りの部分では、高度なテクニックについて説明する。これらのテクニックは開発者により強力な機能を提供するが、それぞれ少しの複雑さも伴う。これらのテクニックは、必要なときだけ、慎重に使うようにしてほしい。

▶11.3.1　代替I/Oとスレッドモデルの使用

高度なアーキテクチャでは、「リクエストごとのスレッド」アーキテクチャとは異なるI/Oモデルとスレッドモデルが使われる。第3章で説明したように、システムは、CPUコアの数に近いスレッド数で実行し、各スレッドが有用なことを行い続けるときに最高のパフォーマンスを達成する。これは通常、コンテキストスイッチのコストを最小限に抑えるイベント駆動のスレッドモデルで実現する。ただし、このアーキテクチャにタスクブロック（I/Oなど）がある場合、CPUはブロックされたタスクを待機してアイドル状態になり、システムパフォーマンスが大幅に低下する。

こうしたアーキテクチャは慎重に実装する必要がある。こうした観察結果から、次に示すような結論が導き出される。

- イベント駆動のスレッドモデルを使用する場合は、ノンブロッキングI/Oを使用する必要がある。このように、スレッドモデルとI/Oモデルは相互に関連する。
- サービスの実装は、他のすべての操作をノンブロッキング方式で行わなければならず、その負担はサービスの開発者が負う必要がある。そのため、プログラマーは新しいテクニックを学ぶことを余儀なくされる。
- ブロッキングは避けられない場合もある。その場合は、ハイブリッドモデルが必要になる。

「リクエストごとのスレッド」モデルとイベントベースモデルについてはすでに説明した。広く使用されているハイブリッドモデルの1つは、ステージドイベント駆動アーキテクチャ（Staged Event-Driven Architecture：SEDA）と呼ばれる、パイプライン状に処理を配置したノンブロッキングI/Oだ。ここからは、それぞれのモデルを詳しく見ていこう。

「リクエストごとのスレッド」アーキテクチャ

「リクエストごとのスレッド」アーキテクチャでは、単一のスレッドが単一のリクエストの作業を丸ごと行う。図11.1は、各リクエストに3つの作業項目があると想定している。各リクエストのすべての作業項目は単一のスレッドに割り当てられる。スレッドプールのすべてのスレッドが使い果たされると、リクエストは待機する必要がある。

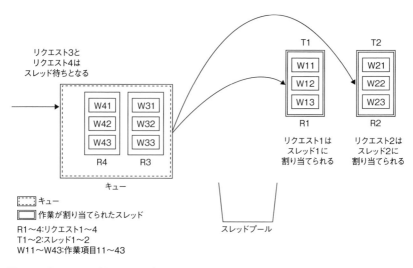

図11.1:「リクエストごとのスレッド」アーキテクチャ

　理解のために、このアーキテクチャを現実世界にマッピングしてみよう。「リクエストごとのスレッド」アーキテクチャを使用して運営されているレストランを想像してみてほしい。そこでは、1テーブルの顧客ごとに1人（スレッド）のウェイトスタッフが付き、その顧客の注文に関わるすべての手順を行っている。顧客を座らせ、注文を取り、調理し、給仕し、伝票を渡して処理し、最後にあいさつする。そのウェイトスタッフは、顧客が作業をしている間（客が食事をしている間など）にアイドル状態になるが、「アイドル状態」のときは何も価値のあることを行わない。これは、レストランがテーブルと同じ数のウェイトスタッフを必要とするため、無駄の多いシナリオといえる[1]。

　別の例として、株式の買い注文を受け取り、株価を取得するためにAPIを呼び出し、株価が指定された価格範囲内にある場合に株式を購入する株取引サービスを考えてみよう。このモデルでは、すべての処理が単一のスレッドで行われる。API呼び出しを行うと、スレッドはレスポンスを待ってアイドル状態になる。

---

[1] この例は「What is SEDA (Staged Event Driven Architecture)?（SEDAとは何か?）」(https://stackoverflow.com/questions/3570610/what-is-seda-staged-event-driven-architecture)の影響を受けている。

どちらのシナリオも理想的ではないものの、「リクエストごとのスレッド」アーキテクチャには次に示す3つの主な利点がある。

- サービス開発者に最も自然なプログラミングモデルを提供する。
- Spring Boot、Apache Tomcatなどのいくつかのフレームワークがすでにこのモデルをサポートしている。
- 実装自体が理解しやすい。

このモデルの主な欠点は、サービスに使用するスレッド数の影響が大きい点だ。そのため、適切なスレッド数を慎重に選択する必要がある。すべてのスレッドが使い果たされると、システムは新しいリクエストを受け入れるためにスレッドが解放されるのを待たなければならない。

サービスにCPUワークロードを使用する場合には、スレッド数はコア数に近い値にすべきだ。I/Oが大量にある場合、ブロッキングに対応するために、スレッド数はコア数の50～100倍にする必要がある。第3章で説明したように、スレッド数が多いとコンテキストスイッチのオーバーヘッドが増加する。その結果、このアーキテクチャは、ほとんどのユースケースで最もパフォーマンスが高いとは言えない。

イベント駆動（ノンブロッキング）アーキテクチャ

イベント駆動アーキテクチャでは、処理を**ブロックしない**サブアイテムに分割する必要がある。そのため、私たちは2つのブロッキング操作（I/Oやロックの獲得）の間に行われる作業を切り出して、1つのアイテムに割り当てることがよくある。図11.2に、このアプローチの例を示す。

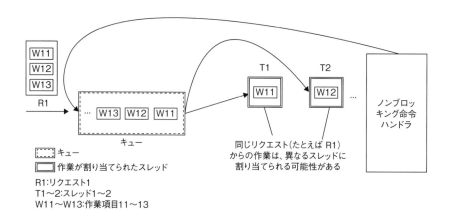

図11.2: イベント駆動（ノンブロッキング）アーキテクチャ

ブロッキングを避けるには、ブロッキングが発生する操作にノンブロッキングAPIを使用する必要がある。そうすることで、ブロッキング操作を開始と終了の2つの部分に分割できる。I/Oを開始したときに呼び出しを始め、I/Oが完了したときに呼び出しを終了する。多くの場合、サブアイテムはブロッキング操作の終了部分から始まり、開始部分で終わる。たとえば、株式を購入するサービスが2つのサービスに株価を問い合わせ、決定を下し、レスポンスを送信する場合は、図11.3に示すように、3つのサブアイテムに分けることが可能だ。

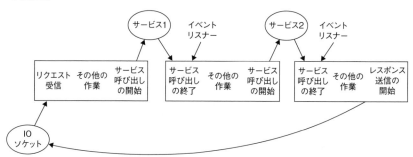

図11.3: 2つのサービス呼び出しを行うサービスのサブアイテムの例

図11.3に示すように、ノンブロッキングアーキテクチャはイベントリスナーを設定することで、外部イベント（リクエスト）を受信し、これらのイベントに応答するサブアイテムが実行されるように手配する。このアーキテクチャは、実行時に各サブアイテムを異なるスレッドに割り当てる。

サービスを呼び出す場合には、サブアイテムはノンブロッキングI/O操作を使用する必要がある。サービス呼び出しの開始後、スレッドは新たな作業を行うために解放される。サービス呼び出しが完了すると、アーキテクチャはサービスレスポンスを使用して次のサブアイテムをスケジュールし、それをキューに追加する。スレッドはサブアイテムを取得して処理する。このプロセスは、すべてのサブアイテムが完了するまで続く。

仮に、架空のレストランをイベント駆動アーキテクチャを使用して運営していたとしよう。その場合、すべてのスタッフ（スレッド）は任意のタスクを実行できる必要がある。スタッフらはアクティビティを待ち、それぞれが飛び込んでくるタスク（席の案内や注文など）を行う。タスクを終了すると、彼らは戻って新しいタスクを待つ。このレストランは、テーブルの数よりもはるかに少ないウェイトスタッフで運営できるが、各人はすべてのタスクを実行できる必要がある。また、ウェイトスタッフは特定のテーブルに待機するのではなく、作業（客の注文）を提出し、その完了を確認する必要がある。

ノンブロッキングアーキテクチャの主な利点は、パフォーマンスだ。このアーキテクチャは、システム内のコア数に近い固定スレッドプールで動作する。サブアイテムのいずれもブロックされないため、十分なサブアイテムがあれば、このアーキテクチャはほぼ100%の使用率を達成できる。ただし、次の2つの欠点がある。

- **すべてをノンブロッキングにするのは難しい。**
- **ノンブロッキングのサービス実装を書くには、サービス開発者がI/Oの仕組みを深く理解している必要がある。残念ながら、I/Oをそこまで深く理解している開発者はほとんどいない。**

ステージドイベント駆動アーキテクチャ（Staged Event-Driven Architecture:SEDA）

SEDAは、すべてをノンブロッキングにすることの難しさに対応したアーキテクチャだ。SEDAは、すべてをノンブロッキングにすることを強いることなく、イベント駆動アーキテクチャの利点をもたらしてくれる[※2]。

図11.4に示すように、SEDAは、キューで接続された複数のステージで構成される。各ステージでは、ブロッキングアーキテクチャまたはノンブロッキングアーキテクチャを使用できる。多くの場合、ランタイムチューニングを使用して、さまざまなステージに最適なパラメータ（スレッド数など）を決定する。SEDAは概念的には製造パイプラインと似たアーキテクチャだ。

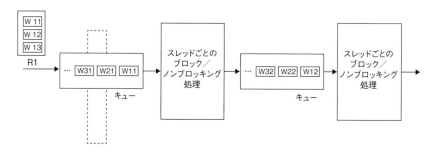

図11.4: ステージドイベント駆動アーキテクチャ（SEDA）

再び架空のレストランの例に戻ろう。今回は、SEDAのようなアーキテクチャを使用して運営していると仮定する。この場合は、異なるスタッフ（スレッド）が異なるステージを処理する。1人ですべての処理を行うステージもあれば、複数人が協力して作業するステージも存在する。このアーキテクチャは、専門化（席への案内、調理、給仕など）を可能にする。株式購入の例で考えるなら、各ステージはリクエストの処理、APIの呼び出し、決定、株式の購入、レスポンスの送信などに分かれる。

このアーキテクチャの主な課題は、サービス開発者がステージを特定する

[※2] Matt Welsh、David Culler、Eric Brewerによる「SEDA: An Architecture for Well-Conditioned, Scalable Internet Services」（ACM SOSP 2001、https://dl.acm.org/doi/10.1145/502059.502057）参照

必要があることだ。そのためには、パフォーマンスの挙動を深く理解している必要がある。多くのミドルウェアフレームワークはSEDAを使用しているが、設計が複雑になるため、サービス開発者が日常的なサービスを構築する際にSEDAを広く使用することはあまりない。

SEDAのようなアーキテクチャを使用する予定であれば、ステージングアーキテクチャの効率的な実装を提供するLMAX Disruptor（以下、Disruptor）フレームワークを活用できる。図11.5に示すように、Disruptorはリングバッファを使用し、新しい作業が追加されるとバッファを反時計回りに移動する。

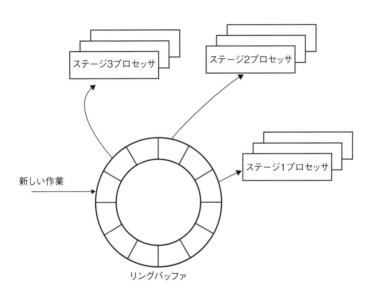

図11.5: Disruptorフレームワークの上に構築されたSEDAのようなアーキテクチャ

プロセッサは複数のステージに属し、リングバッファで同時に処理できる。SEDAでは制約を定義することで、プロセッサの間の処理の順序を制御できる。たとえば、図11.5のステージ1プロセッサはセルをロックし、データを読み取り、処理し、データをセルに書き戻す。ステージ2プロセッサもセルを読み取り、処理し、セルに書き戻す。ただし、ステージ1プロセッサがセルに書き込む前に、ステージ2プロセッサがセルにアクセスすることは許可しないという制約

を定義できる。このアプローチにより、SEDAステージのパイプラインが作成される。同様に、フォークを含むより複雑なステージも実装できる。

Disruptorフレームワークは、キャッシュの無効化を避ける注意深いデータ構造設計により、スレッド間でのデータ共有によるメモリコストを削減する。さらにDisruptorは、SEDAアーキテクチャに追加の効率性をもたらす。これは、複数のキューとそれらの間のデータ移動を、単一のリングバッファと制約に置き換えることによってもたらされる効果だ。

アーキテクチャの比較

ベンジャミン・エルブの修士論文「Concurrent Programming for Scalable Web Architectures(スケーラブルなウェブアーキテクチャのための並行プログラミング)」[※3]の4.2節では、この章で説明しているアーキテクチャ以外にもいくつかのアーキテクチャを紹介している。この章では、マルチコアアーキテクチャの利用可能性により、めったに使用されないだろうと予想されるマルチプロセッサアーキテクチャは説明から除外した。

「リクエストごとのスレッド」アーキテクチャでノンブロッキングI/Oを実装しても、パフォーマンスが大幅に向上することはない。一方で、イベント駆動モデルでブロッキングI/Oを使用すると、パフォーマンスが大幅に低下する可能性がある。

この項で説明した3つのアーキテクチャは、プログラミングの複雑さとより良いパフォーマンスの間のトレードオフを提供する。開発者の生産性が重要な目標であるため、ほとんどのサービス開発とホスティングフレームワークは「リクエストごとのスレッド」モデルを使用している。私たちも、TomcatやGo kitのようなフレームワークを通して「リクエストごとのスレッド」モデルを使用すべきだ。他のアーキテクチャを選択するのは、サーバーのパフォーマンスを最大限まで引き出せることが重要な利点である場合のみにとどめよう。続く項では、高度なテクニックに関する説明を続ける。

※3　https://berb.github.io/diploma-thesis/

▶11.3.2　コーディネーションのオーバーヘッドを理解する

パフォーマンスの動作は直感に反することがある。たとえば、コーディネーションのオーバーヘッドのために、マルチコアマシンであっても、単一スレッドベースの実装のほうがマルチスレッドで処理するよりも優れたパフォーマンスを発揮することがある。これは、第3章で説明したアムダールの法則で説明できる。コーディネーションによるオーバーヘッドの2つの一般的な形態は、I/Oオーバーヘッドとメモリアクセスオーバーヘッドだ。これらを次に見ていこう。

I/Oオーバーヘッド

同じデータソースに書き込む場合、コーディネーションを必要とする複数のライターよりも単一のライターのほうが、優れたパフォーマンスを発揮することがよくある。そのような場合は、複数のスレッドからのデータをキューまたはDisruptorリングバッファに送信し、単一のライターを使用してデータを書き込むほうがよいだろう。この設計では、データをバッファリングして、必要な書き込みの数を減らすことで、パフォーマンスを向上させることも可能だ。これは、単一ライターの原則と呼ばれている[4]。

メモリアクセスオーバーヘッド

I/Oがなくても、単一スレッドが複数のスレッドのパフォーマンスを上回ることがある。特に、メモリアクセスを分散させて計算が行われる場合や、複数のスレッドが1つまたは少数の変数を頻繁に更新する場合にその傾向が高い[5]。そのような場合は、コードを書き換えて単一スレッドを使用するか、スレッド間のデータ交換を最適化する必要がある。

OSレベルでは、各スレッドは独自のキャッシュとプログラミングカウンターを持っている。スレッドが古いデータを読み取るのを防ぐため、共有変数が変更されると、システムはその変数を保持しているキャッシュラインを無効にす

---

[4]　単一ライターの原則に興味がある場合は「Single Writer Principle（単一ライターの原則）」（https://mechanical-sympathy.blogspot.com/2011/09/single-writer-principle.html）を参照してほしい。
[5]　フランク・マクシェリーによる記事「Scalability! But at What COST?（スケーラビリティ!でも、そのコストは?）」（http://www.frankmcsherry.org/graph/scalability/cost/2015/01/15/COST.html）およびブログ（http://blog.acolyer.org/2015/06/05/scalability-but-at-what-cost/）を参照してほしい。

る。これにより、すべてのスレッドがメモリからデータを読み取ることを強制されるため、実行速度が低下する。この性質は**キャッシュ一貫性**と呼ばれる。各キャッシュラインには多くの変数が含まれているため、**偽共有**と呼ばれる動作を引き起こす可能性がある。偽共有とは、広く読み取られる変数と広く書き込まれる変数が同じキャッシュラインに存在するせいで、後者の変数が読み取られることはないにもかかわらず、キャッシュが無効になるという現象だ[6]。

複雑な処理を得意とする稀有なプログラマーでない限りは、この難しい問題を楽しむことはできないだろう。良い知らせは、JavaやC++では、Disruptorライブラリがスレッド間でのデータ交換の複雑さをカバーしてくれるので、あなたはそれを再利用できるということだ。また、スレッド間で共有されるデータ構造を、Javaが提供するような並行データ構造に置き換えることも可能だ。それでも、何をしても機能せず、単一のスレッドが複数のスレッドより優れたパフォーマンスを発揮することもある。

▶11.3.3 ローカルの状態を効率的に保存する

サービスによっては、たとえばローカルの状態をディスクやデータベースに保存したり、逆にディスクやデータベースからローカルの状態を復元したりする必要に迫られる。そうした場合のほとんどで、クライアントはその状態が保存されたことを知る必要がある。データベースの場合は、トランザクションでこれを実現できる。ただし、パフォーマンスの向上や信頼性の保証をより詳細に制御するために、ディスクやキューを使用してローカルの状態を保存することがある。

ランダム性のないサービス（決定論的サービスとも呼ばれる）を前提とすると、タイマー割り込みを含むすべての入力を記録して再び処理することで、その状態を再構築できる。決定論的サービスの出力は、その入力にのみ依存するからだ。次に、この原則を利用して、すべての受信メッセージをディスクま

---

[6] https://mechanical-sympathy.blogspot.com/2011/07/false-sharing.htmlおよびhttps://mechanical-sympathy.blogspot.com/2011/07/memory-barriersfences.htmlを参照してほしい。

たはキューに保存し、サービスが失敗した場合に保存されたメッセージから状態を再構築できるようにする2つのテクニックを説明する。

ディスクベースの永続サービス

ディスクベースの永続サービスは、各リクエストを保存し、その受信をクライアントに通知する。これにより、サービスは受信したメッセージを必ず処理できる。このテクニックは、処理中にメッセージが失われないようにするのに有用だ。ただし、メッセージをディスクに1つずつ書き込むのは時間がかかる。代わりに、図11.6に示すように、書き込みキューを保持し、すべての書き込みリクエストをこのキューに送信する方法もある。

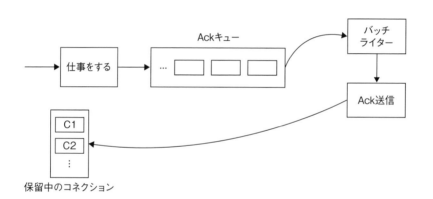

図11.6: ディスクベースの永続サービスのアーキテクチャ

図では、バッチライターを実行する単一のスレッドが、書き込みキュー（図ではAckキューと記載）からできるだけ多くの書き込みリクエストを読み取り、複数のリクエストを1回のバッチ処理でまとめて書き込む。ライターがメッセージを書き込み終わると、対応するクライアントに確認応答（Ack）を送り返す。このアプローチでは、バッチI/Oを使用してディスクに書き込んだ後に各メッセージを確認できるため、スループットが大幅に向上する。この方法はシンプルだが、メッセージを1つずつ書き込むよりも10〜100倍優れたパフォーマンスを提供できる。

メッセージキューベースの永続サービス

メッセージキューベースの永続的サービスでは、クライアントがメッセージキュー（Apache Kafkaなど）にメッセージを置き、サービスがそのメッセージをキューから読み取って処理する。サービスは随時、処理した最後のメッセージIDとともに現在の状態を保存する。障害が発生した場合には、サービスは保存していた状態を再読み込みし、続くメッセージIDから処理を再開する。このアプローチは、すべてのメッセージではなくトルツメ状態を随時保存することにより、はるかに優れたパフォーマンスで障害からの回復を実現する。

ほとんどの場合、メッセージキューベースのサービスは、ディスクベースの永続的サービスよりも好ましい。その理由は、書く必要があるコードの複雑さを大幅に減らせるからだ。

▶11.3.4　トランスポートシステムの選択

ほとんどのサービスは、リクエストやレスポンスの送受信用トランスポートにHTTPを使用するが、選択肢は他にもある。HTTPでは、クライアントからサーバーにリクエストが送られ、サーバーはリクエストを処理してレスポンスを送信する。クライアントはレスポンスを受信するまで待機する。とはいえ、HTTPはメッセージ配信を保証しない。他のトランスポートシステムには次のようなものがある。

- WebSocket、gRPC、HTTP/2。これらのシステムは接続を確立し、接続を維持でき、サーバーもクライアントにメッセージをプッシュできる。
- AMQP（Advanced Message Queuing Protocol）やKafkaなどのメッセージングプロトコル。これらのプロトコルは、一方向（リクエストのみ）のメッセージを永続的に送信でき、受信者が処理の完了を確認した後にのみメッセージを削除できる。受信者またはメッセージブローカーが失敗した場合、システムはディスクからメッセージを回復できる。

お勧めは、HTTPまたはHTTP/2を使用することだ。これらは広く理解され、ほとんどのフレームワークでサポートされているというのがその理由だ。より高い処理保証（保証された配信や正確に1回など）が必要な場合は、他のメッセージングプロトコルを使用してもよいだろう。高いパフォーマンスが必要な場合はgRPCが使用され、サーバーがクライアントにイベントを通知したい場合は、WebSocket、gRPC、HTTP/2プッシュ通知が使用されることが多い。

▶11.3.5　レイテンシーへの対応

サービスは、多くの場合、許容されるレイテンシーの範囲内に収めることを求められる。特別な処理をしなくても、レイテンシーの制約を十分に満たすパフォーマンスを持つ場合もあるが、そうでない場合にレイテンシーを最適化する方法については、「3.4 レイテンシー最適化テクニック」で説明した。

▶11.3.6　読み取りと書き込みの分離

一般的なサービス実装は、読み取り性能に最適化されている。書き込み性能を最大化する必要がある場合は、図11.7に示すように、読み取りと書き込みを2つのサービスに分離できる。

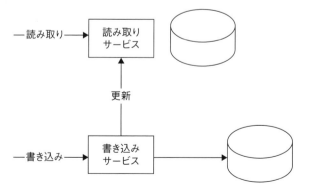

図11.7: 読み取りと書き込みを分離するためのアーキテクチャ

このアプローチでは、読み取り用のサービスと書き込み用のサービスを作成し、それぞれがサービスの背後に独自のデータベースを持つ。図11.7のように、すべての書き込みは直接書き込まれ、読み取りサービスに送信される。読み取りサービスは、クエリに応答しながら、読み取りサービスで使用するモデルを構築する。読み取りサービスで使用するモデルは、メモリとデータベースのどちらに実装してもよい。

このアプローチにより、書き込み側は読み取り時のロックや、追記操作時の制限から解放される。追記操作は、データベース操作におけるシーク遅延の必要性を大幅に減少させる。結果として、システムはより高速に動作でき、優れた書き込みパフォーマンスを提供する。このアプローチの例には、CQRS（コマンドクエリ責務分離）がある[7]。

このアプローチは、正しく行うのが難しいため、慎重に使用する必要がある。問題になりやすいのは、たとえばイベントから現在の状態を再構築する場合だ。この方法だと、コードが更新されているときに壊れてしまう可能性がある。イベントから現在の状態を間違いなく再構築するには、コードの変更を追跡し、適切なバージョンを使用してコードを実行する必要がある。このような問題を修正するのは難しく、予測はさらに難しい。

▶11.3.7 アプリケーションでロック（とシグナリング）を使う

時に、サービスはロックを使用して共有データ構造を保護したり、セマフォを使用してスレッド同士を待機させたりすることで、スレッドの実行を調整する必要がある。ロックやセマフォのような構造は**同期プリミティブ**と呼ばれる[8]。

可能であれば、コーディネーションは避けよう。たとえば、ロックを使用してデータ構造を保護する代わりに、保護を必要としない並行データ構造を使用できる。ブロックするセマフォメソッドacquire()を使用する代わりに、

※7　https://martinfowler.com/bliki/CQRS.html参照。
※8　これらのプリミティブについての優れた入門書は、アレン・B・ダウニーによる『The Little Book of Semaphores』(Green Tea Press)だ。この書籍はhttps://greenteapress.com/wp/semaphores/で入手できる。

tryAcquire()メソッドを使用し、失敗したら再試行する。tryAcquire()を使用する際は、非同期プログラミングの複雑さを考慮する必要があることに注意してほしい。

ロックまたは同期プリミティブをできるだけ早く解放して、同期に費やす実行時間を短縮しなければならない。他のスレッドがブロックしているスレッドを考えてみよう。そのようなスレッドがI/O操作や同期操作、プールからのオブジェクト取得を行っている場合は、特に注意する必要がある。この種の操作を行うと、そのスレッドの実行が終わるまで、どの待ち行列も実行できなくなり、ボトルネックとなってしまう。この種のバグは、連鎖的な影響を及ぼし、すべての速度を低下させる。I/Oのような操作には時間がかかるため、同期操作の影響が強まる。

ほとんどのアプリケーションが複数のコアを使用するマルチコア時代では、同期プリミティブはパフォーマンスを大幅に損なう可能性がある。これは、第3章で説明したように、アムダールの法則を使用して説明できる。同期プリミティブはパフォーマンスに致命的な影響を与えるため、他のものをチューニングする前に、まず同期操作をチューニングする必要がある。

同期を使用する場合は、プロファイラーを使用してその動作を理解し、最適化する必要がある。これは他のチューニングの前に行う必要がある。Oracle JVMのプロファイリングツールやJava Flight Recorderを含む多くのプロファイラーには、ほとんどのブロックが発生する場所を分析できる同期とロックのチェックが含まれている。

図11.8は、プログラム内のスレッド状態のスナップショットを示している。一番下の帯は実行中のスレッドを示し、その上の帯はブロックされているスレッドを示し、3番目の帯はネットワークI/O待ちのスレッドを示し、一番上の帯は待機中のスレッドを示している。ブロックされているスレッドはできるだけ少なくしたい。問題があるとわかったら、ロックプロファイルを使用して、最も大きなオーバーヘッドを生み出すプリミティブを見つけられる。

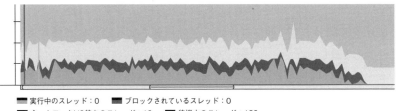

■ 実行中のスレッド：0　　■ ブロックされているスレッド：0
■ ネットワークI/O待ちのスレッド：16　　■ 待機中のスレッド：136

図11.8: アプリケーションのスレッド状態のスナップショット：実行中、ブロックされている、ネットワークI/O待ち、待機中（下から上）

▶11.3.8　キューとプールの使用

　プログラムのパーツ間の速度を合わせる際、私たちはキューを使用する。たとえば、処理できる速度よりも速くリクエストが来る場合には、それらをキューに入れる。キューを使用するプログラムは、すでにいっぱいのキューにデータを入れようとしたときか、空のキューからデータを読み取ろうとしたときにブロックできる。キューはシステムにおけるレイテンシーの重要な原因となる。ブロックされたキューは同期プリミティブと同様に振る舞うため、同期プリミティブに適用されるベストプラクティスはキューにも適用される。

　データベースやスレッドは、それらをプログラムの中で再利用可能にする手段を提供してくれている。たとえば、データベース接続プールはデータベース接続を再利用するためのものであり、スレッドプールはスレッドを共有するためのものだ。プールはキューと似た挙動をするが、サーバーの負荷を制御するためのスロットリングの一形態でもある。たとえば、スレッドプールはスレッド数を制御し、データベース接続プールはバックエンドサーバーへの同時リクエスト数を制御する。

　プールの取り扱いで考えるのは、単にそのサイズの拡大だけではない。バックエンド（データベースなど）をスケーリングする必要があることも多い。プールを注意深く監視し、同期と同様に、プールとキューの影響を理解し、プログラムの他の部分を調整する前にそれらを調整する必要がある。実行時にキューやプールがブロックされた場合は、エラーをクライアントに伝播するのがベストプラクティスだ。これをバックプレッシャーをかけると言う。この問題

については第12章でさらに詳しく説明する。

▶11.3.9　サービス呼び出しの取り扱い

最近では、コード内でサービスを呼び出す（API呼び出しとも呼ばれる）のは一般的だ。サービス呼び出しがブロックされると、プールやロックと同じような動作をし、前述したように深刻なボトルネックになる可能性がある。サービス呼び出しは常にI/O操作を行うため、その処理には時間がかかり、その影響はキューやロックよりも悪化する可能性がある。とはいえ、サービス呼び出しは非同期I/Oを使用して効率的に処理できることが多い。

▶11.4　テクニックの実践

　この節では、サービスを設計する際に、この章で述べたテクニックをどのように組み合わせるかを説明する。ロック、スレッドプール、キューの効果についてはすでに説明した。これらの効果は、I/O、メモリ、CPUの相互作用よりもはるかに支配的で予測可能だ。したがって、I/O、メモリ、CPUをチューニングする前に、まずロック、スレッドプール、キューをチューニングすべきだ。

　I/O、メモリ、CPUのチューニングは複雑だ。この三者の理解を深めるために、リソースの利用状況に基づいてアプリケーションを分類するところから始めよう。アプリケーションが実行される際は、常にCPUとある程度のメモリが必要となるので、次に示す4つの分類では、CPUとメモリは常に存在する。I/OはCPUやメモリ操作よりもはるかに高コストであるため（第3章参照）、わずかなI/Oの存在であってもアプリケーションの挙動を大きく変えてしまうことがある。

　ここからは、次の4項目に対して、それぞれにどのようなアーキテクチャが適しているかについても説明する。ここで、>>は「著しく支配的である」ことを意味する。

- CPU性能律速型アプリケーション（CPU >> メモリ、I/Oなし）
- メモリ性能律速型アプリケーション（メモリ >> CPU、I/Oなし）
- バランス型アプリケーション（CPU + メモリ + I/O）
- I/O性能律速型アプリケーション（I/O + メモリ > CPU）

▶11.4.1　CPU性能律速型アプリケーション（CPU >> メモリ、I/Oなし）

　CPU性能律速型アプリケーションは、CPUを多く使用し、メモリの使用は少なく、I/Oは使用しない。科学シミュレーションや3Dレンダリングのような特殊なアプリケーションや、鍵を解読するブルートフォース攻撃は、このパターンに従う。たとえば、ある数が与えられたとき、与えられた数より小さい最大の素数を求めるプログラムは、CPU性能律速型アプリケーションとなる。

　このサービスに最適化されたアーキテクチャは、CPUコアの数と同じサイズのスレッドプールを維持し、各リクエストをスレッドに割り当てるノンブロッキングI/Oサービスを実現する。余分なタスクはスレッドが空くまでキューに入れられる。さらにパフォーマンスを最適化するために、スレッドをコアに固定することでコンテキストスイッチのオーバーヘッドを減少させる方法が考えられる。ブロッキングやI/Oがないため、このユースケースにはこの章で説明した「リクエストごとのスレッド」モデルで十分だ。

▶11.4.2　メモリ性能律速型アプリケーション（メモリ >> CPU、I/Oなし）

　メモリ性能律速型アプリケーションの典型的なアーキテクチャは、CPU性能律速型アプリケーションと同様に動作するが、キャッシュミスを減らし、メモリ管理を最適化しなくてはならないという難題がある。ブロッキングやI/Oがないため、このユースケースには「リクエストごとのスレッド」モデルで十分だ。主な関心事の1つは、複数のスレッドが同じデータを処理する際にキャッシュ一貫性によって追加されるオーバーヘッドだ。これについてはすでにこの

章で説明した。

　キャッシュ一貫性が存在する場合、それが処理された後の次の一般的なボトルネックは、ガベージコレクション（GC）だ。メモリとオブジェクト作成プロファイルを使用して問題を見つけ、コードの変更やGCアルゴリズムのチューニングを使用して修正できる。GCが大きな要因になる場合は、オフヒープメモリ管理を検討する必要がある。詳細については、「3.3.3 メモリ最適化テクニック」の「メモリ不足」を参照してほしい。

　場合によっては、システムはデータを処理しながら大量のメモリを管理しなければならない。そうしたシステムの例としては、データベース、インメモリデータベース、グラフ処理システムなどがある。一般的に、これらのシステムは複雑なインデックスを構築することによって、すべてのデータをたどって処理する必要性を回避する。すなわち、メモリを使うことで処理の必要性をなくしてしまう。十分にメモリがある場合、これは正しいアプローチだ。時には、ストレージやI/Oを使ってデータを保存する代わりに、豊富なCPUを活用して再計算するアプローチを取ることもある。

▶11.4.3　バランス型アプリケーション（CPU ＋ メモリ ＋ I/O）

　私たちが書くサービスのほとんど（おそらく90％）は、バランスの取れたアプリケーションだ。I/Oが存在すると、複雑さが大幅に増す。I/Oの実行中にスレッドはブロックされ、メモリアクセスよりも1,000～2,500倍ものレイテンシーが生じる（「3.2.2 モデル2：命令階層」を参照）。I/Oの実行中に代替タスクがCPUを使用できない場合、CPUが無駄になる。この問題を解決する方法はいくつかある。

　最も簡単なのは、スレッドを増やすことだ（多くの場合、コア数の20～50倍）。あるスレッドがブロックされると、OSはブロックされたスレッドを実行可能状態にして別のスレッドを実行し、I/Oが終了するまでCPUを使わせる。この方法は役に立つが、コンテキストスイッチが増え、OSが追加するオーバーヘッドが増える（「3.2.3 モデル3：コンテキストスイッチのオーバーヘッ

ド」を参照)。

　先の「イベント駆動(ノンブロッキング)アーキテクチャ」で述べたように、もう1つの方法には、ノンブロッキングI/Oを使用するイベントベースのモデルを使用する方法がある。ノンブロッキングI/OはI/Oチャネルの状態をチェックし、チャネルが操作を実行できるときにのみ呼び出しを発行する。I/O操作をスケジュールし、呼び出し元のスレッドを解放して、その間に他の有用な作業を行える。NettyやApache MINAは、このモデルをサポートするフレームワークだ。

　残念ながら、すべての呼び出しをノンブロッキングにはできない。たとえば、最も広く使用されているデータベースシステムが提供するAPIはブロッキングだ。この場合、スレッドとイベントの両方を一緒に使用できる。この章で前に説明したSEDAアーキテクチャは、このモデルの一例だ。

　CPUは利用できるものの、I/Oに時間がかかるため、計算に必要なデータが利用できないことがある。この問題を回避するには、「3.3.2 I/O最適化テクニック」で説明したテクニックである「早く送信し、遅く受信し、尋ねずに伝える」「プリフェッチ」「I/Oを避ける」「バッファリング」を使用する必要がある。

▶11.4.4　I/O性能律速型アプリケーション（I/O＋メモリ＞CPU）

　I/O性能律速型アプリケーションの典型的なアーキテクチャは、I/Oを最適化し、他のリソース(CPUとメモリなど)を使用して必要なI/Oを削減する。こうしたアーキテクチャのテクニックについては、「3.3.2 I/O最適化テクニック」で説明している。

▶11.4.5　その他のアプリケーション分類

　I/O性能律速型、メモリ性能律速型、CPU性能律速型の分類は、計算機システムの動作方法を反映しているものの、それらの用語でシステムについて考えることはない。したがって、前述の分類は限定的だ。代わりに、私た

ちはサービスによって実行されるタスクの観点からアプリケーションについて考えることが多い。この項では、私たちがよく遭遇する2つの一般的なタイプのサービスについて説明する。

カリキュレーター

カリキュレーターは計算を実行する。カリキュレーターの設計では、それらの計算をできるだけ速く行うためにデータを利用可能にすることに注目する。これには、いくつかのユースケースがある。

- ケース1：アプリケーションに容易に利用可能なデータがある場合、CPU性能律速型でI/Oなしのアプリケーションになる。例としては、素数の計算やパスワードの解読などがある。
- ケース2：計算に多くのメモリアクセスが必要な場合、メモリ性能律速型アプリケーションになる。例としては、気象予報や風洞シミュレーションなどの科学シミュレーションがある。
- ケース3：I/Oを介してデータを受ける場合、アプリケーションはデータを移し、計算に利用できるようにするために多くの作業を行う必要がある。例としては、MapReduceなどのビッグデータアプリケーションがある。プリフェッチやバッチ処理などのI/O最適化テクニックは、このような状況でも大いに役立つ。このようなアプリケーションは、データを取り込むことがボトルネックとなるため、結果としてI/Oに律速され、バランス型アプリケーション（CPU ＋ メモリ ＋ I/O）になる。

また、これらの3つのケースは、私たちがよく目にするパターンを明らかにしている。すなわち、アプリケーションの主目的と実装における実際のボトルネックは異なる可能性がある。

更新と検索サービス

データを検索するほとんどのアプリケーションは、サーバーとして動作する。例としては、リレーショナルデータベース、CassandraやMongoDBなどの

NoSQLデータベース、時系列データベースやグラフデータベースなどがある。これらは、多くの場合、SQLなどの複雑なクエリ言語をサポートしている。データは、メモリかディスクに保存される。どちらの場合も、データを見つけるためにインデックスを使用する。インデックスもメモリまたはディスクに保存される場合がある。

これらのシステムの簡単な実装はI/Oまたはメモリに律速されるが、実際の実装のほとんどは、I/O操作を切り替えるためにCPUを使用する。たとえば、Cassandraは、追加専用のSSTableにデータを保存する。これにより、高いI/O帯域幅を達成するが、読み取り操作をサポートするために、オンデマンドで複数の更新を組み合わせて現在の値を取得する必要がある。これは、I/Oを最適化するために計算をあきらめることを意味する。複雑な更新および検索サービスは、最適化後、多くの場合、バランスの取れたアプリケーションになる。

▶11.5　意思決定における考慮事項

サービスを作成する際、開発者は通常「ビジネスロジック」として表現されるビジネス要件と、サービス品質（QoS）要件を理解する必要がある。リーダーは、これらのビジネスコンテキストがAPIの設計に反映され、開発者と共有され、テストプロセスに組み込まれるようにしなければならない。

サービスを作成する際の3つの一般的な誤りは次のとおりだ。

- 時期尚早な最適化を行う。
- APIに十分な注意を払わない。
- サービスのチューニングをせずに、マクロアーキテクチャを変更する。

前述したように、最新のサービス開発ツールを使用すれば、サービスの作成はとても容易だ。それらは、管理と理解が容易な「リクエストごとのスレッド」モデルを使用する。多くの場合、マクロアーキテクチャのうちで全体のパ

フォーマンスに影響するのは、ほんの少数のサービスだけだ。そのため、本当にボトルネックになっていることがわかる前に、サービスの初期構造から離れるのは誤りである。

次に、API定義はマクロアーキテクチャの一部であり、変更が難しい。そのため、注意深く設計する必要がある。しかし、仕様をわかっている開発チームに、アーキテクトがAPIの詳細を任せるのはよくあることだ。アーキテクトはこの問題に注意を払い、レビューし、これらのAPIが注意深く設計され、大きな変更のリスクが小さいことを確認する必要がある。優れたAPIは、サービスに関連するリスクを大幅に削減する。筋の悪いAPIは、システム全体に高くつく変更をもたらす可能性がある。

第三に、あるサービスがボトルネックとなっている場合には、詳細なチューニングが時として大幅な改善をもたらすことがある。最大のパフォーマンスを達成したいときに、サーバーアーキテクチャをチューニングする前にマクロアーキテクチャをスケールさせてしまうのは誤りだ。たとえば、12,000TPSを実現する必要があり、各サービスが1,000TPSを実現できるとする。しかし、慎重にチューニングすることで、時には単一のサービスで15,000TPSを実現できることがあり、これは全体の構造を大幅に簡素化する。マクロアーキテクチャを変更する前に、この可能性を探ることが重要だ。

最後に、サーバーアーキテクチャに必要なスキルは、多くの場合、マクロアーキテクチャに必要なスキルとは異なる。優れたサーバー開発者は、並行性への対処に熟練しており、計算機の詳細な動作について深い理解を持っている。「リクエストごとのスレッド」モデルから逸脱する際は、経験豊富なサーバー開発者数名をチームに加えて、その熟練と理解を役立ててもらうことを考えるべきだ。

▶ 11.6　まとめ

この章の主要なポイントを以下にまとめる。

- 最新のサービス開発フレームワークを使えば、サービスを作成するのは比較的容易だ。これらのフレームワークは「リクエストごとのスレッド」モデルを使用しており、サポートが簡単で理解しやすい。
- サービスをステートレスにするときは、スレッドをブロックしないようにし、操作をべき等にし、可能ならクライアントとサービスの両方を制御しよう。
- イベント駆動モデルまたはSEDAモデルを使用すると、標準的なサービスよりもパフォーマンスを向上させられるが、結果として得られる実装は、コーディング、デバッグ、メンテナンスがはるかに複雑になる。高度な技術を採用する場合は、以前にそのような設計や実装を扱った経験のある人々をチームに加えるのが賢明だ。
- サービスをプロファイルする前に、まずロック、プール、サービス呼び出しをチューニングしよう。
- アプリケーションで使われるI/O、CPU、メモリは複雑な関係にある。ボトルネックの種類に基づいて、どれかを節約する一方で、他方をより使うというトレードが行える。たとえば、アプリケーションは、キャッシュを使用することで、CPUを節約しつつメモリをより多く使う、といったトレードが可能だ。
- 個々のサービスを調整するほうが、システム全体を調整するよりも容易だ。
- サービスの複雑さのコストと、システムをスケールさせるためのマクロアーキテクチャの複雑さのコストをバランスさせる必要がある。

第12章 | Building Stable Systems

安定したシステムの構築

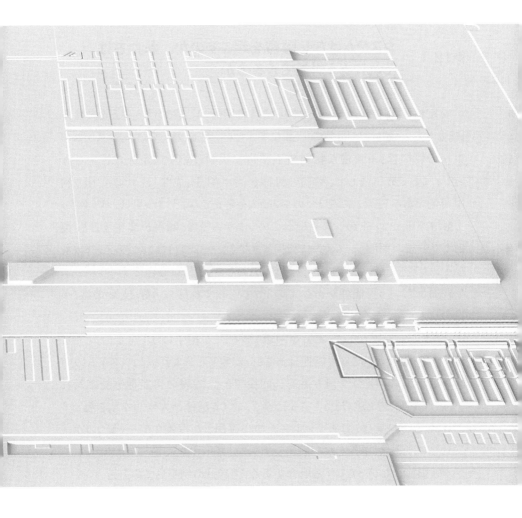

巧みなアーキテクトはスケーラビリティを実現する。その上で、優れたアーキテクトと良いアーキテクトを分けるのは、安定性の実現だ。安定したシステムは予測可能で、さまざまな条件下でシステムの仕様を満たし、システムが異常な状況に直面した場合でも徐々にしか劣化しない。仕様を満たしたシステムには、安定性が期待されるものだ。安定性とは、システムが外部からの衝撃（ワークロードの変化や障害など）を受けた場合でも、その制約内で耐障害性、高可用性、スケーラビリティなどを維持することを含むものである。安定したシステムは経済的で、安心感を与え、設計を進化させる力をチームに与える。この章では、安定したシステムを構築する方法について説明する。

▶12.1 システムはなぜ障害を起こすのか。私たちはそれにどう対処できるのか

　安定性とは何だろうか。安定性とは高可用性のことであると考える人は多い。しかし、可用性は問題の一部にすぎないと私は考えている。システムの第一の目標は、不可逆な状態や不整合な状態に陥らず、重大な損害を与えないことである。そして、第二の目標が高可用性、すなわち可能な限り利用可能であることだ。ここで2つのシステムを考えてみよう。1つ目は、バックアップを持つ単一ノードのシステムだ。このシステムでは、障害が発生すると、復旧までの短い期間、システムは利用できなくなる。2つ目は、2つのノードからなるシステムで、障害は発生しにくい。ただしごくまれな条件でデータベースを破損してしまう可能性がある。この2つで比較すれば、より好ましいのは1つ目のシステムである。

　システムの安定性とは、障害を回避できることを指すわけではない。どんなシステムも障害が起こる可能性はあるが、安定したシステムは、システムの中断を最小限に抑えつつ、より迅速に回復できる。障害の可能性を受け入れず、無理をしてでも避けようとすると、ダウンタイムが延び大惨事を引き起こすことになる。たとえば、障害を避けるために採用した複雑なデータレプリケーションシステムは、予期しない障害シナリオが発生すると、逆にデータストレージの破損につながったりする場合がある。図12.1の例を見てみよう。

12.1 システムはなぜ障害を起こすのか。私たちはそれにどう対処できるのか

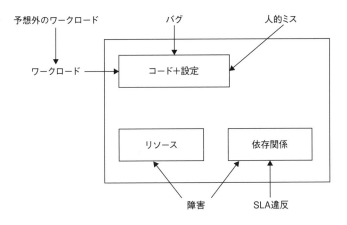

図12.1: システムの安定性に影響を与える要因

　システムの安定性に影響を与えるものは何だろうか。図12.1に示すように、コード、設定、リソース、依存関係、ワークロードがシステムに影響を与える。それぞれに関連する不測の事態が安定性に影響する可能性がある。次に、安定性に影響する各シナリオの例を示す。

● **予想外のワークロード**
- 高負荷
- 高い同時実行性
- 負荷の変動
- 予期しない入力
- DoS攻撃
- セキュリティ攻撃
- 遅いクライアント

● **リソースと依存関係の障害、およびSLA（サービスレベル契約）違反**
- マシンの故障
- ネットワーク障害
- データベース障害
- 遅いノード（データベース）

- ・DNSの障害
  - ・認証の障害
  - ・低速なDNS
  - ・ネットワークパーティション
  - ・メモリ不足（OOM）エラー
  - ・ディスクの容量不足
  - ・CPUを消費するプロセス
  - ・クロックのずれ
- ● **人的ミス**
  - ・コードの変更
  - ・設定ミス
- ●（自分たちのコードと利用しているコード両方における）ソフトウェアのバグ

　可能な限り多くの既知のエラーを予測することで、エラーを回避またはシステムを回復できる。しかし、回避や回復が不可能な場合は、問題を修正して再発を防げるように、システムはできる限り多くの情報を捕捉する必要がある。この章の残りでは、不安定性につながる状態を処理するためのさまざまなアプローチについて説明する。その後に、未知の障害と、それらを検出して対処する方法について説明する。

▶12.2　既知のエラーに対処する方法

　ここでは、予期しない負荷、リソース障害、依存関係、人為的な変更などの、一般的な既知のエラーへの対処方法について説明する。

▶12.2.1　予期しない負荷への対処

　システムが受け取るワークロードは、ビジネス組織が成功して一時的なピークを迎えた場合や、サービス拒否（DoS）攻撃を受けた場合などに、想

定を超える可能性がある。どちらの場合も、慎重に対処しないと、システムは高負荷のためにひどいレイテンシーを引き起こす可能性がある。システムがその限界に近い状態で動作している場合は、これを懸念する必要がある。

まず、負荷を理解した上で、ほとんどの場合の負荷に対応できるようなシステムを構築する必要がある。これは**キャパシティプランニング**と呼ばれる。オートスケーリングを用いればキャパシティプランニングの必要性は減少するが、それでも平均的なキャパシティに基づいてオートスケーリングアルゴリズム（どれだけのウォームノードを保持するか等）をチューニングする必要はある。また、経験では、システムの限界ぎりぎりで運用することで得られる利点は、パフォーマンスの問題から回復するための複雑さと労力によって相殺される。したがって、リソースを余分に追加し、バッファを残しておくほうがよいだろう。

第3章で説明した、負荷のかかった状態でのシステムの挙動を思い出してほしい。そのケースの任意のシステムまたはサービスは、キューイングシステムだと考えられる。そのキューイングシステムでは、処理対象の作業がキューに置かれ、1つ以上のワーカーが作業を処理して応答を生成する。明示的なキューがない場合、作業は処理に入るまでOSキュー（CPUキュー、I/Oキューなど）でブロックされ、待機する。こうしたキューがあることを前提とすると、図12.2に示すように、待ち行列理論を使用してシステムとシステムのレイテンシーを理解できる。

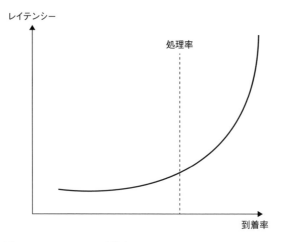

図12.2: レイテンシーと到着率

　図12.2に示すように、キューの存在はレイテンシーを左右する。到着率が処理率と同じかそれ以下である限り、レイテンシーはかなり安定しているが、到着率が処理率を超えるとレイテンシーは一気に急増する。これは、サービスやシステムが予想をはるかに超えるリクエストを受け取った場合には悪いニュースとなる。レイテンシーが急上昇し、システムは実際には使用できなくなる。高負荷が発生した場合に、回復するための時間はほとんどない。

オートスケーリング

　こうした問題に対処する選択肢の1つが、オートスケーリングだ。負荷を処理するために、より多くのワーカー（サービスレプリカなど）を作成できる。ただし、新しいサービスを起動して動作させるには時間がかかる。問題が深刻化する前にオートスケーリングを開始しなければならない。一般的なアプローチは、バッファノードを稼働させ、予防的にオートスケーリングを開始することだ。ただし、オートスケーリングが不可能な場合もある。さらに、オートスケーリングが可能な場合でも、無限にオートスケーリングできるわけではない（別のボトルネックに達する）。さらに、オートスケーリングの限界を超える負荷を受け取る可能性も存在する。

高負荷に直面したときに、オートスケーリングで処理できない場合の唯一の選択肢は、リクエストをドロップすることだ。これは非常に議論が分かれるトピックだ。多くの人は、ユーザーのリクエストはドロップできないと主張するだろう。しかし、実際のところ、レイテンシーが不可避的に急上昇したときに私たちが決めなくてはならないのは、ほとんどのリクエストをドロップするか、少数のリクエストをドロップするかのどちらが良いかということだ。

処理できる以上のリクエストを受けると、キューが増大し、それ以降のリクエストは長時間待機することになる。やがて、キュー内のリクエストはタイムアウトし始め、そうすると是正措置を講じる必要が出てくる。

アドミッション制御

負荷のスパイクを処理するために、アドミッション制御（**負荷制限**とも呼ばれる）を使用できる。たとえば、あるビデオストリーミングサービスは、ローンチ時に決済サービスが需要に追いつけないことが判明した場合に、初月を無料にすることで決済サービスの拒否に対応した。ビデオサービスでは通常、顧客獲得コスト（CAC）が初月のサブスクリプション料金よりもはるかに高いため、このソリューションは理にかなっている。

アドミッション制御のもう1つの重要な利点は予測可能性だ。これにより、負荷の問題を隔離し、できるだけ早く対処できる。さらに、アドミッション制御はシステムのレイテンシーを大幅に改善する。

アドミッション制御は、リクエストのタイムアウトまたはキューの長さ制限のいずれかを使用して実装できる。前者の方法では、タイムアウト値よりも長くかかったリクエストを拒否する。後者の方法では、キューの長さが長すぎたり、急速に増加している場合に、システムは新しいリクエストを拒否する。キューが存在しない場合は、サービスが受け取ったがまだ完了していないメッセージの数（**インフライト**メッセージ数）を使用してキューの長さを測定できる。これは単純なカウンターで実現できる。2つの方法のうち、後者のほうが効率的だ。前者は、リクエストを拒否する前にシステムリソースを使い果たすためだ。また、両方の方法を同時に使うことも可能だ。そうすれば、より高い安定性が得られる。

私のお勧めは、各サービスを常にそのキャパシティの約80%で運用し、不測の事態を吸収する余地を残しておくことだ。キューの長さが長すぎる場合（またはキューの長さが急速に増加している場合）は、リクエストを拒否し、ロードバランサーレベルまたはクライアントで再試行する必要がある。これにより、システムは回復する時間を稼げる。それでも失敗した場合には、システムはユーザーに通知してリクエストをドロップする必要がある（そして、おそらく埋め合わせのためにクーポンを提供することになるだろう）。

　機械学習などのより高度なアドミッション制御アルゴリズムを使用する場合は、サービスをその限界に近づけて運用できる可能性がある。ただし、私のお勧めは、より高度なアルゴリズムに対するベースラインとして使用できる単純なアルゴリズム（キューの長さなど）から始めることだ。そして、高度なアルゴリズムのパフォーマンスがベースラインを大幅に（50%以上）上回る場合にのみ、高度なアルゴリズムを使用するとよいだろう。

　連続するサービスで後続のサービスの負荷が急増している場合、そのサービスは、**バックプレッシャー**として前のサービスにエラーを伝播させる必要がある。通常、これはエラーコードや503-Service UnavailableのようなHTTPステータスコードを送信することで行われる。バックプレッシャーはコールパスを通じて伝播し、最終的にはクライアントにスローダウンを要求する（またはクライアントプログラムが自動的にこれを行う）。バックプレッシャーを使用しないと、リクエストがサービスに積み重なり、サーバーが遅くなり、最終的にはメモリ不足（Out-Of-Memory：OOM）エラーを引き起こしてサーバーがダウンしてしまう。

　システムが故障せずに動作してオートスケールできることに加え、バックプレッシャーの最も重要な利点は、通常は特定が困難なメモリ不足エラーを回避できることにある。また、バックプレッシャーは根本原因が明らかな過負荷エラーを作成することで、自動リカバリーの可能性を開く。

重要でない機能

　負荷に対処するもう1つの有効な手段として、重要でない機能をオフにすることがある。すでに説明した、オンライン小売業者が少額の取引に対して

課金をスキップするというのは、その典型的な例だ。重要でない機能をオフにすることは、通常、負荷の増加に対処する他の手段を尽くした後にシステムに追加すべき高度なフィーチャーだ。

ほとんどの負荷条件は、シミュレートしてテストできる。これは、システムを深く理解するのに役立つ。さらに、体系的で詳細なデータの収集と分析（たとえば、システム内の各サービスのインフライトメッセージの数）は、理解をより一層深めるものだ。

最後に挙げることとして、ワークロードは時々予期しない状況を引き起こすことがある。その好例が、遅いクライアントだ。数年前、本番環境の障害をデバッグしていたときに、エンタープライズサービスバス（ESB）のスループットが重要なクライアントのデプロイで徐々に悪化しているとわかったことがある。数週間の調査の結果、原因は遅いクライアントにあると判明した。この場合、システムと通信しているクライアントの一部が遅いネットワーク（モバイル端末）の背後にあり、それらのクライアントとの読み書きがESB内のワーカースレッドをブロックし、実質的にESB内の有効スレッドの数を減少させていた。このような問題は検出が難しく、検出には注意深い分析が求められる。完全なノンブロッキングアーキテクチャは、この種の特定の遅いクライアントに対して耐性がある。

高負荷は時折攻撃として発生することもある（これはDoS攻撃と呼ばれている）。適切な過負荷制限を設けることでシステムの障害は防げるが、DoSは依然として正当なユーザーの作業を妨げる可能性がある。前述したように、DoSを対策するには多くのファイアウォールが備えている特別なテクニックが必要だ。

各ノードレベルと全体的なロードバランサークラスターレベルの両方で過負荷制限を設けることをお勧めする。ノードレベルの過負荷制限は、クラスター内で負荷が均等に分散されていない場合にノードを保護し、ノードが問題に対処できるようにする。さらには、問題が解決されたときにノードが復帰することを可能にする。オートスケーリングを使用する場合、現在アクティブなノードに基づいてロードバランサーの過負荷制限を調整する必要がある。

▶12.2.2　リソース障害への対処

　外的なショックは日常茶飯事だ。計算機、ディスク、そしてネットワークでさえ故障する。故障の中には、回復が厄介で、人手を要するものもある。たとえば、故障または低速のDNSサーバー、クロックの同期外れ、故障したネットワーク、または期限切れの証明書などがある。このような状況に対処するために、私たちは手順を作成し、時にはそのような重要なインフラストラクチャの障害を監視して回避するために専任の人を配置する。可観測性アラート（12.4.1項で後述）は、サイト信頼性エンジニアリング（SRE）に関して潜在的な問題に集中させるのにも役立つ。

　こうした問題から自動的に回復を試みるためのアプローチは、主に2つある。1つは決して障害を起こさないシステムを構築すること、もう1つは迅速に回復できるシステムを構築することだ。これについては、第9章で説明した。

　レプリケーションを考慮すると、サービスに障害が発生してシステムがレプリカに切り替わると、もはやバックアップはなくなる。そのため、運用チームが通知を受けて問題を修正し、失敗したサービスを回復して、システムにレプリカを復元する必要がある。ここでの説明は、そのような状況での迅速な回復に焦点を当てている。しかし、データベースの高速リカバリーは、状態によって複雑になることが多い。データベースが提供するツールを使用してアクティブまたはパッシブレプリケーション（第9章参照）を実行するのをお勧めする。システム全体をより安定させるため、それ以外の部分についても、できるだけ高速リカバリーの方法を推奨する。高速リカバリーを実現するには、次の条件を満たす必要がある。

- サービスはステートレスである必要がある。
- 個々のサービスの起動時間が短い（2〜3秒）。
- サービスは任意の順序で起動し、システムに参加できる。

　私たちは、サービスとマクロアーキテクチャ設計の一環として、これらの条件を満たすように努力しなければならない。

高速リカバリーでは、あるノードに障害が発生すると、そのノードに依存している他のノードを代替ノードに切り替える必要がある。これを実現するには、次のような方法がある。

- サービス間のすべてのサービス呼び出しは、ロードバランサーを通してルーティングできる。これを利用し、サービスの障害を検知したら、ロードバランサーはトラフィックのルーティング先をレプリカに切り替える。
- 第9章で説明したように、一部のネットワーク層ではIPのホットスワップが可能だ。これを利用し、サービスの障害を検知したら、IPアドレスのスワップを行う。
- サービスは、レプリカの接続情報を設定や中央レジストリから取得できる。これを利用し、サービスの障害を検知したら、各サービスはレプリカへの接続に切り替える。

　切り替えが行われている間、障害が発生したサービスは利用できない。後続のリソースが利用できないことをサービスが検知した場合は、リトライする必要がある。短時間であれば、後続のサービスが利用可能になるかどうかを確認するために再試行できる。しかし、それでも問題が解決しない場合は、可能な限りレプリカを見つけるよう試みる必要がある。それも不可能な場合、クライアントは呼び出し元のサービスにエラーを伝播し、トラフィックの迂回やエンドユーザーへの通知を実施可能にする。同時に、長く続いた障害からサービスが復旧しオンラインに戻ったときには、システムはリクエストを再送する必要がある。典型的なアプローチは、障害が発生したサービスに対して呼び出し元のサービスが定期的にpingを送り、利用可能になった時点でそれをアクティブなレプリカに追加し直すことだ。レプリカが古いサービスと同じアドレスにある場合でも、クライアントはエラーを受け取る可能性がある。その場合には、クライアントは再ログインし、セッションを再確立し、コネクションプールをリセットする必要がある。

　高速リカバリーを使用するシステムの部分は、自動化されていなくてはならない。ループ内に人間が介在すると、少なくとも15〜30分のレイテンシー

が発生し、可用性が著しく低下する。クラウドプラットフォームでは、Kubernetesやサーバーレス、あるいは同等のフィーチャーをリカバリーに使用できる。

リソース障害の検出

　高速リカバリーもレプリケーションも、障害を検知できるかどうかにかかっている。しかし、リソース障害の検知は完全ではない。通常、偽陰性（エラーを検知しないこと）は重要な問題ではない。なぜなら、時間が経てば、システムが障害を検出するようになるからだ。しかし、偽陽性（エラーがないのにエラーを検出すること）が起きたらどうなるかは常に考える必要がある。いくつかの例を考えてみよう。

　ノードに障害が発生すると、Kubernetesはそのノードを再起動する。しかし、再起動で問題が解決されない場合、ノードは再起動／障害のループに陥る。低速または過負荷のネットワークは、時に偽陽性や、回復ループによるシステムのランダムな再起動を引き起こす。たとえば、Kubernetesの標準CPUしきい値は、CPUを大量に消費するサービスでこうした状況を引き起こす可能性がある。再起動ループを検出し、影響範囲に基づいて問題のあるシステムまたはシステム全体をシャットダウンするのは良いアイデアだ。

　障害検出が偽陽性の場合、他のサービスがプライマリのリソースで処理を続行しているにもかかわらず、一部のサービスがレプリカのリソースに切り替えてしまう可能性がある。さらに、障害検出によってレプリカが引き継いだ場合でも、プライマリは動作を続けられる。よく知られているKnight Capitalグループの事例[※1]では、アクティブ・パッシブ構成で同時に2つのノードがアクティブになったことで障害が起こり、Knight Capitalは1時間足らずで約4億4,000万ドルを失った。次の「ネットワークパーティション」で説明するデータベースロックは、アクティブ・パッシブ構成での2つのアクティブノードを回避する1つの方法だ。

　このようなケースに対する最善の防御策は、エッジケースの入念な分析と包括的なテストだ。また、SREチームがエッジケースをチェックして防御できるように、システムの構成が変更されたときにイベントを生成することも重要だ。

※1　https://www.henricodolfing.com/2019/06/project-failure-case-study-knight-capital.html参照。

さらに、実行中の作業を独立で監視し、それをアラートのトリガーに利用するのも良いアイデアだろう。たとえば、銀行でトランザクション率が平均より低い場合に、アラートを発生させ、管理者の監視をトリガーするのは良いアイデアだ。

さらに、障害が起こるのはまれであるため、回復パスはめったに実行されない。したがって、回復パスが壊れている場合、手遅れになるまでその状況に気づけない。障害をシミュレートして回復パスをテストする演習を実施するのは良い考えだ。このアプローチの高度なバージョンは、**カオスモンキー（Chaos Monkey）** と呼ばれる。カオスモンキーとは、ランダムにシステムに障害を注入し、回復を強制し、回復パスが機能することを確認するプロセスだ。

最後に挙げることとしては、データがすぐに変化せず、それほど大きくない場合（設定データなど）、キャッシュ値を保持し、ソースが利用できなくなった場合にそれらの値にフォールバックすることが有用な場合がある。たとえば、サービスが構成レジストリから構成内容をロードするとき、構成レジストリが故障していても動作できるように構成のキャッシュを保持できる。この便利なパターンは、システムの安定性を全体的に向上させる。

ネットワークパーティション

ネットワークパーティションは、リソース障害の特殊なケースであり、分散システムにおける最も複雑な課題になる可能性がある。ネットワークパーティションは、ネットワークを完全に切断された2つの部分に分割する。これが発生すると、各パーティションは、他のパーティションのノードが死んでいると考える。両方のパーティションがユーザーのリクエストの処理を続行できるため、システムは不整合な状態になる。また、パーティションが解決された後は、2つのパーティションのシステムをマージしなくてはならない。

ネットワークパーティションに対する典型的なアプローチは、**クォーラム（Quorum）** を使うことだ。クォーラムとは、半分以上のノードを持つパーティションを続行し、もう一方はあきらめて待機させるアプローチをいう。半分以上のノードを持てるパーティションは1つだけのため、このアプローチは有効

だ。しかし、クォーラムが可能なのは、少なくとも3つのコピーがありノードが奇数の場合だけだ。

ノードが2つあれば、各ノードがデータベースロックを取得し、データベースを含むパーティションを続行できるようにすることで、おおよその解決策を得られる。しかし、この手法では、データベースに障害が発生した場合にシステムが停止してしまうため、データベースの障害を単一障害点として個別に対処する必要がある。過去に設計したメッセージブローカーのプロダクトで、私はこの手法を使用したことがある。

どのようなアプローチを取るにせよ、できるだけ早く人間が関与するのがよい。そして、可能であれば、2つに分割されたシステムを統合するよりも、システムを一掃して再起動するほうが簡単だ。

新しいネットワークハードウェアでは、ネットワークパーティションが起こるのはまれだ。また、ステートレスサービスと自動フェイルオーバーのないデータベースを備えた典型的なシステムがある場合、ネットワークパーティションでは、通常、一方の側のみがデータベースをホストするため有害ではない。しかし、自動フェイルオーバーを設定する場合は、2つのデータベースが単独で継続できるため、注意が必要だ。

特に、複雑なアーキテクチャを使用している場合には、潜在的なダメージがはるかに大きくなることからも、ネットワークパーティションには注意しよう。

▶12.2.3 依存関係への対処

クラウドとAPIエコノミーにより、私たちのシステムは他のシステムに依存するようになった。レスリー・ランポートは、次のように報告している。

> 分散システムとは、存在すら知らなかったコンピューターの障害で、あなたのコンピューターが使えなくなるようなシステムのことだ[※2]。

レスリー・ランポートの引用は多くのシステムに当てはまる。依存関係は、イ

※2　https://en.wikiquote.org/wiki/Leslie_Lamport参照。

ンフラストラクチャレベルまたはサービスレベルのいずれかに存在する。インフラストラクチャレベルでは、IaaS(Infrastructure as a Service)として提供されるクラウドハードウェアあるいはPaaS(Platform as a Service)として提供されるプラットフォームに私たちは依存する。そして、サービスレベルでは、ネットワークサービスまたはSaaS(Software as a Service)として提供されるAPIに私たちは依存する。

システムの可用性は、依存しているシステムよりも高くなることはない。そのことを踏まえて最初に考えなくてはならないのは、「依存しているシステムの可用性は十分か?」ということだ。ほとんどのシステムは、スリーナイン(99.9%)からフォーナイン(99.99%)の可用性をサポートすることを目標としているが、クラウドインフラストラクチャは多くの場合、フォーナインからファイブナイン(99.999%)の可用性を提供する。したがって、大抵は、クラウドインフラストラクチャの可用性については心配の必要がない。

API(サービス)の可用性は大きく異なる。サービスプロバイダーは一般に、SLA(サービスレベル契約)を下回った場合にペナルティを約束する。これは安定性の印だ。しかし、私たちはペナルティがリスクを表していることを確認しなくてはならない。とはいえ、クラウドプロバイダーが提供するほとんどのAPIの可用性は、多くの場合、問題ないくらいに十分に高い。クラウドプロバイダーが提供するものよりも高いインフラ可用性が必要な場合は、別のクラウドプロバイダーと合わせて並列システムを稼働させる必要がある。

システムの最初のロールアウト時には、ほとんどの依存先が提供する可用性で十分だろう。強力な高可用性を追加する複雑さは、多くの場合、正当化できない。提供するアプリのユーザーが増えるにつれて、どのように進めるかを決定する必要がある。依存先の可用性と、それらが約束を果たしているかどうかを追跡するのが重要だ。サービスプロバイダーの可用性が不足している場合は、対応についてサービスプロバイダーへ早期に問い合わせよう。サービスプロバイダーの対応は、パートナーとしての信頼性に関する重要な情報源となる。APIレベルの依存先によるリスクを減らすために、代替APIが必要になることもある。また、依存先がダウンした場合に何が起こるかを考えておくのが重要だ。顧客のリクエストを失ったり、最後の手順で失敗

したり、さらに悪いことに、システムを破損状態にするよりも、リクエストを受け付けないようにするほうがはるかによいだろう。

さらに、私たちが直面する2つの一般的な問題は、クォータの枯渇と高いテールレイテンシーだ。それぞれを詳しく見ていこう。設計時とデプロイ時に、サービスプロバイダーから与えられたクォータ内でシステムが動作できることを確認する必要がある。たとえば、クォータが枯渇した場合には、アラートを生成する一方で、バックプレッシャーを使用しつつ、影響を最小限に抑えながら緩やかに失敗する必要がある。明確なエラー伝播は多くの時間を節約できる。テールレイテンシーでは、サービスプロバイダーと協力する必要がある。2つの並列リクエストを送信してから最初の応答を使用するなどのソリューションがあるが（これはべき等操作でのみ機能する）、その場合、クォータを2倍の速さで消費する。こうしたクォータとテールレイテンシーの両方のケースで、サービスプロバイダーが拒否した場合、そこから離れて別のプロバイダーを見つける以外に良い手段は存在しない。

大まかな計算を行い、システムが限界近くか限界を超えて動作していないかを確認するのが重要だ。限界近くで動作している場合、言い換えれば、システムがパフォーマンスに敏感な場合は、外部の依存先を慎重に評価する必要がある。

▶12.2.4　人が行う変更への対処

最後に、私たち自身が行う変更に対する安定性について探っていこう。残念ながら、私たちが加える変更は、システムのダウンタイムのよくある原因だ。そうしたミスを軽減する方法を見ていこう。

最初の防御策は、テスト環境に対してすべての変更をチェックすることだ。テスト環境とは、本番の状態をできるだけ正確に複製した並列環境のことだ。変更を本番に適用する前に、すべての新しい変更をテスト環境に送り、徹底的にテストする必要がある。このステップの品質は、テストの品質に依存する。

GitOpsは、システムの起動に必要なすべての情報をGitなどのバージョ

ン管理リポジトリに保持する強力なツールだ。多くの場合、テスト環境に適用したのと同じパッチを本番のGitOpsリポジトリに適用でき、記述ミスの可能性を減らせる。GitOpsを使用すると、障害が発生したときに並列コピーを起動してトラフィックを切り替えられる。ただし、切り替え時にデータベースの状態を保持するのは複雑な方法となってしまう。一般的な解決策は、高可用性のデータベース設定を用意し、システムの残りの部分にGitOpsを使用することだ。

次のアイデアは、ブルーとグリーンと呼ばれる2つのシステムを稼働させ続ける**ブルーグリーンデプロイメント**というものだ。システムを変更する場合は、コピーを作成し、変更を適用してテストし、トラフィックを切り替える。障害に備えて、元のシステムをバックアップとして保持する。前述のアイデアと同様で、2つのデータベース間でデータを迅速に同期することは現実的ではない。したがって、両方のシステムが同じデータベースを共有する必要がある。

カナリアデプロイメントは、ブルーグリーンデプロイメントのさらなる進化系だ。カナリアデプロイメントでは、現実的な条件下で新しいシステムをテストしながら、潜在的な障害の影響を抑えて切り替えていける。カナリア環境では、少数のユーザーを新しいシステムに送信し、新しいシステムが問題なく動くことが確認されるにつれてそのシステムへの負荷を徐々に増やし、最終的に完全に新しいシステムへと移行する。実際のデプロイでは、完全な移行に数か月かかることがある。

▶12.3　一般的なバグ

システム設計や実装において発生する可能性のある一般的なバグ、リソースリークとデッドロックについて見ていこう。

▶12.3.1　リソースリーク

リソースリークの1つであるメモリリークは、メモリ使用の増大を引き起こ

し、最終的にシステムをクラッシュさせる可能性がある。ガベージコレクションがあっても、メモリリークは発生する可能性がある。長時間実行されるオブジェクトや静的オブジェクトから参照されるオブジェクトはクリーンアップされないと、メモリリークにつながりうる。接続プール、ファイル記述子、その他のプールなどでもリークが発生する可能性がある。

通常、私たちはロングランテストを通じてリークをチェックする。ロングランテストを行うことで、正常パスのリークを検出することは可能だが、このアプローチでは、通常には通らないパスのリークは検出できない。可観測性メトリクスを通じて、サーバーのリークを監視する必要がある。リークが観察された場合は、システムを再起動する前にできるだけ多くの情報を収集する必要がある。一部のリークは再現が難しいためだ。

コンテナベースのシステムでは、微妙なリークが蓄積されないように、すべてのサービスを定期的に再起動する(ラウンドロビン再起動を使用する)という別の抜本的なアプローチがある。たとえば、Apache HTTP Serverは、メモリリークの影響を減らすために、一定時間後に各プロセスを破棄する。コンテナを使えば、どのようなコードでもこれを実行できるようになる。

▶12.3.2　デッドロックと遅い操作

デッドロックはスレッドをブロックし、通常の処理から取り除くため、応答の遅延やタイムアウトにつながる可能性がある。デッドロックはまれにしか発生しないため、検出が難しい。デッドロックは多くの場合、他の排他的リソースを保持している間に、コードが排他的ロックまたはリソースを取得することで発生する。また、一部のロックはデータベースクエリ内にあり、私たちの制御外にある可能性がある。そのため、デッドロックの原因となるすべてのブロックが明らかであるとは限らない。デッドロックを理解するには、アレン・B・ダウニーによる『The Little Book of Semaphores』(Green Tea Press)[13]が参考になる。

デッドロックを防ぐベストプラクティスは、一方のリソースを保持している間に他方のリソースを取得しないようにすることだ。これを行う必要がある場

合は、すべてのコードセグメントが、同じ順序でリソースを取得する必要がある。次のコードについて考えよう。

```
locka =
lockb =
Thread 1:
    locka.aquire()
    do_work(..)
    lockb.aquire()
    do_work()
    lockb.release()
    locka.release()
Thread 2:
    lockb.aquire()
    do_work(..)
    locka.aquire()
    do_work()
    locka.release()
    lockb.release()
```

スレッド1がlockaを取得した後にスレッド2がlockbを取得すると、デッドロックが発生する。スレッド2でlocka.aquire()を最初のステートメントに移動すると、lockaを取得した場合はlockbが利用可能であることが保証されているため、デッドロックは発生しない。とはいえ、複雑なシステムでは、リソース割り当ての順序を保証するのは難しいことが多い。

可能な場合は、リソースを同じ順序で取得することでデッドロックを回避する必要がある。そうでない場合は、多くの要素が参加する長時間実行テストでデッドロックを再現し、デッドロックの発見と修正に役立つ可能性がある。

タイムアウトもデッドロックの解消に役立つが、タイムアウトが発生する前に、システムの速度が大幅に低下してしまうことが多い。低速の操作によっても同様の影響が発生する可能性がある。たとえば、システムのスレッドがほとんどない場合にブロッキングI/Oを実行すると、パフォーマンスが大幅に低下する可能性がある。また、排他的リソースを保持している間にI/Oを実行すると、リソースを待っている全員がI/Oを間接的に待つことを強制され、システ

ムの速度が低下する。この効果は、**コンボイ効果**と呼ばれている。

処理が遅くなる可能性のある操作を実行する場合は、タイムアウトを使用するのが良い習慣だ。タイムアウトは、ロジックの間違いによる潜在的な影響を減らす。ただし、タイムアウトをログに記録して調査する必要がある。タイムアウトの発生は、システムのバグを示しているためだ。

▶12.4 未知のエラーに対処する方法

未知のエラーは、多くの場合、可観測性、バグ、テストから見つかる。ここでは、それぞれの状況について見ていく。

▶12.4.1 可観測性

優れたアーキテクトは、すべてのエラー条件を予測できないことを前提としている。すべてのエラー条件を予測できると考えるアーキテクトは、傲慢か、無知か、経験不足のいずれかだ。システムについて学ぶほど、自分が知らないこと、理解していないことがあると気づくものだ。したがって、賢明なアーキテクトはシステムから学ぶ。彼らは、システムからすべての学習を引き出すことを目指す。

これを行う最良の方法は、システムを深く観察することだ。それはつまり、システムに深いメトリクスを組み込むということだ。これには、レイテンシー、スループット、キューの長さ、リソース使用率などのカスタムメトリクスと組み合わせたアプリケーションパフォーマンス監視(Application Performance Monitoring：APM)ツールを使用できる。私たちは、メトリクスを手動で監視し、(AIなどによる)異常検出器を使用し、期待されるベースラインと実際の動作を比較し、実際の動作がベースラインから逸脱した場合には根本原因を探るべきだ。それができない場合には、メトリクスを改善する必要がある。

最も重要なのは、障害が発生したときに、問題を見つけて修正できるように、できるだけ多くの情報を取得できるようにする必要があるということだ。私

たちのシステムには、航空機が備えるようなブラックボックス[※3]が必要である。一部の障害はまれであり再現が難しいものだ。十分なデータがないと、それらを修正できない。根本原因を見つけるには、探偵を演じる必要がある。デイビット・J・アガンズの『デバッグルール : 9つの原則、54のヒント』(日経BPソフトプレス)[5]は、このトピックを深く扱っている。

▶12.4.2 バグとテスト

　バグがもたらす影響や、コードを書く際にバグを減らす方法については、すでに十分に語られているので、ここでその議論に何かを付け加えるつもりはない。そして私たちは、テストによって既知のエラーを発見できることもわかっている。既知のエラーとは、テスト中に見つけたエラーのことで、私たちはそのエラーを修正するか、システムの限界を定義するために使用する。

　多くの計算機プログラムは決定論的だ。言い換えると、計算機プログラムの多くは、同じ入力に対して同じ出力を生成する。入力には3つの形がある。外部入力(ユーザー入力、イベント、メッセージ)、内部状態、そして障害だ。可能性のあるすべての入力に対してシステムをテストできれば、システムを完全にテストしたことになる。しかし、多くの場合、これら3種類の入力は無限に存在する。

　最良のアプローチは、入力を分類したものすべてに対してシステムをテストすることだ。分類を特定し、各分類を検証するために1つ以上のテストを設計する。たとえば、名前フィールドが256文字より長い場合といった具合だ。しかし、多くの場合、分類は無限に存在するため、重要なものだけを考慮する必要がある。重要な分類を除外してしまうと、バグを見逃してしまうことになる。たとえば、システムがリソースの障害を誤検出した場合のことを考慮しないと、いくつかのバグを見逃してしまう可能性がある。

　考慮すべき重要な分類は、既知の潜在的な問題(**既知の未知**)だ。私たちのテストは、これらを既知のバグに変換し、修正したり、システムの限界を特定するために利用したりできるようにしなければならない。さらに、テストは

[※3] 訳注:飛行データと操縦室の会話や音声を記録するために航空機に搭載されている装置。

これらの問題の再発を防止する。私たちが見逃している重要な分類は、未知の潜在的な問題（**未知の未知**）だ。

私はテストを、「探索」と「開拓」の優先順位がぶつかる検査行為だと考えている。探索とは、既知の未知を包括的にテストする規律を指し、開拓とは、創造性によって未知の未知（見逃された重要な分類）を発見することを指す。次に、入力の重要な分類を見つけるためのいくつかのテクニックを示す。

- **驚きを予期する**：これには2つのアプローチがある。1つは分散コンピューティングの落とし穴[※4]にはまっていないかシステムをチェックするアプローチ、もう1つは、設計の仮定を特定して、それらがもはや当てはまらない場合はどうなるかを問うアプローチだ。
- **カオステストを実施する**：ランダム性を味方につけ、ランダムなデータと障害を注入し、エラーのシナリオを特定するためにランダムなシナリオをシミュレートできる。
- **ブレインストーミングを行う**：多様なグループに参加してもらい、システムが失敗する可能性のあるシナリオ（分類）を考え出す。専門知識、経歴、生い立ちの異なるチームの人々が設計に貢献することで、失敗のシナリオを見つけられる。
- **生成AIを使用する**：昨今のAIの進歩により、新しい入力とその組み合わせを簡単に生成できるようになった。これを使用してシステムをテストし、障害シナリオを発見できる。CopilotやChatGPTなどのシステムは、テストケースやテストシナリオも生成できる。

探索と開拓は、広く研究されているよく知られた問題である。**多腕バンディットアルゴリズム**[※5]は、両者のバランスを取るための1つのアプローチだ。テスト戦略を立案する際に、そうした戦略のいくつかが役に立つかもしれない。ブルーグリーンデプロイメントとカナリアデプロイメントは、未知の未知に対する最後の防衛線だ。それらは、人的ミスを発見するのに役立つだ

※4 https://ja.wikipedia.org/wiki/分散コンピューティングの落とし穴
※5 訳注：複数の選択肢の報酬が未知である状況下で、選択肢の探索と活用のバランスを最適化するアルゴリズム。https://ja.wikipedia.org/wiki/多腕バンディット問題

けでなく、バグを発見するのにも役立つ。

　最後に挙げることとして、設計をシンプルにするという指針を持つことは、未知の未知を減らすのに役立つ。たとえば、複雑なアルゴリズムや設計は、特別な利益がある場合にのみ使用すべきだ。私たちは、リソースを保持しながらリソースを取得したりI/Oを行ったりするなど、複雑な状況に注意する必要がある。また、CQRSは素晴らしいアイデアだが、コードの変更により物事を非常に複雑にする。シンプルな設計は、デバッグや問題からの回復を容易にする。サービス間の依存パスをシンプルに保ち、深さを少なくすることも良いアイデアだ。また、循環依存にも気を配る必要がある。

▶12.5　グレースフルデグラデーション

　障害を回避し、可用性を向上させるという目標に到達した後には、**グレースフルデグラデーション(graceful degradation)**[※6]がシステムの望ましい特徴となる。グレースフルデグラデーションは2つの方法で実現できる。1つは、すでに説明したように、負荷がリソースを超えても稼働を続け、少なくとも一部のユーザーにはサービスを提供することだ。バックプレッシャー、アドミッション制御、タイムアウトを利用して、システム全体が機能不全に陥るのを避けるべきである。また、ある種の入力を拒否することもある。

　もう1つのアプローチは、機能を減らしてすべてのユーザーへのサービスを続けることだ。これは船舶のバルクヘッドからヒントを得たものだ。バルクヘッドは船舶の一部が浸水しても沈没しないようになっている。コントロールプレーンとデータプレーンの分離が、この例にあたる。コントロールプレーンとデータプレーンを分離しておけば、コントロールプレーンに障害が発生しても、データプレーンは(機能は低下するかもしれないが)機能し続けられる。

※6　訳注:システムが満足に動かなくなった際に影響を限定的にすることで動作を継続するアプローチ。

▶12.6　意思決定における考慮事項

不安定性には2つのタイプがある。

- **システムが一定期間アクセスできない。**
- **データベースの破損やデータの損失など、回復不能な重大な障害が発生する。**

まずはこの両方を念頭に置こう。私たちは、システムを利用可能に保つこと（第1のタイプ）に集中し、第2のタイプのリスクを無視してしまいがちだ。また、複雑なシステムは不安定になるリスクが高くなる。

安定性を向上させる最善の方法は、構築しているシステムに対する明確なモデルを持ち、その限界を十分に理解することだ。ただし、これは常に可能なわけではない。そのため、この章で説明したテクニックを使用する必要がある。これらの安定性を高める方法の多くは複雑で、実際には不安定性を増大させる可能性もある。

このフィードバックループを忘れず、いつ止めるべきかを知る必要がある。安定性を実現する鍵は、確率の低い失敗や、すぐに回復できる失敗を受け入れることにある。障害を防ごうとしすぎると、ダウンタイムが長くなり、大惨事につながる可能性がある。たとえば、複雑なデータレプリケーションシステムを使用すると、予期せぬ障害シナリオによってデータベースが破損するリスクが高まる。

リーダーとして、あなたはこのトレードオフを理解する必要がある。安定を目指すことは、自分の安定性を低下させることにもなりかねない。そのため、自分の状況に合ったバランスを見つける必要がある。

たとえば、多くの複雑な決断は安定性の必要から生まれるものであり、第2章で取り上げた質問2「チームのスキルレベルはどの程度か？」を考慮する必要がある。チームは予期せぬ障害を処理できるだろうか。

複雑な設計を選択する場合は、安定性に関連して次の点を考慮しよう。

- 質問5：難しい問題はどこにあるか？
- 原則5：変更が難しいものは、深く設計し、ゆっくりと実装する
- 原則6：困難な問題に早期に並行して取り組むことで、エビデンスに学びながら未知の要素を排除する

セキュリティと同様に、安定性は相対的なものだ。利用可能な時間とリソースの範囲内で、一定のレベルの安定性を実現することを目指す必要がある。リーダーとして、システムをいつ書き換えられるかという問題と、決定を行いリスクを吸収してチームを導くという原則を参照する必要があるかもしれない。

安定性の実現でよく見落とされがちな方法として、システムの各部分を性能限界よりも低い負荷に納まるように実行し、予期せぬ事態に対処できる余地を残しておくというものがある。システムの性能限界を考慮せずに複雑さを追加して対応していくことは、多くの場合で長期的にはコストがかかるのだ。

システムがパフォーマンスに敏感だと不安定性のリスクは高くなる。そのため、設計の一部として安定性を考慮しよう。ただし、複雑な解決策を取るのは、慎重に考えた後だけにしよう。

最後に挙げることとして、外部依存は安定性にリスクをもたらす可能性がある。しかし、外部依存は可能な限り使用するのが重要だ。そのため、外部依存を利用するという決定を下して、リスクを受け入れる必要があるかもしれない。

▶12.7 まとめ

この章の主要なポイントを以下にまとめる。

- **安定性と高可用性は同じではない。システムが最初に目指すのは、不可逆な不整合状態に決して陥らず、重大な被害を引き起こさないことだ。その次に目指すのは、できる限り利用可能な状態を保つことだ。**

- 予想外のワークロードは、オートスケーリングやリクエストのアドミッション制御によって対応する。
- リソースの障害には、レプリケーションや高速リカバリーによって対応する。
- 依存しているもの（たとえば、使用しているクラウドプロバイダーやハードウェア、利用しているAPIなど）よりも優れた可用性や安定性を持つことはできない。これらを注意深く選択し、監視する必要がある。
- 人的ミスは、GitOps、ブルーグリーンデプロイメント、カナリアデプロイメントを通じて対処できる。
- 未知の問題は、可観測性とテストを通じて検出できる。
- 対処できない不安定さに遭遇した場合は、アドミッション制御、特定リクエストの拒否、特定機能のオフなどにより影響を軽減させる必要がある。

第13章 | Building and Evolving the Systems

システムの構築と進化

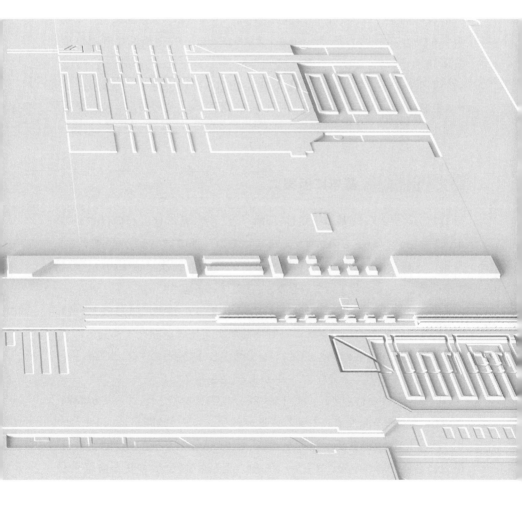

この章では、本書全体を通して説明してきたことをどのように結びつけ、現実世界にそれらをどう適用するかについて解説する。具体的には、基本を正しく理解することから始め、チームをデザインし、卓越性を追求してそれをチームに求め、各メンバーの能力を最大限に引き出し、ビジネス目標を達成する方法について説明する。

▶13.1　実際にやってみる

本書の前半では、設計と、設計のためのリーダーシップ原則について説明するとともに、主要な概念とトレードオフを探りながら、技術的な考慮事項を深く掘り下げた。この章では、点と点を結びつけて、それらの概念をどのように適用するかを説明する。地固めをし、物事を動かし、心の目に映るシステムを形作るために、あなたのツールとチームをどのように活かすかに焦点を当てる。

▶13.1.1　基本に忠実に

最初のステップは、基本を正しく理解することだ。基本は広く知られているが、残念ながらほとんどのプロジェクトではその一部の扱いを間違っている。基本に注意を払い、それを適切かつ継続的に行おう。次に示すのは、すべてを網羅しているわけではないものの、注意すべき基本だ。

まず、プロジェクトには簡単にビルドできる仕組みが必要だ。1回のチェックアウトと1つのコマンドでシステムの担当箇所を開発者が開発できるようにする必要がある。ビルドがすべてのマシンで動作し、開発者のマシンにビルドを高速に実行するのに十分なリソースがあることを確認しよう。

ユニットテストを含むビルドは、15〜20分以内に実行され、すべてが問題ないという確信を開発者に与える必要がある。ビルドに時間がかかりすぎたり、ユニットテストが主要な側面をカバーしていなかったりすると、開発者は絶対に必要な場合を除いて、コードに触れたがらなくなる。変更を検証する

確実な方法がないと、コードに触れるたびに、開発者は変更を検証する面倒なサイクルに直面するか、さらに悪いと、システムを壊した責任を負うことになるからだ。そうなると、コードの進化は止まり、錆びつき、死に始めてしまう。

そうならないようにするには、ペアプログラミングをするか、レビューしてからコミットするモデルを採用するのがお勧めだ。この場合、4つの眼がすべてのコミットを見ることになる。レビュアーはコードの間違いに対して責任を負う必要がある。そのことを皆が真剣に受け止めるようにしよう。たとえば、優れたレビュアーを昇進などで配慮したり、ずさんなレビュアーを厳しく評価したりしよう。

また、レビューによる承認まで開発者が何日も待つ必要がないように、レビューが迅速に行われるようにすることも重要だ。このような待ち時間は積み重なり、システムを遅くし、長期的には開発者の熱意を奪ってしまう。チームリーダーは、レビューに実際に取り組める状態にあるレビュアーが割り当てられていることを確認する必要がある。

開発者はユニットテストを容易に書けるべきだが、ユニットテストを書くのに特定のフレームワークやツールが必要になることもある。どのようなフレームワークやツールを使って、あるいは使わずにユニットテストを書くかという選択と、時間を割いてそのための準備を行うのも、アーキテクトであるあなたの仕事だ。テストを書くことになった開発者に、そうした部分の解決を丸投げしてはいけない。

ある側面をユニットテストとしてテストできない場合は、アーキテクトに相談するよう開発者に求めるべきであるし、アーキテクトは、そのような相談をされたときに、解決策を見つけるために時間を割くべきだ。そうすることで、開発者がユニットテストを書かない潜在的な言い訳を取り除ける。このような抜け穴を放置すると、少数がこの抜け穴を悪用するようになり、その影響はウイルスのように広がっていくことになる。良いユニットテストを書くには時間がかかる。さらにレビュアーは、メインロジックとともに適切なユニットテストが実施されていることを確認しなければならない。

開発者が複雑なシナリオを簡単にテストできる環境を持つことは重要だ。あなたのプロダクトがSaaS製品であれば、この環境は、開発者が変更をデプロイしてテストできる開発環境またはステージング環境となるだろう。プロダ

クトがSaaS製品でない場合は、統合テストフレームワークがそれに該当する可能性もあるし、開発者がいつでも簡単に変更をテストできる内部デプロイメントを選択することも可能だろう。

アーキテクトはQA（品質保証）チームと協力して、統合テストの内容を特定し定義する必要がある。さらに、何かが失敗した場合にチームがすぐに把握できるように、定期的に（たとえば1時間ごとまたは30分ごとに）実行される、迅速な検証用のスモークテストのサブセットを用意する必要がある。

統合テストには、「自動化が難しいシナリオ」と「断続的なテスト」という2つのよく見られる難題がある。これらの難題を無視すると、チームの一部がこれらの難題を悪用してテストの作成を避ける可能性がある。私のお勧めは、そのような難題に直面したときは必ずアーキテクトに相談するように求め、アーキテクトがその難題の解決に取り組むことだ。このステップを踏むことで、難題があることをテストを書かない理由にできなくなる。さらに、チームに適切なメッセージも届けられる。

変更がシステムを壊す可能性から、システムを前進させようとしたときに、信頼性のあるテストがないと二の足を踏まざるを得なくなる。成功の鍵は、システムにアジリティがあるか、つまり、物事を迅速に修正してそれを本番環境に導入する能力がチームにあるかだ。

多くの場合、アジリティの敵は大規模で重いビルドだ。本番環境に変更を反映するには、ビルドを何度か行うことになる。そのため、ビルドが大規模で重いと、単純な変更を本番環境に反映させるのにも時間がものすごくかかることになる。これは簡単な計算で示せる。

たとえば、各開発者がビルドを壊すような何かをコミットする確率が100分の1だと仮定しよう。開発者が10人だと、ビルドを通過させるまでに平均で約1.09回実行する必要があるが、開発者が100人だと、平均で約2.5回実行する必要がある。さらに、1つのビルドに含まれる作業が多いほど、ビルドにかかる時間が長くなり、必要な時間が何倍にもなる。その上、システムの相互依存性が高いほど、個人がミスを犯す可能性も高くなる。

第10章で説明したように、解決策は、システムを疎結合のサービスグループとしてモデル化することだ。各サービスグループは1つのチームが所有し、

各チームは担当箇所を独立させて本番環境にデプロイできるようにする。これを行う一般的な方法は、マイクロサービスアーキテクチャを採用することだが、時には複数のサービスを1つのチームに割り当て、それらすべてを1つのユニットとしてデプロイするように求めるのが可能な場合もある。

次の課題は、迅速な修正を遅らせる巨大なフィーチャーだ。迅速な修正が可能であれば、UXのボトルネックになっている箇所をユーザーから学んで修正できる。これは、より良いUXを作成するために欠かせない。重要なフィーチャーを特定し、迅速にプロセスを通過させて本番環境に反映できることは極めて重要だ。迅速に修正する能力が自分たちに備わっているかは、単純な変更（例えば、ラベルの変更）を本番環境に反映させるまでの時間を監視することでテストできる。このテストにより、重要なフィーチャーを構築するための大まかな目安が得られる。これは、良いUXを提供するのに役立つ。

最後の課題としては、未解決のバグの数に目を光らせる必要がある。これは、家を掃除するようなものだ。こまめに掃除していないと、掃除はすぐに数日がかりの大仕事になってしまう。バグの修正に積極的に取り組んでもらうには、チームが使える労力の約20%をその作業にかける必要がある。そして、未解決のバグの数に応じて、この配分を調整する必要がある。

基本は、開発者が自分の仕事をする際にチームの外に出る必要がないようにすることだ。開発者は最も高価なリソースである。適切なチームを配置し、邪魔をしない。システム構築中の彼らの経験を理解する。彼らの仕事環境を快適なものにするのは、私たちの仕事だ。

▶13.1.2　設計プロセスを理解する

設計プロセスの第一歩はロードマップだ。ロードマップは、何をプロダクトに入れて、何を入れないかを決めるのに役立つ。これには正しい方法と間違った方法がある。

間違った方法は、内部実装の観点からプロジェクトを捉えることであり、さらにはアーキテクチャがそのフィーチャーを必要としていそうだからという理由

に基づいて、実装が容易なN個のフィーチャーを選択することだ。この方法は極めて良くない。アーキテクトもチームも、プロダクトのロードマップを思い込みで決定すべきではない。代わりに、ユーザーを観察し、耳を傾けよう。

　ユーザーが何をしようとしているのかを理解しよう。ユーザージャーニーを理解することに焦点を当て、「どうすればそれをより良くできるか」と問う。実装が簡単なものもあれば、複雑なものもある。私たちの焦点は、ユーザーに、自然でシンプルな体験を提供することにある。

　すべてのプロジェクトに必要なのは、ユーザーとそのユーザーのジャーニーを詳しく理解し、すべての詳細を頭に入れ、常にユーザーの立場に立ち、UXを素晴らしい体験にすることに執着し、決して譲歩しない人物だ。通常、これはプロダクトマネージャーの役割となる。リーダーとして、あなたはこの役割を自ら担うか、プロダクトマネージャーを育成し、自信を与え、プロダクトマネージャーの意見がプロジェクトの中で孤立している場合には、その状況からプロダクトマネージャーを守る必要がある。

　アーキテクトとして忘れてはならないのは、あなたのキャパシティは限られているということだ。あるフィーチャーに「イエス」と言うたびに、他の多くのフィーチャーに対し「ノー」と言っていることになる。どのようなユーザーを対象としてプロダクトを作るのかをできるだけ明確にし、たとえ他のユーザーを手放すことになっても、それに集中する必要がある。誰もが使えるプロダクトを作ろうとすると、一部の人は使うかもしれないが、誰も、そのプロダクトを愛して友人にも勧めてくれることはないだろう。

　必要なフィーチャーや体験を文書化したら、プロダクトは広く普及させるよりも深く普及させたほうがより多くの利益を得られる。私たちの目標は、たくさんの半端なユーザーを獲得することではなく、情熱的なユーザーを多く獲得することにある。後者はより多くのユーザーを生み、（口コミなどによって）指数関数的な成長をもたらすが、前者は私たちをどこにも連れて行ってくれない。

　何を作るかが決まったら、システムをチームごとに分解する必要がある。チームはそれぞれ7〜9人（2枚のピザチーム）で構成し、システムの一部を独立してデプロイできるようにする。つまり、それぞれのチームが自分たちのコードリポジトリを持ち、自分たちのデプロイパイプラインをコントロールできるよう

にする必要がある。チームがこのサイズ以上に大きくなった場合は、チーム、コードリポジトリ、デプロイメントプロセスをさらに分割する必要がある。チームを分割することで、私たちは、組織が自らのコミュニケーション構造を反映したシステムを設計するというコンウェイの法則を受け入れて、コミュニケーション構造と戦うのではなく活用できる[※1]。

　次のステップは、外部に公開するAPIと、各チームが提供・利用するAPIを定義することだ。第2章で説明したように、公開APIには慎重な計画が必要であり、すべてのAPIには優れたUXが求められる。APIの設計には、すべてのアーキテクトとチームリーダーが注力しなくてはならない。システムのコンポーネント構成を文書化し、APIを詳細にチームに伝えることが肝要だ。その後、残りの設計として、APIのより細かなセマンティクス[※2]を定義し、その実装を考え出す。この段階で実装チームを巻き込み、自ら設計を考え出す権限を与えよう。アーキテクトはチームの設計をレビューし、改善するのを手助けしよう。

　作業を開始する前に、ユーザージャーニーとその重要性をチームに伝え、繰り返し確認する必要がある。現場レベルで十分なUXスキルを持たせるために、常に悪魔の代弁者[※3]となり、UXに釘を刺し、疑問を投げかけ、分解する必要がある。ユーザーに声を与え、その声が確実に聞かれるようにしなければならない。Appleのチームの3分の1はUXデザイナーだ。その割合があなたの組織にそのまま当てはまるとは限らないが、Appleは明らかに優先順位を正しく設定している。

　顧客体験を新たなレベルに引き上げる創造的なUXデザインを見つけ、（全社ミーティングなどで）称賛しよう。QAチームとUXチームは、すべてのフィーチャーについて、はじめてユーザーが触れたときの体験に向き合わなくてはならない。その徹底が、多くの場合、情熱的な顧客と半端な顧客の違いを生み出す。

　アーキテクトである私たちが全体的な設計を形作りつつも、可能な限り、各部分の詳細な設計をチームに任せよう。ソフトウェアアーキテクトは、指揮

※1　https://en.wikipedia.org/wiki/Conway%27s_law参照。
※2　訳注：一般には「記号が持っている意味」のこと。ここでは設計する各APIの動作や結果、意図などを指す。
※3　訳注：多数意見の正当性を確認するため、または議論のために、あえて反対意見を言う人物のこと。

官のように振る舞うのではなく、庭師のように振る舞うべきだと言われている。前者が定義し指示を与えるのに対し、後者は形を整え、選別し、雑草を取り除く。アーキテクトは指示するよりも選別し、定義するよりも形を整え、レッテルを貼るよりも議論を引き出すべきだ。

短期的に見ると、すべての設計を指示するほうが速く、コストも安く済むように感じるかもしれない。しかし長期的には、チームメンバーに自分で考えさせ、彼らにアーキテクチャを進化させ、時には彼ら自身に間違いを犯させることで、より良いチームを構築できる。チームに集中すれば、時間の経過とともにチームは良くなっていく。アーキテクチャそのものがチームのアイデアであれば、実行はより容易になる。

フリードリッヒ・A・ハイエクの代表的なエッセイ「The Use of Knowledge in Society(社会における知識の利用)」[※4]で述べられているように、実際のシステムに最も近い立場にいる人々は、設計などのコンテキスト上の問題を解決する上で、最良のコンテキストを持ち、最良の意思決定ができる立場にいる。したがって、主要な人々とともに最上位のアーキテクチャを設計するのが最善だ。アーキテクチャオーナーにサービスの設計を主導してもらい、開発者にコンポーネントの設計を主導してもらおう。とはいえ、一貫したベストプラクティスがないわけではない。たとえば、共通するベストプラクティスの1つには、致命的なボトルネックにならない限り「リクエストごとのスレッド」モデルを用いる古典的なサービス実装がある。異なるやり方を望むサブチームでも、それらの立場を擁護し、正当化する必要がある。

チームが複数ある場合には、論理的に関連する複数のチームを担当するアーキテクチャオーナーが必要になる。アーキテクチャオーナーは設計ミーティングを運営し、より広く議論する必要のある話題を全体に共有する責任を負う。アーキテクチャオーナーはまた、設計を文書化し、それを伝達する責任も負っている。

すべてのアーキテクチャミーティングに全員を集めるのは理想的ではない。参加者が7〜10人を超えると、ミーティングの効果が失われるからだ。お勧めは、小規模なミーティングを行いつつ、詳細なメモを取り、それをアーキ

※4　https://www.econlib.org/library/Essays/hykKnw.html参照。

テクチャオーナーが編集してすべての開発者と共有することだ。また、テキスト（チャット、共有ドキュメント、電子メールなど）で行えるアーキテクチャに関する議論は、できるだけ公開して行い、すべての開発者がそれを見てその方向性を理解できるようにすべきだ。

▶13.1.3　決定を下し、リスクを負う

第2章で説明したように、私たちは意思決定を行い、不確実性とリスクを負わなければならない。ジェフ・ベゾスが株主への手紙に書いた意思決定の基準は、この点で役立つだろう[※5]。

プロジェクトの成果に重要でない決定は、すべて委譲すべきだ。成果にとって重要な決定とは、高い費用のかかる決定や重要度の大きい決定ではなく、最良の解決策と最も明白な解決策の間で結果が大きく異なる決定のことだ。重要な決定でなければ、インターフェイスのようなアーキテクチャの抽象化によって先延ばしできることもあるが、大きなコストをかけずに元に戻せる可逆的な決定は、必ず委譲しよう。

私たちに残されるのは、重要で不可逆的な決定だけだ。しかし、そうした決定はそう多くはない。重要で不可逆的な決定については、決定しなくてはいけないタイミングを把握する必要がある。チームがやるべき有益なことがなくなったときや、遅れが納期に影響を及ぼす可能性があるときなどが、そのタイミングだ。その間、より多くの情報、実験、PoC、意見を求められる。しかし、決定が必要な時点、つまり何も決定しないよりも何かを決定することが望ましい時点がある。すべての情報を持つことはほとんどないのだから、70%の情報を知った時点で決定するよう、ジェフ・ベゾスはアドバイスしている。これは良い経験則だが、数学的な意味で70%をどのように測定するかは明確にされておらず、70%は感覚で判断する必要がある。

意思決定の際には、第2章で紹介した5つの質問と7つの原則を使って、不確実性に対処できる。意思決定の時点に到達したら、残された不確実性

※5　彼が書いた株主への手紙の一覧と分析はhttps://www.cbinsights.com/research/report/bezos-amazon-shareholder-letters/を参照。

に責任を持って決定しなければならない。そして、曖昧さの裏に隠れたり、責任を回避したりすることなく、自分の決定を直接伝えなければならない。

私たちは常に「決定しないことで誰かを待たせる」ことがないように心がけなければならない。ただし、重要かつ不可逆な決定は例外だ。その場合でも、調査プロセスを早期に開始することで、遅れを最小限に抑える必要がある。

▶13.1.4 卓越性を求める

すべてをあなたが監督するのは不可能だ。確かに、難しい問題に意識を集中させるという選択肢もあるし、それらが重要な問題であれば、細かく管理することさえできる。とはいえ、あなたが直接与えられる影響は限定的だ。たとえ慎重に取り扱っても、アーキテクチャは最終的に自分のチームのレベル、理解力、知識、判断力、思考に従うことになる。私たちはチーム自身に卓越性を求め、深く考えさせる必要がある。そのためには、いくつかの方法がある。

まず、チームに考えさせ、理解を深められるように設計された質問をしよう。なぜそうするのか、なぜそうしないのか。もしそうならどうするのかを尋ねよう。そして、どうしてそれがわかるのかを尋ねることが最も重要だ。行間を読み取り、言葉にされていることとされていないことを比較して観察するよう心がけよう。

たとえば、全体のパフォーマンスに影響を与える可能性のある箇所についてパフォーマンスがどうなっているかを開発者が語らない場合の大半は、その部分がテストされていないか、パフォーマンスが良くないかのどちらかだ。ほとんどの人は悪いニュースを共有したがらない。あなたはそれを察知し、引き出す必要がある。ただし、チームミーティングでそれをする場合には、発言は敬意を保ち、どんなことがわかっても決して過剰反応してはいけない。他の人の意見を引き出し、チームの専門知識を活用し、質問を使って異なる人を異なる分野の専門家として確立しよう。

質問は、全員を教育する役割も果たす、リーダーがチームを形成するための最も効果的なツールだ。詳しくは、フランク・セズノ著『ASK MORE－達人

が教える戦略的「質問術」』（マイクロマガジン社）[15]が参考になる。

2つ目の方法は、チェックリストを使うことだ。さまざまな状況に役立つ質問のチェックリストを作成し、それを使用する。チェックリストの項目には、セキュリティの専門家、SREアーキテクト、UXエキスパートなど、さまざまな人に設計を見せて、フィードバックを得て議論を行うことも含まれる。この最後のテクニックを使えば、不明確な状況でもチェックリストを機能させられる。このトピックについては、アトゥール・ガワンデ著『アナタはなぜチェックリストを使わないのか？』（晋遊舎）[14]が参考になる。

チームは、あなたの指示に従うのではなくて、自分たちで答えを見つけなければならないと理解する必要がある。新しいメンバーがチームに加わったとき、私は彼らに、答えを見つけるのがあなた方の仕事で、その答えがそれ以上粉砕できなくなるまで壊していくのが私の仕事だと伝えている。誰かに答えを求める習慣を断ち切るには、私からの繰り返しの働きかけが必要ではあるが、自分たちで答えを見つける習慣が染み込むと、彼らははるかに優れた仕事をするようになっていく。

チームが設計したものにはチームに責任がある。そうチームに伝えよう。アーキテクチャが失敗したなら、その責任はアーキテクトにある。そして、すべてのアーキテクチャは何らかの形で失敗する。私たちは皆、その失敗から学ばなければならない。何かが失敗したら、何が起こったのかを詳細に理解するまで探り、常に「将来このようなことが起こらないようにするために、私たち（「**あなた**」ではなく「**私たち**」であることに注意）は何ができるでしょうか？」といった二次的な問いで締めくくろう。そして、そこでの約束が守られていることを確実にしよう。さらに、あなたの決定のいずれかが失敗した場合は、それを認め、同じプロセスを使うようにしよう。そうすることで、誰もが自分の失敗について防御的になるのを防ぐことができる。

重過失という考え方を持って、ハードルを上げよう。重過失とは「わずかな注意をしさえすれば簡単に結果を予測できたにもかかわらず、怠慢により注意を怠った過失」または「法的義務や他者への結果を無謀に無視した、意識的で自発的な作為または不作為」を指す。過失が重過失に近い場合は、関係者と1対1で話し合い、なぜその点が重要なのかを説明し、今後その問

題を回避する方法を互いに決めよう。その際には、人ではなく、問題に焦点を当てることだ。コーチングスタイルを用い[※6]、相手に答えを出させよう。ただし、チームメンバーが制御できないことは考慮の対象から外そう。恐怖は創造性を殺してしまうからだ。

深く考える上で重要なのは、システムのさまざまな部分を点と点で結ぶことだ。システムのさまざまな部分のつながりに目を配り、それらを強化するために積極的に行動したり（たとえば、チームにそのテーマについてブレインストーミングをするよう求める）、潜在的な問題を減らしたりする（たとえば、誰がいつ何をするかについてチームに取り決めてもらう）。他の人にも同じようにするよう促そう。誰かがこのような作業をしているのを見つけたら、次のチームミーティングで感謝の気持ちを伝えよう。

ポール・グレアムは、「ねばり強く、機転をきかせる」スキルについて、まず行動することと壁を回避するコツを見つける才能と定義している[※7]。このスキルにより、チームは最大のレベルに到達するまで、あるいはそれを超えるところまで突き進むことができる。このスキルは、まず行動することに加えて、深く考えることと密接に関連している。

卓越性を達成する方法は、それがあなたにとって重要であると示すことである。そのためには、何が起きたかを理解し、話し合い、失敗や問題を回避する方法を学び、必要に応じてフォローアップする時間を割くことだ。それがあなたにとって重要であること、そしてあなたが譲歩しないことを示せば、チームは最善を尽くすだろう。

▶13.2　設計を伝える

どんなに優れたアーキテクチャでも、うまく実行されなければ意味がない。そのためには、チームにアーキテクチャを伝えなければならない。ゴールは、高レベルなアーキテクチャと決定のベースにある論理的根拠を伝え、有意

※6　コーチングスタイルを考える上では、マイケル・バンゲイ・スタニエ著『リーダーが覚えるコーチングメソッド ——7つの質問でチームが劇的に進化する』（パンローリング）[16]が参考になる。
※7　ハルーン・ミールのブログを参照。https://blog.thinkst.com/2022/08/always-be-hacking.html

義な議論を促進することであり、全員に設計の詳細をすべて理解させることではない。

設計を伝えるのは難しい。私は複雑なUML図や100ページにも及ぶようなレポートの信奉者ではない。警棒を持った執行人でもいない限り、誰もそんなものは読まない。この類のものは反感を生み、貴重な時間を浪費する。長年の経験で、私にとってうまくいったのは次のアプローチだ。

第2章で使ったような、大まかなアドホック図（図2.1など）、1～2ページの説明、複雑なユースケースのシーケンス図を使用して、全体像を説明する。各サービスについても同じことを行い、コードが変更されたときは各ドキュメントを更新する。開発者は、アドホック図の意味（セマンティクス）を一様に理解しているわけではない。しかし、これらの図は柔軟に理解しやすい方法で情報を提供する。

また、アドホック図で表した設計の概要を説明するちょっとした記述も必要だ。最も重要なのは、APIとメッセージフォーマットを詳細に文書化し、サブチーム間のコミュニケーションの基礎を作ることだ。

また、毎週または隔週のアーキテクチャミーティングと定期的な説明会は、私たちが利用できる強力なツールだ。前者はアーキテクチャを議論し進化させ、後者は全体像を伝える。どちらのイベントでも、チームリーダーとシニアエンジニアはコミュニケーションにおいて重要な役割を果たす。

▶13.3　システムを進化させる：ユーザーから学んでシステムを改善していく方法

プロダクトを作るときに、ニーズと市場がすでに存在している場合がある。たとえば、政府が車両の収入ライセンスを発行するためのシステムを構築する場合、ニーズは明確だ。プロダクトを使うのが難しすぎなければ、多くの人がそれを使うだろう。

しかし、多くのシステムは、オープンな市場で他の選択肢と競争しなければならない。システムを構築するときに重要なのは**PMF（プロダクトマーケットフィット）**だ。PMFとは、市場が求めていてお金を払う意思があるプロ

ダクトを構築するという考え方だ。多くの場合、私たちは唯一のプレーヤーではない。その場合、少なくともいくつかの要素で競争相手を上回る必要がある。

長年にわたって、システムを構想し、それを構築し、市場に投入するのは一般的な方法になっている。プロダクトを構築する前、構築中、そして構築後に潜在的なユーザーと対話することで、私たちはリスクを管理できる。

ユーザーと対話したからといって、リスクがなくなるわけではない。たとえば、会話したユーザーが代表的なユーザーではなく、それが重大なサプライズにつながる可能性がある。そして、もしそこに顕著な問題があれば、プロダクトを更新する必要がある。旧来のモデルでは、更新のサイクルは数年から数か月と長く、プロダクトの変化も遅かった。しかし、スタートアップの経験を武器にすれば、より良い結果を出せることもある。

本書の主なテーマは、インタラクティブなアプローチを取り、ユーザーから学び、プロダクトを調整し、情報に基づいた決定を行う機会を作ることである。このアプローチの重要な側面はフィードバックだ。フィードバックを得るには、主に次の2つの方法がある。

1つ目は、ユーザーにインタビューし、可能であれば実際の行動を観察することだ。よくあるのは、画面を録画させてもらい、その後でシステムをより詳しく理解してもらえるようなインタビューを行う方法だ。ユーザーへの質問から得られる情報よりも実際の行動を観察することから得られる情報のほうがはるかに信頼できることは、UXリサーチではよく知られている。

2つ目は、主要な箇所で収集されるトレースやデータから画面全体の録画に至るまで、プロダクトにデータ収集のフィーチャーを組み込むことだ。プロダクトがSaaSとして提供され、あなたのホスト環境で実行しているのであれば、この方法は容易に取れる。そうではない場合は、より複雑だが、多くの場合やりようはある。

もし私たちがフィードバックを得て、ユーザーの期待とシステムの違いに対応できれば、競合他社よりも速く、顧客とうまく調和し、最終的に顧客を獲得する可能性がずっと高くなる。さらに、変わっていく要求に対応することで、顧客を維持できる可能性も高くなる。

すべてのアーキテクトは、フィードバック収集システムを設計の一部とみなし、それを使用してUXを調整していく必要があると私は考える。これは、政府のシステムのように、ユーザーがすでに縛られているシステムにも当てはまる。より良いUXは、より良い導入とハッピーをユーザーにもたらし、善意を高め、間接的に費用を節約できるからだ（たとえば、カスタマーサポートやユーザーの間違いを修正するために費やされるお金など）。

データ収集の次のステップは、ユーザーからのフィードバックをどのように理解し、対応するかということだ。これは、**グロースハック**（プロダクトレッドグロースとも呼ばれる）というトピックで広く議論されている問題だ。詳しくは、次の2冊の書籍を参照してほしい。

- モリー・ノリス・ウォーカー著『Design-Driven Growth』（自己出版）[17]
- ショーン・エリス、モーガン・ブラウン著『Hacking Growth グロースハック完全読本』（日経BP）[6]

グロースハックはマーケティングにおける意思決定によく使われるが、『Hacking Growth』に書かれているように、同じ考え方はプロダクトの改善にも応用できる。次に、重要なアイデアと、それらがプロダクトのアーキテクチャにどのように適合するかを紹介する。

グロースハックの重要なアイデアは、ユーザージャーニーを理解し、プロダクトを利用できているユーザーに何をしてほしいかを尋ねることだ。そして、システムからより多くの価値を引き出すユーザーに高度なステージが対応するように、ユーザージャーニーをファネル[※8]に変換する。最後に、ファネルを最適化することで、プロダクトを最適化する。たとえば、図13.1は、ユーザーが訪れるところから、アプリケーションを構築し、それを本番環境で実行できるファネルを示している。

※8 訳注：主にマーケティングやセールスにおいて使われる用語。ユーザーが製品やサービスを購入するまでの過程と、その過程でユーザーがどのようにふるいにかけられていくかを表したものを指す。

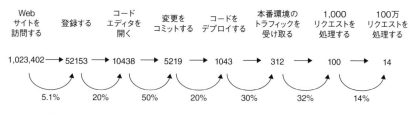

図13.1: グロースハックファネルの例

　図13.1の直線の矢印は、ユーザーがシステムを通過して、より価値のある段階に進む様子を示している。曲線の矢印は、ファネルの各段階間のコンバージョン率を示している。そして、システムの改善は、より多くのユーザーをファネルのさらに下に進ませることで反映される。このようにして、ファネルのどこを改善すればより多くの人を引き込めるかを探れる。それには、次の2つのアプローチが考えられる。

　まず、現在の利用状況を履歴と比較することで、コンバージョン率が最も弱いファネルを改善できる。次に、ファネルのいくつかの段階は明確に定義されているので(たとえば、Webサイトから本番環境へのコンバージョン率、登録から保持ユーザーへのコンバージョン率、保持ユーザーから顧客へのコンバージョン率など)、ファネルをそれらの既知の数値と比較し、最適化する場所を選択できる。

　典型的なSaaSのWebサイトから登録へのコンバージョン率が5%だとしよう。すると、図13.1の5.1%のコンバージョン率は悪くない。しかし、コードをコミットした人のうちで、実際に本番環境にデプロイしたのはわずか20%であり、これは改善の必要性を示している。次のステップは、コンバージョン率が低い潜在的な理由を特定し、テストしたい解決策を考え出すことだ。たとえば、ユーザーがコードをデプロイするのを困難にするUX上の問題があるかもしれない。

　最適な解決策を見つけ、選択したとする。ユーザーがシステムを独自に運用しているとすると、私たちは新しいバージョンを作ってリリースし、ユーザーがすぐに新しいバージョンを手に入れられるようにする必要がある。一方、システムをSaaSとして運用している場合には、私たちは新しいバージョンを即

座にシステムに反映できる。A/Bテストを実行して解決策がうまくいくことを確認して、それをさらに改善していける。A/Bテストとは、ユーザーをプロダクトの2つのバージョン（通常は修正前のバージョンと修正後のバージョン）に振り分けて、結果（顧客になった人数など）を測定して2つのバージョンを比較する手法だ。

前述の『Hacking Growth』では、そのような多くのユースケースが説明されている。ファネルを改善するために必要な修正は、しばしば直感に反するものだ。A/Bテストを使用することで、システムを改善し続けるためにポジティブな効果がある変更のみを適用できることが保証される。

グロースハックを使用すると、3つの主要な利点が得られる。第一に、具体的なフィードバックを早期に取得し、それを詳細に理解し、体系的な方法でそのフィードバックに対応することで、システムを顧客のニーズに対応させられる。第二に、ほとんどのシステムでは、マーケティングは大きなコストとなっている。グロースハックを用いることで、ユーザーの期待に応えられること、PMFを満たしていることが確認できるまで、マーケティングに多額の支出を行うのを控えられ、成功の可能性を大幅に向上させることができる。第三に、グロースハックにより、ユーザーの意見を引き出せる（今後のフィーチャーをメニュー項目として早期に配置し、新しいフィーチャーに興味を持つユーザーの数を確認するなど）。

グロースハックを成功させるには、リーダーがいくつかのことを正しく行う必要がある。第一に、グロースハックチームにはUX、データサイエンス、アーキテクチャのスキルが必要だが、こうしたスキルの組み合わせを見つけるのは難しいので、それらのスキルを計画し、構築する必要がある。第二に、より多くのグロースハック実験は、一般により良い結果につながるものの、より多くの実験を行うには、特定された問題を素早く修正し、それをテストする必要がある。これには、システムアーキテクチャ、実行、創造性のアジリティが求められる。第三に、私たちは、色の濃淡から主要なUXデザインの選択肢まで、多くの潜在的なテストを実行できるが、大きな成果をもたらす可能性のある実験を選択するためにデータを使用する必要がある。

▶13.4　意思決定における考慮事項

　技術リーダーは、プロジェクトの資金を提供するビジネスとの関係に常に注意を払うべきだ。ビジネス側には、プロジェクトの進捗状況を把握し、必要に応じて介入する権利がある。

　優秀な技術リーダーは、上司や他のビジネス関係者との間に信頼関係を築く。すでに十分な技術的課題を抱えているのだから、上からの余計なプレッシャーは必要ない。信頼を築くための第二のステップは、会社の利益を理解し、守ることだ。その利益と意思決定への影響をチームに伝え、説明し、どんな質問にも答える。必要に応じて何度でもそれを行おう。第三のステップは、ビジネス側の言葉を話すことだ。ビジネスがどのように運営されているのか、主要な顧客は誰か、なぜそのようなプロセスが設定されているのかを理解しよう。

　最後のステップは、ビジネスは驚きを嫌うものだと理解することだ。プロダクトの納期が遅れたり、予算を超過したりすることは好ましくない。また、予定よりも早く納品したり、予想よりも費用が少なかったりすると、チームの見積もりや理解が間違っていた証拠となってしまう。

　想定外のことは常に起きるものだ。重要なのは、それを早めに伝え、理由を説明することだ。過剰な約束も過小な約束もしないこと。常にビジネスに情報を提供しよう。優れた技術リーダーは希少だ。あなたが合理的で、ビジネスの利益を代弁し、結果を出し、約束を守れば、ビジネス側は喜んであなたに任せるはずだ。そうでない場合でも、そうしてくれる場所を見つけられるだろう。

　システムを構築する際には、いくつかの不確実性がある。

　第一に、すべてのユーザーのニーズを事前に知ることはできず、すべてのアーキテクチャの詳細を予見することもできない。コーディング中に明らかになるものもあれば、システムをリリースした後に明らかになるものもある。より多くの情報を収集するにつれて、最初の設計を変更する必要が出てくる可能性がある。

第二に、第2章のビジネスアーキテクチャと5つの質問で特定されたビジネスコンテキストが変化する可能性がある。最善の設計は、ビジネスコンテキストに合わせて進化する。

リーダーの仕事は、不確実性を管理し、チームに明確な目標を提供することである。これを行うための主な手段は、学習と必要な調整を可能にする、迅速なフィードバックサイクルだ。

この章の主な焦点は、迅速なフィードバックサイクルを確立することにあり、さらには開発者がイテレーションを終わらせ、フィードバックを受け、学習するのを遅らせるあらゆるものを取り除くことにある。開発者が効率的に仕事ができるようにしよう。自ら積極的に関与し、開発者の足を引っ張る問題を解決しよう。

システムが動き出した後は、チームが困難に直面したときに決定を下し、責任を取り、次の明確なゴールを与えよう。このプロセスから学び、繰り返し、常にビジネスコンテキストを念頭に置こう。

残りは標準的なリーダーシップに関することだ。卓越性を求め、チームを導き、寛容でありながら、怠慢を許さない姿勢を示そう。学習する環境を育てよう。

最後になるが、ほとんどのプロジェクトは、リーダーが何をすべきかを知らないせいで失敗するのではなく、適切なことを一貫して行うのが難しいために失敗する。そのことを肝に銘じ、基本を守り、仕事をこなしていってほしい。

幸運を祈っている。より良いシステムを構築することで、世界をより良い場所にしていこう。

▶13.5 まとめ

この章の主要なポイントを以下にまとめる。

- ほとんどのプロジェクトは、基本的な部分でいくつかの間違いを犯しており、それが大きなコストを発生させている。基本に注意を払い、それを適切かつ継続的に行おう。基本を守ることで、開発者は自分の仕事をするた

- めに困難なプロセスを経る必要がなくなる。開発者はあなたが持っている最も高価なリソースだ。適切なチームを配置し、邪魔をしないようにしよう。
- 開発者が複雑なシナリオを簡単にテストできる環境を持つことは重要だ。
- より良いUXを作るには、迅速な修正が重要だ。巨大なフィーチャーを迅速に開発できるだけでなく、重要な修正を遅らせないようにしよう。アーキテクトもプロダクトチームもロードマップを独断で決めるべきではない。代わりに、ユーザーを観察し、話を聞こう。ユーザーが何をしようとしているのかを理解し、ユーザージャーニーを理解し、「どうすればユーザージャーニーをより良くできるか？」と自分たちに問いかけよう。
- 決定を下す際は、不確実性を受け入れつつリスクを負わなければならない。
- 優れた成果を達成する最良の方法は、それがあなたにとって重要であると示すことだ。何が起こるかを理解し、話し合うための時間を割き、失敗や問題を避ける方法を学び、フォローアップを行おう。それがあなたにとって重要であると示し、妥協しないという姿勢をあなたが見せれば、チームは最善を尽くすだろう。
- 優れたアーキテクチャも、適切に実現されなければ意味がない。アーキテクチャを計画し、チームに伝えよう。
- グロースハックのようなテクニックを使用して、データに基づいた意思決定でシステムを進化させよう。
- 何にしてもビジネスは驚きを嫌うものだ。早めにコミュニケーションを取り、理由を説明しよう。過大な約束も過小な約束もしてはいけない。ビジネス側に最新の状況を伝えよう。

参考文献

[1] Ben Horowitz (2014). The hard thing about hard things : building a business when there are no easy answers. Harper Business

『HARD THINGS (ハード・シングス)：答えがない難問と困難にきみはどう立ち向かうか』ベン・ホロウィッツ著；滑川海彦, 高橋信夫訳、日経BP

[2] Eric Schmidt, Jonathan Rosenberg, and Alan Eagle (2019). Trillion dollar coach : the leadership playbook of Silicon Valley's Bill Campbell. Harper Business

『1兆ドルコーチ：シリコンバレーのレジェンド ビル・キャンベルの成功の教え』エリック・シュミット, ジョナサン・ローゼンバーグ, アラン・イーグル著；櫻井祐子訳、ダイヤモンド社

[3] general Stanley McChrystal with Tantum Collins, David Silverman, and Chris Fussell (2015). Team of teams : new rules of engagement for a complex world. Portfolio

『Team of teams チーム・オブ・チームズ：複雑化する世界で戦うための新原則』スタンリー・マクリスタル [ほか] 著；吉川南, 尼丁千津子, 高取芳彦訳、日経BP

[4] Richard P. Rumelt(2013), Good strategy, bad strategy : the difference and why it matters. Profile Books

『良い戦略、悪い戦略』リチャード・P・ルメルト著；村井章子訳、日本経済新聞出版

[5] David J.Agans (2002). Debugging : the 9 indispensable rules for finding even the most elusive software and hardware problems. HarperCollins Publishing

『デバッグルール：9つの原則、54のヒント』デイビット・J・アガンズ著；クイープ訳、日経BPソフトプレス

[6] Sean Ellis and Morgan Brown (2017). Hacking Growth: How Today's Fastest-Growing Companies Drive Breakout Success. Crown Currency

『Hacking growth：グロースハック完全読本：企業の「成長エンジン」を見つけ、火をつけ、持続させる』ショーン・エリス, モーガン・ブラウン著；門脇弘典訳、日経BP

[7] Robin Williams (2015). The non-designer's design book : design and typographic principles for the visual novice. Peachpit Press

『ノンデザイナーズ・デザインブック』ロビン・ウィリアムズ著；吉川典秀訳、マイナビ出版

[8] Steve Krug (2014). Don't make me think, revisited : a common sense approach to web usability. New Riders

『超明快 Webユーザビリティ ユーザーに「考えさせない」デザインの法則』スティーブ・クルーグ著；福田篤人訳、ビー・エヌ・エヌ新社

[9] Sam Newman (2015). Building microservices. O'Reilly

『マイクロサービスアーキテクチャ』サム・ニューマン著;佐藤直生監訳、木下哲也訳、オライリー・ジャパン

[10] Gene Kim, Kevin Behr, George Spafford (2013). The Phoenix Project: A Novel about IT, DevOps, and Helping Your Business Win. IT Revolution Press

『The DevOps逆転だ!：究極の継続的デリバリー』ジーン・キム，ケビン・ベア，ジョージ・スパッフォード著；長尾高弘訳、日経BP

[11] Gene Kim (2019). The Unicorn Project: A Novel about Developers, Digital Disruption, and Thriving in the Age of Data. IT Revolution Press

『The DevOps勝利をつかめ!：技術的負債を一掃せよ』ジーン・キム著；長尾高弘訳、日経BP

[12] Jeff Lawson (2021). Ask Your Developer: How to Harness the Power of Software Developers and Win in the 21st Century. Harper Business

[13] Allen B. Downey (2009). The Little Book of Semaphores: The Ins and Outs of Concurrency Control and Common Mistakes. Green Tea Press

[14] Atul Gawande (2011). The checklist manifesto : how to get things right. Metropolitan Books

『アナタはなぜチェックリストを使わないのか？：重大な局面で"正しい決断"をする方法』アトゥール・ガワンデ著；吉田竜訳、晋遊舎

[15] Frank SESNO (2017). Ask More: The Power of Questions to Open Doors, Uncover Solutions, and Spark Change. AMACOM

『Ask more：達人が教える戦略的「質問術」』フランク・セズノ著；香山りさ訳、マイクロマガジン社

[16] Michael Bungay Stanier (2016). The Coaching Habit: Say Less, Ask More & Change the Way You Lead Forever. Box of Crayons Press

『リーダーが覚えるコーチングメソッド：7つの質問でチームが劇的に進化する』マイケル・バンゲイ・スタニエ著；神月謙一訳、パンローリング

[17] Molly Norris Walker (2020). Design-Driven Growth: Strategy & Case Studies For Product Shapers. self-published

Index

◆数字

99.9%——239
99.99%——239
99.999%——239
2フェーズコミット——119
2枚のピザチーム——190, 191, 193, 256
3層アーキテクチャ——94
5つの質問
　——7, 10, 12, 17, 18, 19-23, 36, 38, 45, 126, 154, 259, 269
7つの原則
　——10, 12, 17, 18, 24-38, 45, 126, 127, 155, 259

◆A

A/Bテスト——267
Access Control Lists——139
ACIDデータベース——126, 128
ACL——139
ADM——8
Advanced Message Queuing Protocol——212
AMQP——212
Apache Kafka——67
Apache Tomcat——203
API——33, 40, 84, 92, 222, 239, 257
API管理ソリューション——135
APIキー——143, 144
API定義——223
APIのためのUXデザイン——84
APIのバージョン——86

APIマネージャー——100, 171
API呼び出し——122, 202
Atomic——117

◆B

Ballerina——111, 196
BFF——143, 144
BPEL——110
BPMN——110
Business Process Execution Language——110
Business Process Modeling and Notation——110

◆C

Cassandra——63, 67, 221, 222
Chaos Monkey——237
CIAM——134, 150, 157
Common Object Request Broker Architecture——94
Consistency——117
CORBA——94
CPU——50, 58, 217, 224
CPU最適化テクニック——63
CPU使用率の最大化——64
CPU性能律速型アプリケーション
　——218
CQRS——20, 214
CSRF——137

273

◆D

DevOps——44
DHT——102, 170
Disruptor——21, 66, 68, 207-210
Disruptorパターン——66
Distributed Hash Table——102
DNS構成——161
Don't Repeat Yourself——36
DoS攻撃——154, 233
DRY——36, 197
Durability——117

◆E

Enterprise Service Bus——110
ESB——100, 110, 170, 233
Extensible Access Control Markup Language——142

◆G

GC——50, 57, 62, 68, 219
GDPR——147
General Data Protection Regulation——147
GitOps——165, 240
graceful degradation——247
gRPC——212

◆H

HTTP+JSON——97
HTTP/2——97, 105, 212, 213

◆I

I/O——217, 224
I/Oオーバーヘッド——209

I/O最適化テクニック——65
I/O性能律速型アプリケーション——220
I/Oを避ける——65
I/Oを減らす——69
IaaS——239
IAM——31, 132, 134, 150, 157
IAMサーバー——101, 171
IDE——23
idempotent——122
Infrastructure as a Service——239
interoperability——94
IPのホットスワップ——161, 235
ISO——8
Isolation——117

◆J

JSON——196

◆K

Kafka——212
keepalive——161
Kubernetes——101, 165, 166, 236

◆L

LDAP——131, 134, 157
LMAX Disruptor ⇒ Disruptor

◆M

MapReduce——221
MapReduceシステム——101, 170
MAU——150
Mean Time To Failure——164
Mean Time To Recovery——164
Message Passing Interface——66

Minimal Viable Product——16
Minimum Lovable Product——41
MLP——41
MongoDB——221
MPI——66
MSA——183
MTTF——164
MTTR——164
MUU——57-59
MVP——16, 41
MySQL——41, 42, 99

◆N
NASA——32
NoSQL——175
N層構成——97

◆O
OAuth——85, 130
OMG——8
OPA——142
Open Policy Agent——142
OpenID——85
OpenID Connect——130

◆P
PaaS——239
PAM——134
PDP——136, 142, 147
PEP——136, 142
PII——147-149
PIP——136, 142
Platform as a Service——239
PMF——263

PoC——21, 24
Proof of Concept——21
PSD2——147

◆Q
QoS——2
Quorum——237

◆R
RBAC——140, 150
ReBAC——141, 150
Recovery-Oriented Computing
　——164
requestオブジェクト——196
ROA——92, 96
ROC——164
ROI——2, 14
Role-Based Access Control——140
RPC——93

◆S
SaaS——239
SaaSソリューション——41
SEDA——206-208
SEDAモデル——224
SLA——239
SLA違反——227
SOA——92, 96
Software as a Service——41, 239
SOLID原則——197
Spring Boot——22, 41, 42, 196, 203
SQLインジェクション——153, 156
SSO——133
SSTable——63, 67, 222

Staged Event-Driven Architecture
⇒ SEDA

◆T
The Open Group Architecture Framework——7
TLS——135, 143, 144, 157
　　相互TLS——135, 157
　　相互TLS認証——143, 144
TOGAF——7, 41, 93

◆U
UI——76
USE——62
USL——55
UX——2, 3, 11, 21, 25, 81, 86, 255, 257, 270
　　拡張機能のためのUXデザイン——86
　　実装より前にUXをデザイン——81
　　設定のためのUXデザイン——81
UXエキスパート——29, 76, 88
UXデザイン——38, 89, 156
UXの原則——77-80

◆V
VM管理——170
VMマネージャー——101

◆W
WebSocket——97, 212
Webサービス——95

◆X
XACML——142

XML——196
XSS——156

◆Y
YAGNI——197

◆あ
アイデンティティ——131
アイデンティティおよびアクセス管理
　　——31
アイデンティティプロバイダー——136
アイドル状態——62, 202
アーキテクチャ——4, 6, 15, 16, 19
アーキテクチャオーナー——258
アーキテクチャの比較——208
アーキテクチャ分類——93
アーキテクト
　　——16, 25, 34, 48, 70, 191, 226
アーキテクトの役割——9
アーキテクト向けの一般的なUXの考え方
　　——76
アクセス制御リスト——139
アクティブ・アクティブ構成
　　——160, 161, 169, 180
アクティブ・パッシブ構成
　　——160, 161, 180, 236
アジャイル——8
アドホック図——263
アドミッション制御——61, 69, 231, 247
アプリケーションパフォーマンス監視ツール
　　——244
アムダールの法則——54, 69, 215
アンチパターン——31
安定性——226, 249

意思決定における考慮事項
　　——71, 88, 103, 113, 126, 154, 178,
　　　193, 222, 248, 268
委譲——259
依存関係グラフ——189
依存関係への対処——238
依存性地獄の避け方——186
一貫性——3, 117, 119, 120, 121, 126
イテレーション——40, 89
イテレーティブ——8, 26, 88
イベント駆動——201, 203-205
イベント駆動システム——112
イベント駆動モデル——224
インタビュー——264
インターフェイス——92
インフライトメッセージ数——231
ウィルバー——5
ウォーターフォール——8
永続性——117
エグゼキューター——101
エビデンス——34
エラー——228, 244
　　既知のエラー——228
　　未知のエラーに対処——244
エンタープライズサービスバス
　　——100, 110, 170
オーヴィル——5
遅い操作——242
遅く受信——66
オートスケーリング——230
驚き——270
驚き最小の原則——77
驚きを予期——246
オーバーヘッド——58, 209, 215

オブジェクト指向プログラミング——94
オプション取引——16
オフヒープメモリ——68
オンボーディング——132
オンライン書店の設計——37

◆か
概念実証——21
開発者——270
カオステストを実施——246
カオスモンキー——237
科学シミュレーション——221
可観測性——244
書き換え——23
書き込み——213
書き直す——23
拡張機能のためのUXデザイン——86
カナリアデプロイメント——241, 246
カーネルモード——52
可搬性——17
ガベージコレクション ⇒ GC
可用性——239
カリキュレーター——221
関係ベースアクセス制御——141
監査ログ——133
監視——35, 44
技術リーダー——88, 268
規制——158
既知の未知——245
基本——269
基本に忠実に——252
キャッシュ——63, 172
キャッシュ一貫性——210
キャッシュミス——67

キャパシティプランニング──229
キュー──216
キューイングシステム──229
凝集性──36
競争優位──24, 158
共有しない──171
共有データベース──184
共有変数──170
クォータ──240
クォーラム──237
クライアント中心の一貫性モデル──120
クライアントライブラリ──86
クラウド──127
　浅いクラウド統合──42
　深いクラウド統合──42
クラウドアーキテクチャ──44
クラウドセキュリティソリューション──131
クラウド向けの設計──42
クリティカルパス──198
グレースフルデグラデーション──247
クロスサイトスクリプティング──156
クロスサイトリクエストフォージェリ──137
グロースハック──265-267, 270
計画──14, 270
経験──70
計算──221
計算機システム──50
計算機性能──48
結果整合性──120, 121
決定──15, 32, 126, 259, 270
ケリー・ジョンソン──5, 6
原子性──117
原則──10, 18, 103-105, 126, 155, 179, 249, 259

現代のアーキテクチャ──97
高可用性──160, 178, 180, 249
更新と検索サービス──221
高速リカバリー──164, 180, 234
高度なテクニック──200
後方互換性──187, 193
互換性サポート──187
顧客IAM──134
ゴシップアーキテクチャ──170
ゴシッププロトコル──102
コスト──19, 197
コーチングスタイル──262
コーディネーション──93, 108, 170
コーディネーションアプローチの比較
　──114
コーディネーション層──189
コーディネーションのオーバーヘッド
　──209
コーディネーションロジック──108
コマンドクエリ責務分離──20
コミュニケーション──182, 183, 263
コミュニケーションコスト──191
コレオグラフィ──112
コンウェイの法則──257
コンテキストスイッチ──53, 58, 62, 198
コンテキストスイッチのオーバーヘッド
　──53, 58
コンテナ──101, 170
困難な問題──34
コンバージョン率──265
コンボイ効果──244
コンポーネントの疎結合──197
コンポーネントの分離──197

◆さ

最大有用利用——57, 58
最適化——222
最適化のテクニック——62
サービスAPI——33
サービスアカウント——135, 143, 157
サービス開発フレームワーク——224
サービス間のコーディネーション——186
サービス拒否攻撃——154
サービス指向アーキテクチャ——92, 96
サービスの作成——196
サービスの実装——201
サービスのセキュリティ——186
サービスの設計——41
サービスの統合——185
サービス品質——2
サービスプロバイダー——239
サービス分解——40
サービス呼び出し——217, 224
サポート調査——133
シェアードナッシングアーキテクチャ
　　——168, 174
シェアードナッシング設計——176, 180
ジェフ・ディーン——5
ジェフ・ベゾス——259
シグナリング——214
シーケンス図——263
自己修復アルゴリズム——164
市場投入——19, 71
市場投入までの時間——43
システムアクセスパス——151
システム設計——11
システムの挙動——63
システムパフォーマンス——21, 48

システムパフォーマンスの感度——71
システムを書き直せる——71
実践者の知識——70
実装——18, 32, 34, 40
　　ゆっくりと実装——34, 89
失敗——261
質問——10, 17, 103, 113, 126, 154,
　　179, 249, 259, 260
シャーディング——175
車輪の再発明——197
重過失——261
集中型ミドルウェア——110
柔軟性——36
障害——226, 248
　　リソース障害——234, 250
情報交換——79
情報システムアーキテクチャ——7
情報漏洩——84, 147, 154
使用率——56, 59
使用率とレイテンシーの関係——60
書誌カタログ——96
シングルサインオン——133
人的ミス——227, 250
シンプルなものをシンプルに——80
垂直スケーラビリティ——174
水平スケーラビリティ——174
スキルレベル——20, 71
スケーラビリティ——166-168, 178, 226
スケーラビリティを理解する——166
スケーラブルなシステムの構築——173
スケーリング——168, 169
スケール戦術——171, 172
スケール羨望——167
スケール目標——171

スタートアップ——21
ステージドイベント駆動アーキテクチャ
　⇒ SEDA
ステートレス——169, 180, 198
ストレージ——147
スパゲッティアーキテクチャ——189
スライス戦略——26-28, 88
スラッシング——54
スリーナイン——239
スループット——51, 60
スループット設計——57
スレッド——56, 198, 215
スレッド数——203
スレッドモデル——62, 200
生成AIを使用——246
責任——261
責任のツリーパターン——102
セキュアバックエンド——143, 145, 146
セキュリティ——21, 101, 130, 134
セキュリティアーキテクチャ——157
セキュリティシナリオ——142
セキュリティ戦略とアドバイス——150
セキュリティ要件——130
設計——6, 11, 15, 16, 32, 34, 37, 40-42, 45, 57, 89, 125, 176, 180
設計プロセス——255
設計を伝える——262
設定のためのUXデザイン——81
ゼロトラストアプローチ——151
戦術——14, 24, 45, 171, 172
戦争——17
前方互換性——188, 193
専門家——30
相互運用性——94

相互作用のセキュリティ——134
疎結合——191
疎結合システム——113
訴訟——154
素数の計算——221
ソフトウェアアーキテクチャ
　——4, 10, 14, 45
　典型的なソフトウェアアーキテクチャ
　　——98
ソフトウェアアーキテクト——3
ソフトウェアプロジェクト——9

◆た

代替I/O——200
タイミング——19
タイムアウト——243, 247
対話——264
多腕バンディットアルゴリズム——246
卓越性——260, 262
タスク——57
タスクの最適化——63
タスクの不均衡——64
タスクの分解——64
多要素認証——130
単一ノードの限界——168
チェックリスト——261
遅延ロード——165
チーフアーキテクト——32, 34
チーム——20, 71, 182, 183, 260, 261, 270
チームのスキルレベル——20
抽象化——31
抽象的なアーキテクチャ——41
注文情報——96

チューニング――49, 217
長期間――14
調整――93
重複――37
追記のみの処理――66
通信――102
使い方が自明――78
ツール――104-106
ディスク――50
ディスクベースの永続サービス――211
テクノロジーアーキテクチャ――7
テスト――245, 270
テスト環境――240
データの書き込み――124
データの読み取り――124
データベース――99, 169, 171, 193
データベースシャーディング――175
データベースのパーティショニング――175
データマネジメント――99
データを同期――193
デッドロック――242
テールレイテンシー――61, 240
同期プリミティブ――214
統合テスト――254
投資家――21
投資収益率――2, 14
到着率――230
到着率とレイテンシーの関係――61
トークンベースのアプローチ――186
トークンベースの認証アプローチ――138
特権アクセス管理――134
トランザクション――116, 122, 128, 185
トランザクションの範囲――124

トランザクションマネージャー
　　――102, 118, 125, 128, 170
トランザクションを超える――117, 120
トランスポートシステムの選択――212
取引のツール――169
トレードオフ――17, 56, 60, 156

◆な
偽共有――210
庭師――258
認可――157
認可の手法――138
認可モデル――141
認可ロジック――139
認証――131, 157
認証の手法――137
ネットワーク――50
ネットワークパーティション――237
ノンブロッキング――203-205
ノンブロッキングI/O――201
ノンブロッキングアーキテクチャ――233
ノンブロッキング方式――201
ノンブロッキング呼び出し――199

◆は
バイナリプロトコル――97
バイパス――174
ハイブリッドモデル――201
破壊――27
バグ――228, 245, 255
　　一般的なバグ――241
パスワード管理――130
パスワードの解読――221
パスワードの回復――130

バックアップコピー——160
バックプレッシャー
　——69, 198, 232, 247
バッファリング——65
パーティショニング——175
パーティション在庫——177
ハードウェアロードバランサー——161
パフォーマンス
　——11, 21, 22, 48, 71, 151, 167,
　　205, 260
パフォーマンスに関する行動的ミクロモデル
　——52-62
パフォーマンスのためのモデル——51
パフォーマンスへの直感的な理解——70
パフォーマンスモデル
　——52-62, 70, 72, 73
早く送信し、遅く受信し、尋ねずに伝える
　——66, 111, 220
バランス型アプリケーション——219
パレートの法則——49
判断——10
判断力——2, 4
ピザチーム——190, 191
ビジネス——268, 270
ビジネスアーキテクチャ——7, 269
ビジネスコンテキスト——7, 17, 18, 38,
　　269
ビジネスパフォーマンス——48
ビジネスプロセス実行言語——110
ビジネスプロセスモデリング表記法
　——110
ビジョン——3-5
ビッグデータアプリケーション——221
必要最小限のことをする——78

非同期I/O——217
非同期処理——172
非同期メッセージング——185
非同期呼び出し機能——111
非マルチユーザーアプリケーション
　——157
標準的な選択——70
ビルディングブロック
　——98, 104, 170, 180
ビルド——252, 254
敏感——21
ファイブナイン——239
ファネル——265-267
不安定さ——250
不安定性——248
フィーチャー
　——2, 15, 25, 28-31, 89, 133, 255,
　　256, 270
フィードバック——264
フィードバックサイクル——27, 269
フェデレーション——132
フォーチュン500——8
フォーナイン——239
フォローアップ——270
負荷——227, 228, 233
不可逆的な決定——259
不確実性——5, 10, 14, 23, 268, 270
深く設計——34, 89
負荷制限——231
副作用——116, 117, 121-123
不整合——116, 117
不測の事態向けのフィーチャー——133
プライマリ在庫——177
プラットフォームコストを削減——43

プリフェッチ——66
プール——198, 216, 224
ブルーグリーンデプロイメント
　——241, 246
フルフィルメント——96
ブルームフィルター——65
ブレインストーミング——246
フレームワーク——33, 197
プログラミング言語——21
プロダクトマーケットフィット——263
プロダクトマネージャー——256
ブロッキング——203, 204
ブロック——198, 215
ブロックチェーン——153
プロファイラー——62, 215
プロファイリング——57
フローを駆動——108
分散——172
分散アプリケーション——92, 124
分散キャッシュ——99, 171
分散コーディネーションシステム——102
分散システム——92
分散トランザクション——119, 128
分散ハッシュテーブル——102, 170
分離性——117
平均故障時間——164
平均修復時間——164
並行処理——54
並列に仕事をする——69
べき等——122, 124, 199, 224
ベストプラクティス
　——14, 124, 148, 197, 258
包括的なコンセプト——24
補償——120, 121, 128

保証——120, 124, 126, 128
ポステルの法則——189
ボトルネック——51, 62, 63, 174, 180, 215, 223
ポリシー情報点 ⇒ PIP
ポリシー施行点 ⇒ PEP
ポリシー定義点 ⇒ PDP
本書の目的——4

◆ま
マイクロサービス
　——12, 40, 109, 127, 182
マイクロリブート——164
マイルストーン——23
マクロアーキテクチャ
　——11, 12, 39, 222, 224
マクロアーキテクチャ戦略——92
マクロアーキテクチャのビルディングブロック
　——98
マクロアーキテクチャの歴史——93
待ち行列理論——57, 69, 229
マーティン・ファウラー——182
マニュアル——78
マルチキャスト——170
マルチユーザーアプリケーション
　——135, 143, 144, 157
未知のエラーに対処——244
未知の未知——246
未知の問題——250
未知の要素——34
ミドルウェア——41
矛盾——37
難しい問題——23
命令階層——52

メッセージキュー——41
メッセージキューベースの永続サービス
　　——212
メッセージの順序——199
メッセージフォーマット——40
メッセージブローカー——100, 171
メッセージング——100
メッセージングプロトコル——212
メトリクス——244
メモリ——50, 217, 224
メモリアクセスオーバーヘッド——209
メモリ最適化テクニック——67
メモリ性能律速型アプリケーション
　　——218
メモリの壁——67
メモリの最適化——64, 68
メモリ不足——68
メモリ不足エラー——232
メモリリーク——241, 242
メンタルモデル——76-79, 85
目標——45, 269
モノリス——93, 94, 183, 192
問題——34

◆や

役割——9
ユーザー——264
ユーザーインターフェイス——76
ユーザーエクスペリエンス——2
ユーザー管理——131
ユーザークレデンシャル——133
ユーザージャーニー
　　——3, 18, 25, 28, 29, 38, 88, 256,
　　257, 265, 270

ユーザー情報——131
ユーザータッチポイント——76
ユーザー提供コード——152
ユーザー登録——132
ユーザー認証方法——132
ユーザーの入力——196
ユーザーフェデレーション——132
ユーザープロファイル——133
ユーザーモード——52
ユーザーログイン——132
ユーザーを理解——77
ユニットテスト——253
ユニバーサルスケーラビリティ法則——55
予想外のワークロード——227, 250
読み取り——213
読み取りと書き込みの分離——213

◆ら

ライト兄弟——5, 6, 27
ライブラリ——197
リカバリー——125
リカバリー指向コンピューティング——164
リーク——242
リクエストごとのスレッド
　　——110, 200, 208, 222-224, 258
リスク——32, 130, 259
リソース——50, 56, 57, 62, 96, 227
リソース指向アーキテクチャ——92, 96
リソース障害——234, 250
リソース障害の検出——236
リソースリーク——241
リーダー——3-5, 88
リーダーシップ——3-5, 16, 20, 269
リファクタリング——37

リポジトリ──193
リポジトリベース──190
リモートプロシージャコール──93
リングバッファ──207
ルーター──100
レイテンシー
　──51, 56, 59, 60, 61, 151, 199, 230
レイテンシー最適化テクニック──68
レイテンシー制限の追加──59
レイテンシーと使用率のトレードオフ──56
レイテンシーへの対応──213
レジストリ──99, 171
レビュー──253
レプリカ──160, 235, 236
レプリカ配置のオプション──163
レプリケーション──160, 180, 234
ローカルの状態──210
ログ──130
ロック──214, 224
ロードバランサー
　──100, 161-163, 170, 187, 233, 235
ロールベースのアクセス制御──140
論理的根拠──262

◆わ

ワークスティーリング──177
ワークスティール手法──64
ワークフロー──41, 125, 171
ワークフローシステム──101
ワークロード──227, 233
　予想外のワークロード──227, 250

訳者あとがき

本書は、Srinath Pereraによる "Software Architecture and Decision-Making: Leveraging Leadership, Technology, and Product Management to Build Great Products"（Addison-Wesley Professional, 2023. 978-0138249731）の日本語訳です。翻訳にあたっては、First Editionを底本とし、原著の誤記・誤植などについては確認の上、一部修正しています。

ソフトウェアシステムが企業や社会の中で果たすべき責任や役割は、近年ますます大きくなっています。それに伴い、業界の中でのソフトウェアアーキテクチャへの興味関心も高まってきています。ソフトウェアアーキテクチャの良し悪しが、期待される目的（責任や役割）をソフトウェアシステムが果たし続けられるかに大きな影響を与えるからです。

一方で、ソフトウェアアーキテクチャについての研究は1960年代から始まり、ソフトウェアアーキテクチャの考え方や進め方、アーキテクチャスタイルやパターンといった知識の整備がなされてきて、書籍もすでに数多く出版されています。

それなのに、今もなお、どのようなアーキテクチャスタイルを採用すべきかで議論が起こったり、ソフトウェアアーキテクチャに起因するプロジェクトの失敗が起こってしまうのは、なぜなのでしょうか。

本書の著者Srinath Pereraは、ソフトウェアアーキテクチャを考えていく際の判断や意思決定に対する議論の不足に、その一因があると主張します。

「1.1 判断力が果たす役割」から、著者の主張をいくつか引用します。

> ほとんどの設計ミスは、知識不足ではなく、判断力不足が原因で起こる。

> アーキテクトにとって知識が重要ではないと言っているわけではない。知識は重要だ。しかし、判断力も重要な役割を果たす。悲しいことに、知識の重要性は当たり前とされているが、判断力に関してはそうではない。

> ソフトウェアアーキテクチャの考え方に関する良い書籍や記事をたくさん見てきた。…(中略)…しかしながら、彼らが主に焦点を当てているのは知識だ。判断力にはそれほど重点が置かれていない。

　本書は、ソフトウェアアーキテクチャにおける意思決定をテーマとした書籍です。

　本書の特徴は、ソフトウェアアーキテクチャで考えるべきトピックを一揃い取り上げ、「何を知らないといけないか」に加え、「何を考慮してどう決めるべきか」についての材料を提供している点にあります。

　本書には、ソフトウェアアーキテクチャに関する意思決定をしていく際の基本的な考え方、意思決定のためのフレームワーク(5つの質問と7つの原則)、ソフトウェアアーキテクチャの各トピックにそのフレームワークをどのように適用していったらよいかのヒントが、要点を絞ってまとめられています。本書を読むことで、読者はソフトウェアアーキテクチャの意思決定に関する全体像をつかめるはずです。

　システムの技術的複雑さと社会的複雑さが増す中、ソフトウェアアーキテクチャの意思決定はより重要かつ難しくなっています。

　ソフトウェアアーキテクチャの意思決定術を学ぶ一冊として、本書が読者の皆さんの一助となることを願っています。

日本語版 謝辞

本書の刊行にあたり、多くの方々に多大なご協力をいただきました。記して感謝します。

翻訳原稿のレビューにご協力いただいた次の方々に深く感謝します（敬称略）。

arton、ima1zumi、omuomugin、青木 大樹、阿久津 恵太、磯田 浩靖、井上 翔太朗、岡本 卓也、窪田 尚通、酒井 文也、笹島 聖志、庄司 重樹、高橋 陽太郎、田﨑 大也、竹内 健太、鳥井 雪、仁井田 拓也、西浦 一貴、原田 騎郎、久万 善広、藤井 貴浩、古橋 明久、村上 拓也（むらみん）、山崎 進、米田 謙。

皆さんからのフィードバック、指摘、そして皆さんとの対話がなければ、本書はこのような形に仕上がりませんでした。本書の読みやすさは、すべて皆さんのお力添えによるものです。

企画・編集は、インプレスの石橋克隆さんに担当いただきました。貴重な機会を頂けたことに感謝します。

2024年10月
島田浩二

訳者紹介

島田 浩二(しまだ こうじ)
1978年、神奈川県生まれ。電気通信大学電気通信学部卒業。2009年に株式会社えにしテックを設立。2011年からは一般社団法人日本Rubyの会の理事も務める。訳書に『スタッフエンジニアの道』『ソフトウェアアーキテクチャメトリクス』『ソフトウェアアーキテクチャ・ハードパーツ』『ソフトウェアアーキテクチャの基礎』『ユニコーン企業のひみつ』『Design It!』『進化的アーキテクチャ』『エラスティックリーダーシップ』『プロダクティブ・プログラマ』(オライリー・ジャパン)、『Rubyのしくみ』(オーム社)、『なるほどUnixプロセス』(達人出版会)、共著書に『Ruby逆引きレシピ』(翔泳社)がある。

STAFF LIST
カバー&本文デザイン──オガワ ヒロシ
DTP──柏倉 真理子
編集──大月 宇美、石橋 克隆

本書のご感想をぜひお寄せください

https://book.impress.co.jp/books/1123101159

読者登録サービス
CLUB impress

アンケート回答者の中から、抽選で図書カード（1,000円分）などを毎月プレゼント。
当選者の発表は賞品の発送をもって代えさせていただきます。
※プレゼントの賞品は変更になる場合があります。

■ 商品に関する問い合わせ先

このたびは弊社商品をご購入いただきありがとうございます。本書の内容などに関するお問い合わせは、下記のURLまたは二次元バーコードにある問い合わせフォームからお送りください。

https://book.impress.co.jp/info/

上記フォームがご利用頂けない場合のメールでの問い合わせ先
info@impress.co.jp

※お問い合わせの際は、書名、ISBN、お名前、お電話番号、メールアドレス に加えて、「該当するページ」と「具体的なご質問内容」「お使いの動作環境」を必ず明記ください。なお、本書の範囲を超えるご質問にはお答えできないのでご了承ください。

- 電話やFAX でのご質問には対応しておりません。また、封書でのお問い合わせは回答までに日数をいただく場合がございます。あらかじめご了承ください。
- インプレスブックスの本書情報ページ https://book.impress.co.jp/books/1123101159 では、本書のサポート情報や正誤表・訂正情報などを提供しています。あわせてご確認ください。
- 本書の奥付に記載されている初版発行日から3年が経過した場合、もしくは本書で紹介している製品やサービスについて提供会社によるサポートが終了した場合はご質問にお答えできない場合があります。

■ 落丁・乱丁本などの問い合わせ先
　FAX　03-6837-5023
　service@impress.co.jp
　※古書店で購入されたものについてはお取り替えできません。

著者、訳者、株式会社インプレスは、本書の記述が正確なものとなるように最大限努めましたが、本書に含まれるすべての情報が完全に正確であることを保証することはできません。また、本書の内容に起因する直接的および間接的な損害に対して一切の責任を負いません。

ソフトウェアアーキテクトのための意思決定術
リーダーシップ／技術／プロダクトマネジメントの活用

2024年12月11日　初版第1刷発行

著　者	Srinath Perera（スリナス ペレラ）
訳　者	島田浩二（しまだこうじ）
発行人	高橋隆志
編集人	藤井貴志
発行所	株式会社インプレス 〒101-0051　東京都千代田区神田神保町一丁目105番地 ホームページ　https://book.impress.co.jp/

本書は著作権法上の保護を受けています。本書の一部あるいは全部について（ソフトウェア及びプログラムを含む）、株式会社インプレスから文書による許諾を得ずに、いかなる方法においても無断で複写、複製することは禁じられています。本書に登場する会社名、製品名は、各社の登録商標または商標です。本文では、®や™マークは明記しておりません。

印刷所　株式会社暁印刷

ISBN978-4-295-02076-9　　C3055

Japanese translation copyright © 2024 Koji Shimada, All rights reserved.
Printed in Japan